U0353384

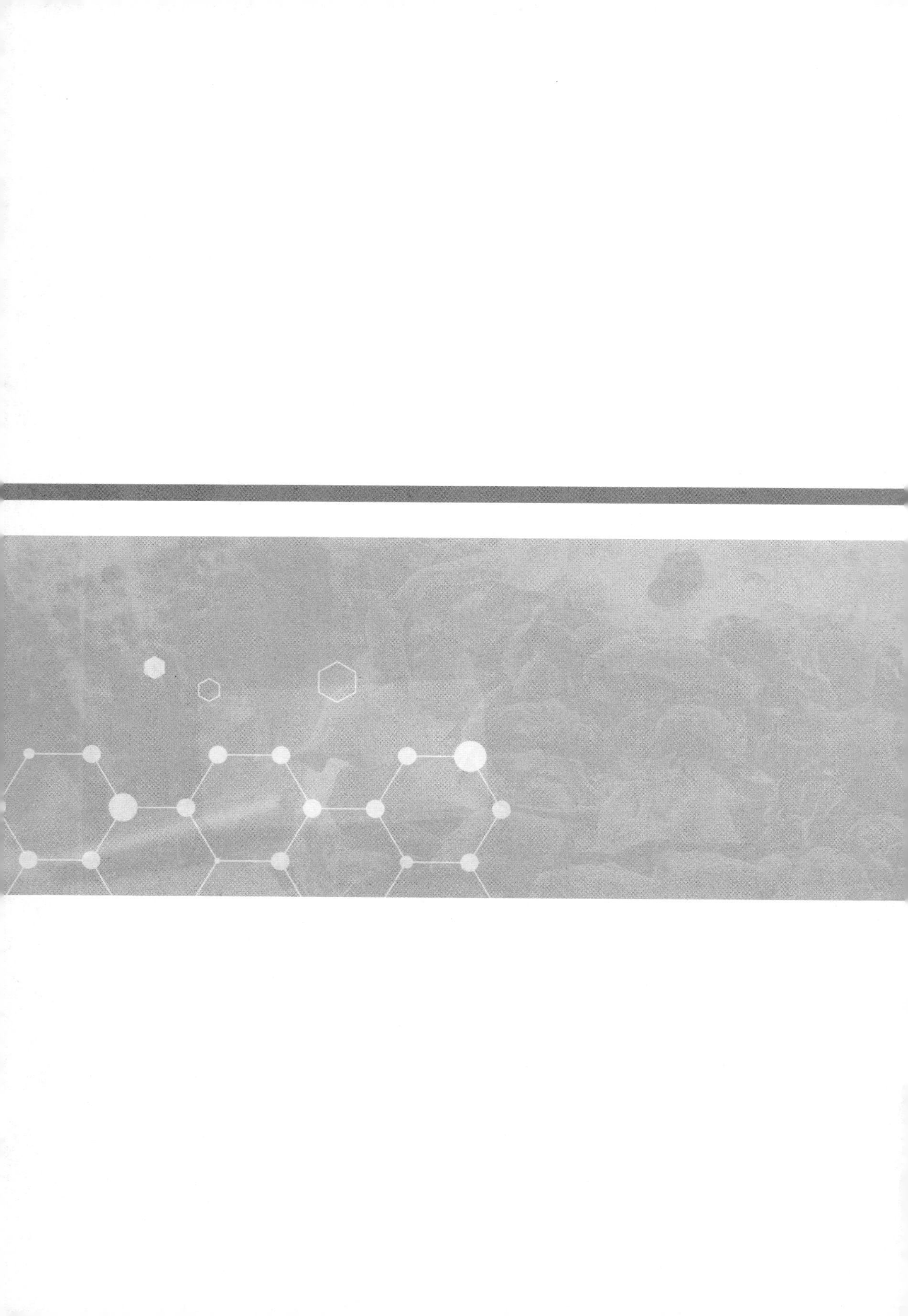

农业科学系列丛书

黑木耳资源开发与产业化应用

——关键技术、功效成分及临床应用

主　编　孔祥辉　陈喜君　张介驰
副主编　马银鹏　杨国力　崔玉海

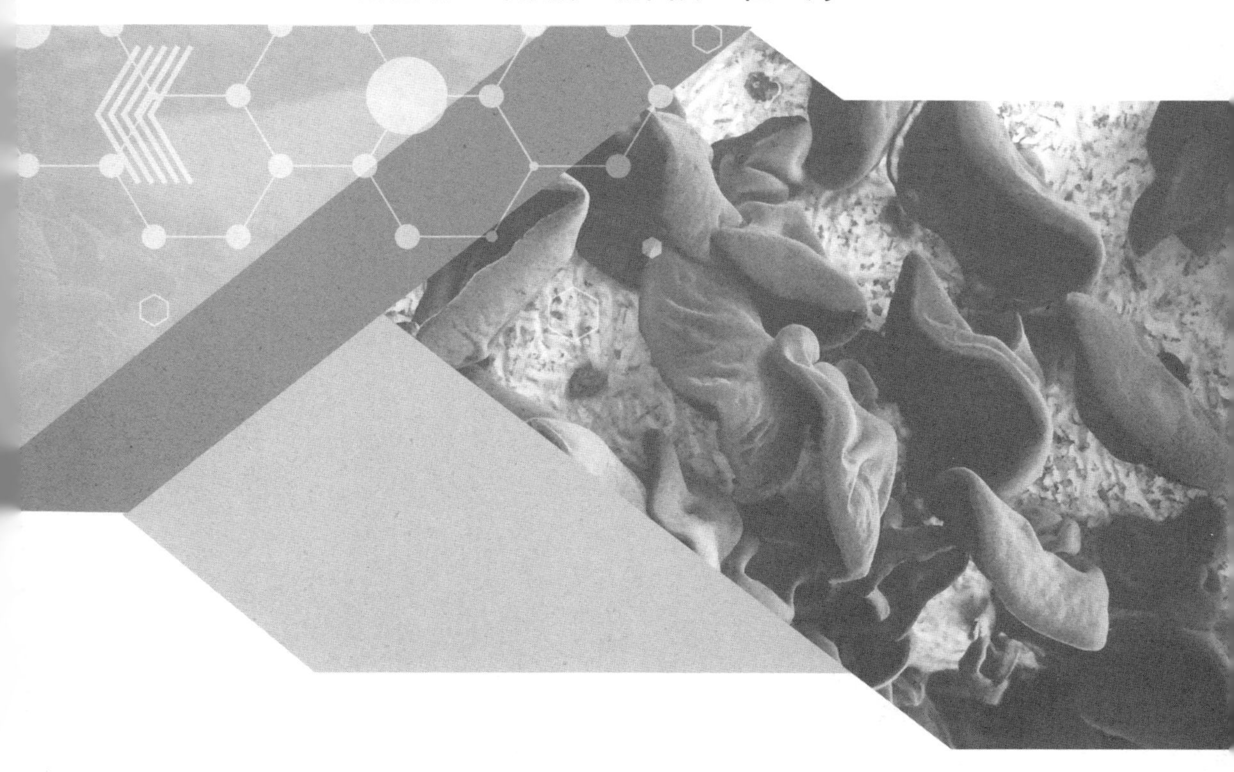

黑龍江大學出版社
HEILONGJIANG UNIVERSITY PRESS
哈尔滨

图书在版编目（CIP）数据

黑木耳资源开发与产业化应用 ：关键技术、功效成分及临床应用 / 孔祥辉，陈喜君，张介驰主编．-- 哈尔滨 ：黑龙江大学出版社，2021.6（2022.8 重印）
ISBN 978-7-5686-0575-5

Ⅰ．①黑… Ⅱ．①孔… ②陈… ③张… Ⅲ．①木耳—栽培技术 Ⅳ．①S646.6

中国版本图书馆 CIP 数据核字（2021）第 001089 号

黑木耳资源开发与产业化应用——关键技术、功效成分及临床应用
HEIMU'ER ZIYUAN KAIFA YU CHANYEHUA YINGYONG——GUANJIAN JISHU、GONGXIAO CHENGFEN JI LINCHUANG YINGYONG

主　编　孔祥辉　陈喜君　张介驰
副主编　马银鹏　杨国力　崔玉海

责任编辑　于晓菁
出版发行　黑龙江大学出版社
地　　址　哈尔滨市南岗区学府三道街 36 号
印　　刷　三河市佳星印装有限公司
开　　本　720 毫米×1000 毫米　1/16
印　　张　16.75
字　　数　265 千
版　　次　2021 年 6 月第 1 版
印　　次　2022 年 8 月第 2 次印刷
书　　号　ISBN 978-7-5686-0575-5
定　　价　56.00 元

编 委 会

主　编：孔祥辉　陈喜君　张介驰

副主编：马银鹏　杨国力　崔玉海

编　委：（按姓名拼音字母排序）

陈　鹤　陈香利　戴肖东　樊　川
韩增华　何彩霞　胡基华　姜　威
李定金　李庆伟　梁　霆　刘佳宁
马庆芳　潘　钰　田　缘　王乾一
王玉江　王玉霞　闫更轩　于　冲
于德水　张丕奇　赵　明　赵文文
郑晓宇　周天天

工作单位：

黑龙江省科学院微生物研究所
黑龙江省黑木耳资源利用工程技术研究中心
黑龙江省菌物药工程技术研究中心
中科优术（黑龙江）科技产业有限公司
东北林业大学
贺州学院

前　言

黑木耳，其状扁平，形如人耳，营养丰富，有“素中之荤”的美誉，被称为“中餐中的黑色瑰宝”。黑木耳是一种黑色食品，是公认的健康食品，食用历史悠久，很早就出现在人类的餐桌上，古人也多次对黑木耳进行描述、赞誉。袁宏道在《青县赠潘茂硕》中写道：“印床生木耳，解含长蔬苗。”姚道衍在《采薖为余唐卿赋》中写道：“何时携杖叩君室，且需木耳并槐芽。”廖行之在《和食蕨三首其一》中写道：“根荄蔓衍布山巅，一夕春雷引怒拳。足我穷中八珍味，竹萌木耳更求旃。”可见，黑木耳是古人餐中常食之物。

黑木耳含有许多功效成分，如黑木耳多糖、腺苷、胶质蛋白、麦角甾醇等，这些功效成分经过现代药理和临床验证，都具备一定的保健功能。黑木耳还具有活血、益气强身、滋肾养胃等功效，它能抗凝血，降低血黏度，降血脂，软化血管，抗血栓，促进血液流动，进而减少心脑血管疾病的发生率。

黑木耳含有极为丰富的植物胶原，因此具备良好的吸附功能。经常食用黑木耳可起到清胃涤肠、清理消化道等作用，尤其是对于水泥制备、冶金、面粉加工、矿石开采等作业环境污染严重的劳动人员，常吃黑木耳可起到较好的保健作用。黑木耳对肾结石、胆结石也有良好的化解作用，因为黑木耳所拥有的植物碱能够促进泌尿道、消化道等腺体分泌，植物碱可与腺体的分泌物质联合催化结石，润滑肠道，使结石排出体外。

黑木耳含有对人体有益的植物胶质和多糖体，它们与黑木耳中的纤维素协同作用，可增进肠道蠕动而预防便秘，有助于将体内的有害物质及时排出，还可促进肠道内含脂肪食物的排出，减少人体对脂肪的摄取，从而起到预防肥胖和减肥的作用。

黑木耳含有一种可抑制血小板聚集的物质，其功效与小剂量的阿司匹林相差不多，能够降低人体内血液的黏度，促进血液流动。血胆固醇浓度较高、血液黏度较高的中老年人经常食用黑木耳可预防心肌梗死、脑血栓、动脉硬化、高脂血症、冠心病等。

有研究表明，衰老和脂质过氧化有密不可分的关系，而黑木耳具有抗脂质过氧化的功效。用黑木耳烹饪的菜肴不仅具有口感爽滑、增强食欲等特点，而且有利于身体健康。因此，黑木耳是一种理想的、天然的保健食品。

近年来，我国对食用菌加大科技资金投入，各部门对食用菌产业大力支持，相继成立了多个食用菌技术研发中心、遗传育种实验室，启动"食用菌产业升级关键技术研究与开发"等项目，成立了国家黑木耳产业技术创新战略联盟、国家光伏食用菌产业技术创新战略联盟等。黑龙江省大力支持绿色食品产业，指出当前黑龙江省发展绿色食品产业有很好的机会和潜力，并且黑龙江省具备发展绿色食品产业的基础和一些重要条件。综合来说，我国为黑龙江省食用菌产业的发展提供了很好的政策基础，黑木耳作为黑龙江省的特色优势资源，具有极大的市场和发展潜力。

本书由黑龙江省科学院微生物研究所、黑龙江省黑木耳资源利用工程技术研究中心、黑龙江省菌物药工程技术研究中心、中科优术（黑龙江）科技产业有限公司、东北林业大学、贺州学院、国家食用菌产业技术体系等多年从事黑木耳基础科研和工业应用的专家、学者编写而成。本书分为七章：第一章对黑木耳进行概述；第二章主要介绍黑木耳菌种的选育；第三章主要介绍黑木耳的栽培技术；第四章主要阐述黑木耳的功效成分及其药理作用，为黑木耳的临床应用和生产应用奠定基础，并具有指导作用；第五章介绍提取黑木耳功效成分的核心技术；第六章介绍黑木耳在功能食品方面的应用；第七章对黑木耳产业的发展前景进行展望。本书具有较强的理论性和实用性，可为黑木耳的研究提供一定的参考，力求推动我国黑木耳产业的可持续发展。本书可作为从事黑木耳基础研究及产业化应用研究的科研人员、黑木耳产品开发人员和有关高等院校师生的参考用书。

感谢国家食用菌产业技术体系的各位专家、国家黑木耳产业技术创新战略联盟、黑龙江省自然科学基金重点项目（ZD2020C010）、国家现代农业产业技术体系建设专项资金项目(CARS－20)对本书编写的支持,感谢黑龙江省菌物药工程技术研究中心首席专家及中科优术(黑龙江)科技产业有限公司对本书编写的指导和帮助!

我国黑木耳品种多,栽培地域复杂,本书编者水平有限,书中难免存在不足之处,恳请广大读者提出宝贵的建议和意见。

本书编委会
2021 年 3 月

目　　录

第一章　黑木耳概述

黑木耳又名木耳、光木耳、云耳、细木耳、黑菜、木蛾、丝耳子、木茸等，是温带常见的木腐菌，因形似耳，加之颜色呈黑褐色而得名。黑木耳属于真菌门、担子菌亚门、层菌纲、木耳目、木耳科、木耳属。我国野生黑木耳广泛分布于温带和亚热带的高山地区，遍及20多个省（区、市）。

我国已发现的木耳属有皱木耳、黑木耳、角质木耳、毛木耳、盾形木耳、长膜状木耳、大毛木耳、琥珀木耳和毡盖木耳等。黑木耳混淆种包括毛木耳、琥珀木耳、薄肉木耳、皱木耳等，主要生长在中国和日本。

木耳属子实体的某些外部特征（如色泽、大小、形状、质地等）容易受环境变化的影响而改变。1951年，Lowy提出以木耳属子实体的内部结构为基准，并参考其外部的形态特征进行分类。他按照子实体横截面成层的现象把木耳属分成两类：一类没有髓层而具有中间层；另一类有明显的髓层。另外，也可将毛的长度、宽度、着生情况以及各层的形态特征与宽度等作为分类依据。

第一节　黑木耳的食用历史

黑木耳是营养丰富、柔软、细腻、鲜嫩的药用菌和食用菌。我国采食、应用黑木耳的历史悠久。西周时期，我们的祖先就开始食用木耳。在我国古代典籍中，黑木耳又被称为丁杨、木蛾、树蕈、云耳、树鸡等。公元前73年，西汉学者戴圣在《礼记》中记载："芝枌木耳皆人君燕所加庶馐也"，意思是香菇与木耳都是皇帝宴席上必不可少的菜品。北魏农学家贾思勰的农学专著《齐民要术》中记载:“木耳菹:取枣、桑、榆、柳树边生,犹软湿者。干即不中用,柞木耳亦得。煮五沸,去腥汁,出,置冷水中,净洮。”唐朝苏敬参与修撰的《新修本草》中记载:“桑槐楮榆柳,此为五木耳。软者并堪啖,楮耳人常食,槐耳疗痔。煮浆弱安诸木上,以草覆之,即生蕈尔。”书中不仅有对常见耳树的介绍,而且描述了通过接种、盖草遮阳、保温保湿生产黑木耳的方法。著名诗人苏轼对多种植物做过诗咏,他也曾确切地以诗的形式记载了黑木耳的生境:“黄菘养土羔,老楮生树鸡。”在唐宋之后,民间往往以黑木耳作为馈赠亲友的礼品。明代著名医药学家李时珍在《本草纲目》中记载:“木耳生于朽木之上,无枝叶,乃湿热余气所生。曰耳曰蛾,象形也。曰,以软湿者佳也。曰鸡曰,因味似也。”这说明我国劳动人民通过采食逐步掌握了黑木耳的生长规律,积累了丰富的生产、应用经验。

第二节　黑木耳的分布

我国是主要的黑木耳生产国。黑木耳主要分布在我国吉林、四川、黑龙江、陕西、云南、辽宁、浙江、湖北等林地资源比较丰富的地区。其中,黑龙江省的海林市、东宁市晋升为国家级木耳批发市场。此外,房县黑木耳、康县黑木耳、青川黑木耳等为中国国家地理标志产品。

我国黑木耳主要分布于云岭、长白山脉、秦岭－大巴山脉、大兴安岭、横断山脉、小兴安岭、武夷山脉等。其中,东北地区的黑木耳最受市场欢迎,主要有以下几个原因。

(1)黑木耳这种真菌对于温度较为敏感,在东北地区适合地栽而不需其他条件。

(2)东北地区温差大,黑木耳生长周期长,有利于内部干物质的积累,使得黑木耳的折干率高,子实体肉质厚,营养丰富,口感较好。

(3)东北地区(尤其是黑龙江省)林业资源丰富,有大量的野生黑木耳种质资源,利于菌种的选育与杂交。

(4)东北地区黑木耳栽培技术和市场较为完善,利于该行业的循环发展。

第三节　黑木耳的分级

参照《黑木耳》(GB/T 6192—2019)对黑木耳进行分级，具体感官要求、理化要求、卫生要求分别见表1－1、表1－2、表1－3。

表1－1　感官要求

项目	指标		
	一级	二级	三级
形态	耳片完整均匀，耳瓣舒展或自然卷曲	耳片较完整均匀，耳瓣自然卷曲	耳片较完整均匀
色泽	耳正面纯黑褐色，有光泽，耳背面略呈暗灰白色，正背面分明	耳正面黑褐色，耳背面灰色	耳片灰色或浅棕色至褐色
气味	具有黑木耳应有的气味，无异味		
最大直径/cm	0.8～2.5	0.8～3.5	0.5～4.5
耳片厚度/mm	≥1.0	≥0.7	—
霉烂耳	不允许		
虫蛀耳	不允许		
杂质/%	≤0.3	≤0.5	≤1.0
	不应出现毛发、金属碎屑、玻璃		

表 1-2　理化要求

项目	指标		
	一级	二级	三级
干湿比	1:9 以上		
水分/%	≤12.0		
灰分(以干质量计)/%	≤6.0		
总糖(以转化糖计)/%	≥22.0		
粗蛋白质/%	≥7.0		
粗脂肪/%	≥0.4		
粗纤维/%	3.0~6.0		

表 1-3　卫生要求

项目	要求
总砷(以 As 计)/(mg·kg^{-1})	≤0.5
铅(以 Pb 计)/(mg·kg^{-1})	≤1.0
总汞(以 Hg 计)/(mg·kg^{-1})	≤0.1
镉(以 Cd 计)/(mg·kg^{-1})	≤0.2
六六六/(mg·kg^{-1})	≤0.05
滴滴涕/(mg·kg^{-1})	≤0.05

第四节　黑木耳的生物学特性

一、黑木耳的形态

黑木耳作为商品时,可根据外观、口感将其分为黑木耳、毛木耳、紫木耳、皱木耳、黄背木耳、褐木耳等。根据生长地域,可将黑木耳分为椴耳、桑耳、石耳、燕耳、细木耳、云耳、木茸、木菌、树鸡、蕈耳等。根据生长季节,可将黑木耳分为春耳、伏耳、秋耳、越冬耳。

黑木耳是一种胶质真菌,由菌丝体与子实体两部分构成。菌丝体由许多具有分枝与横隔的管状菌丝构成,呈无色透明状,生长于基质里面,是黑木耳的营养器官。子实体侧生于基质表面,是黑木耳的繁殖器官,是人们可食用的部分。

(一)菌丝体

黑木耳的菌丝纤细,但粗细不匀,往往出现根状分枝,屈曲生长,呈锁状联合,锁状联合的典型形态和骨节嵌合状相似。菌丝的生长速度略慢,在培养基上呈现密集均匀、前缘整齐的生长状态,老熟后往往会分泌褐色的色素。担孢子萌发时形成单核菌丝,通过质配后才会形成双核菌丝,在黑木耳的生活史中,担孢子以双核菌丝形态存在的时间较长。

(二)子实体

黑木耳的子实体是大量菌丝进行交织扭结产生的胶质状。子实体富有弹性,柔嫩而半透明,表面附有滑腻的黏液,干燥后会快速收缩为角质,呈脆而硬的状态,入水后会膨胀,可恢复原状,泡发率达 8 ~ 22 倍。子实体分背、腹两面,腹面平滑下凹,背面凸起且有极细的绒毛,呈茶褐色或黑褐色。子实体的内部无髓层但具备中间层,于显微镜下观察,子实体横切面可分为中间层、柔毛层、子实层、致密层、亚致密下层、亚致密上层等。

野生黑木耳生长于槐树、栎树、榕树、杨树等 120 多种阔叶树枝上,丛生或单生,丛生时常为屋瓦状叠生。因此,可利用阔叶树的木屑和段木进行人工栽培,生长环境需散光、湿润和温暖。

二、黑木耳生活史

黑木耳的生活史即黑木耳特有的生长发育过程,如图 1 - 1 所示。黑木耳子实体成熟时,在其腹面会形成棒状的担子,担子上伴有孢子,即担孢子。担孢子萌发会长出芽管,芽管可伸长形成单核菌丝,并通过与不同性的、有亲和力的单核菌丝结合,形成双核菌丝。双核菌丝持续生长,可分化、发育为子实体。子实体在成熟后又会形成大量的担孢子。

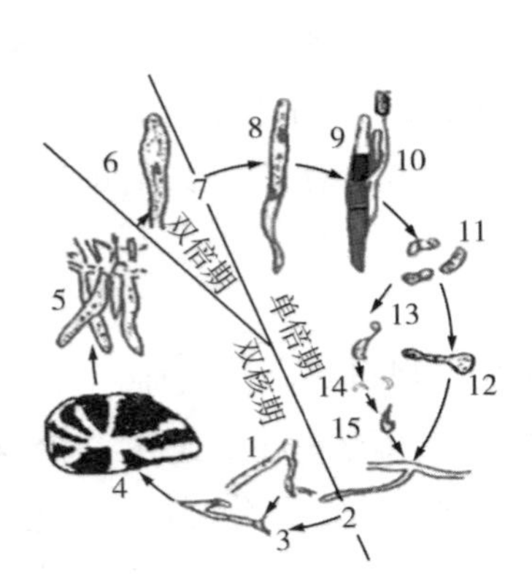

1.单核菌丝
2.双核化
3.双核菌丝及锁状联合
4.担子果
5.幼小的双核担子
6.核配
7.减数分裂
8.幼担子
9.成熟的担子
10.着生在小梗上的担孢子
11.担孢子产生横隔膜
12.担孢子直接萌发为(+)或(-)单核菌丝
13.担孢子间接萌发产生分生孢子
14.马蹄形分生孢子
15.分生孢子直接萌发为(+)或(-)单核菌丝

图1-1　黑木耳的生活史

(一)黑木耳的生长发育

黑木耳的生长周期可分为营养生长与生殖生长两个阶段。黑木耳担孢子的单核菌丝形成双核菌丝(营养菌丝)后吸取养分而生长,这个过程就是黑木耳的营养生长阶段,又称黑木耳的菌丝体时期。大量繁殖的营养菌丝受到低温刺激、机械刺激、光线刺激以及培养基引起的生物化学变化等因素的诱导时,会产生子实体原基,原基会发育为菌蕾,进一步发育为成熟的子实体。这个过程就是黑木耳的生殖生长阶段,又称黑木耳的子实体时期。

1. 孢子萌发

孢子的萌发是黑木耳生长发育的开端。孢子的萌发需要适宜的温度、酸碱度以及足够的水分、营养。

2. 菌丝生长

(1)菌丝的伸展和生长点

黑木耳的菌丝为管状细丝,其顶端为钝圆锥形。菌丝的生长点位于钝圆锥形上约2~10 μm的前端部分,这也是菌丝蓬勃生长的位置。在生长点的后端,略为老熟的菌丝能够形成分枝,每个分枝顶端均具备生长点。菌丝的生长实际上是生长点的持续伸展,与此同时会产生锁状联合,从而进行菌丝细胞繁殖。

其他部分由于细胞壁坚硬，很难伸展。

菌丝的生长点内含物略单一，主要为浓度很高的微泡囊和原生质。微泡囊内含有丰富的酸性磷脂酶、多糖、几丁质前体、几丁质合成酶、细胞壁溶解酶，在菌丝生长过程中起到重要作用。

（2）菌丝生长期的划分

菌丝的生长期大致可分为生长迟缓期、快速生长期和生长停滞期。生长迟缓期是菌种适应新环境的过程；快速生长期是菌丝在适应环境之后的快速生长期；生长停滞期是菌丝的老化期。

3. 子实体生长

黑木耳的子实体是菌丝体生长发育后形成的。子实体在生长初期呈杯状或豆粒状，慢慢变为耳状或叶片状，边缘呈波浪状，基部狭小，以侧生的短柄或狭细的附着部固着于基质上，耳片直径一般为4～10 cm，大的可达12 cm以上。子实体成熟后会形成许多担孢子，担孢子无色、光滑、呈肾形，大小为(9～14)μm×(5～6)μm。

（二）黑木耳的繁殖

黑木耳的繁殖方式包括有性繁殖和无性繁殖。

1. 无性繁殖

黑木耳的无性繁殖包括菌丝体断裂、形成无性孢子、芽殖等方式。黑木耳无性繁殖形成的无性孢子是分生孢子，但是分生孢子不易萌发，需要在满足其特殊要求的条件下才可萌发形成菌丝。在黑木耳栽培技术中，子实体分离、菌种转管传代等均利用无性繁殖的特性。

2. 有性繁殖

黑木耳的有性繁殖是以异宗结合的方式进行的，即需要有不同交配型的菌丝结合才可完成生活史。Barnett和罗信昌的研究表明，黑木耳是二极性异宗结合的担子菌。不同交配型的单核菌丝通过交配形成双核菌丝。双核菌丝不断地分解和积累大量的营养物质后逐步达到生理成熟，经过分化发育、交织扭结，初步形成耳芽，而后慢慢发育为子实体。子实体成熟之后又可形成大量的担孢子。

三、黑木耳生长发育条件

（一）营养

黑木耳属于木腐菌，不能进行光合作用合成有机物，只能从基质内吸收碳源、氮源、无机盐等营养物质。这些物质都能够从木段内的纤维素、木质素、半纤维素等中获得，也可从代料栽培的木屑和其他适宜的农副产品中获得。

1. 碳源

碳源是黑木耳最为主要的营养来源，它不仅可以作为合成氨基酸与碳水化合物的原料，而且还是至关重要的能量来源。黑木耳所需要的碳源均来自有机物，如木质素、纤维素、淀粉、戊聚糖类、半纤维素、果胶等。在常见的碳源中，有机酸、单糖等小分子化合物均可直接被黑木耳的细胞吸收，木质素、纤维素、淀粉、半纤维素、果胶等大分子化合物则需要由木质素酶、纤维素酶、半纤维素酶分解为半乳糖、阿拉伯糖、木糖、果糖、葡萄糖之后，才能被吸收。

2. 氮源

氮源是合成核酸与蛋白质不可或缺的原料。主要的氮源有蛋白质、铵盐、尿素、氨基酸、丙氨酸、天冬氨酸、氨、硝酸盐、蛋白胨等。生产中常用的氮源为米糠、马铃薯浸液、蛋白胨、酵母汁、麸皮、玉米粉等。黑木耳菌丝体可以直接吸收氨、氨基酸、尿素等小分子化合物。蛋白质等大分子化合物不能被黑木耳菌丝体直接吸收，需由蛋白质酶分解为氨基酸之后才能被吸收。

3. 生长素

生长素是黑木耳基质中需求量很少但对黑木耳的生长有显著影响的有机化合物，如维生素、核酸等生长调节物质。维生素是各种酶的活性基团成分，在马铃薯、米糠、酵母、麸皮、麦芽等培养基辅助材料中的含量比较丰富。此外，还有一些生长素对菌丝体的生长发育也有促进作用,如三十烷醇、吲哚乙酸等。

4. 矿质元素

黑木耳生长发育过程中必不可少的营养物质就是矿质元素,包括大量元素(如钙、镁、钾、磷等)与微量元素(如铁等)。在耳树内,特别是生长于肥沃土壤、向阳山坡且边材发达的耳树内,矿质元素格外丰富,于这种耳树上生长发育的黑木耳肉厚、朵大、产量较高。用枝条与锯木屑制种时,应在培养基内添加少许磷酸二氢钾与石膏,以提高钙等矿质元素的含量并调节培养基的酸碱度,从而满足黑木耳生长发育所需的营养要求。

(二)温度

温度是影响黑木耳生长发育速率与生命活动强度的主要因素。黑木耳是中温型菌类,其孢子的萌发温度一般为22~32 ℃,但以30 ℃最为适宜;其菌丝在6~36 ℃均能生长,但以22~32 ℃最为适宜。黑木耳菌丝不能耐受高温,但可以耐受低温,在 −30 ℃的低温条件下短时间内不会死亡,但长时间在32 ℃以上的高温环境下易衰老,一旦温度超过40 ℃便会死亡。

黑木耳是一种恒温结实性食用菌。黑木耳的菌丝在15~32 ℃下都可分化产生子实体,但其生长发育的最适温度为20~28 ℃。当温度达38 ℃以上时,黑木耳的生长发育受到抑制。在适宜的温度范围内,温度略低会导致黑木耳生长发育迟缓,肉厚,菌丝体茁壮,生长周期延长,子实体的颜色较深;温度略高会导致黑木耳生长发育较快,肉偏薄,菌丝延长,质地较差,容易衰老,子实体的颜色较浅。

(三)湿度

水作为新陈代谢、营养吸收不可或缺的基本物质,也是黑木耳的主要成分。黑木耳属于喜湿性菌类,在每个阶段的生长发育中均需要水分,尤其是在子实体的发育阶段需要大量的水分。

黑木耳生产发育所需水分绝大部分来自基质。在菌丝体的定植、蔓延生长时期,基质的含水量应为55%~65%。子实体在其形成阶段对湿度的要求相对严格,不仅要求基质的含水量达到60%左右以上,还要求其生存环境中的空气相对湿度维持在90%～95%，这样能够促进子实体快速生长，使耳肉厚，耳丛大。所以，在黑木耳的生产过程中，对于水分的要求为“干湿”持续交替：于菌丝的生长发育阶段需要不断调节基质及空气的湿度，使其偏干，推动菌丝向基质纵向深度生长延伸，从而抑制杂菌的滋生；在菌丝分化成耳芽的时期需要确保空气相对湿度较高，有助于促进子实体的生长发育，确保黑木耳的品质。但是，当基质的含水量过高时，就会减少透气性，影响菌丝的呼吸，而且会加快基质的腐烂导致减产。

（四）光照

黑木耳在每个生长发育阶段对于光照的需求是不同的。在有散射光或者黑暗的环境条件下，菌丝均可正常生长。光可促进黑木耳从营养生长转为生殖生长，这可能与菌类生理转化所需的酶系被光诱导或激活有关。

在黑暗的环境条件下难以形成子实体，通常只有拥有大量的散射光，而且具备一定的直射光，才可以生长出黑色的、肉质肥厚的子实体。有研究表明，黑木耳的子实体只有在250～1 000 lx的光照强度下才会呈现正常的深褐色。在较弱的光照条件下，黑木耳的耳片会呈现淡褐色，甚至是白色，木耳薄而小，产量低。这说明光可以促进黑木耳色素的产生。黑木耳的子实体中含有胶质，即使经受短时的暴晒也不可能导致其干枯而死。但是，在烈日下暴晒势必会使水分大量蒸发，黑木耳基质及栽培环境干燥会导致子实体干缩，生长速度缓慢，严重影响产量。在室外环境中利用段木或代料培育黑木耳时，于强烈的日光下应搭阴棚与增加喷水，以满足黑木耳生产的要求。

（五）空气

黑木耳是好气性真菌。环境中的二氧化碳浓度超过1%就会妨碍菌丝体生长，子实体就会产生畸形，变为珊瑚状，一般不开片；环境中的二氧化碳浓度超过5%就会引起子实体中毒死亡。因此，在黑木耳的生长发育过程中，栽培环境应保持新鲜空气的流通。栽培环境缺氧会影响黑木耳正常的呼吸活动和生长发育。确保良好的通风情况还能够减少杂菌感染，避免耳片霉烂。

（六）酸碱度

黑木耳的菌丝适合生活于微酸的环境中，pH值以5.0～6.5为最佳。在段木栽培的过程中，只要不向黑木耳喷洒酸性或碱性过强的水，通常不需要考虑这个因素。但是，在制作菌种和代料栽培的培养基时，需要用缓冲物质控制基质的酸碱度。

每种生长发育条件并不是单独存在的，它们互相作用，共同影响黑木耳的生长发育过程。因此，人们在栽培黑木耳的过程中应按照其生活习性开展综合性的管理，进而获得具有优良品质且产量高的黑木耳。

第二章　黑木耳菌种

黑木耳产业的蓬勃发展离不开优质的黑木耳菌种，菌种作为生产的源头，其质量好坏直接关系到黑木耳的产量和品质。在黑木耳的菌种业内有一句俗话：收多收少在于种，有收无收在于种。这充分说明优质菌种在黑木耳产业中的决定性作用，即它是黑木耳产业能否正常运行的物质基础。菌种的选育和保藏均是优质菌种的研究核心，虽然我国科技人员在菌种的选育方面做了很多工作，但是在菌种保藏方面的研究基础仍较为薄弱。

第一节　菌种的概念

菌种是指人工栽培的食（药）用菌的菌丝体及其生长基质所组成的繁殖材料。菌种是影响食用菌生产的决定性因素，而且其影响是全面性的，因此在食用菌的生产中需要选择和使用品质优良的菌种。优质菌种的获得包括菌种分离、菌种选育、菌种保藏等环节，每个环节对于菌种的质量都举足轻重。

菌种通常通过孢子的萌发、菌丝的配对与提纯获得，或者通过子实体组织的分离与提纯获得，再经过严格的育种试验而获得性能稳定、品质良好的菌种。在育种学中，优质品种的选育过程是，先分离菌种，再确认菌种性状稳定，然后推广生产，需要经过“两次初筛小试、一次中试、一次多点示范”四个生长季，与此同时还需要做不同季节与不同播期栽培黑木耳的农艺性状测验和室内鉴定。完成这一过程需要 3~4 a。在菌种的制备与保藏过程中，菌种往往会出现退化的情况，一般表现为黑木耳的理想性状丢失，进而引起发育缓慢，产量和存活率下降。基因突变、环境污染与营养状态改变均可能造成菌种退化。菌种保藏就是为了在较长时间内维持菌种的生存,维持菌种在生理、遗传与形态方面的稳定性。菌种保藏的方法有很多,主要通过冻干、限制氧气、冷冻、营养饥饿等阻止或抑制细胞的代谢,如液氮冻存等。菌种的保藏单位必须有菌种分类鉴定的相关仪器设备与专业的人员,不是小型单位和个人就可以进行的,因此应当向经过注册的菌种生产者或相关的学术研究单位购买菌种。

第二节　菌种的分级

按照菌种的生产目的与来源,一般将食用菌的菌种分为母种、原种和栽培种三级。

母种是一级种,是生产其他菌种的原始种。母种往往用玻璃试管作为容器,菌丝生长于斜面培养基上,因此又称试管菌种。母种应纯度高、质量好。

原种是二级种,是由母种扩张到米糠、棉籽壳或木屑等培养基上培养的菌丝体。必须确保原种的纯度,绝不能存在污染。

栽培种是三级种,可直接用于生产栽培,由原种通过扩接和繁殖而获得。栽培种与原种所用的培养基配方和培养方法是相同的,容器可选用塑料袋与玻璃瓶。

目前也有利用液体菌种来生产食用菌的。液体菌种是利用液体培养基培养而成的,分布均匀,流动性良好,接种后可迅速生长,且菌龄一致,特别适合于工厂化的生产。液体菌种尽管优点较多,但不容易保藏与运输,而且相关的设备投资比较大,需满足相应的技术条件要求,符合条件的个体生产者可进行尝试。

第三节　菌种选择的标准

一、黑木耳母种指标

菌丝呈白色至米黄色，为棉絮状，平贴于培养基生长。菌丝短小、整齐、生长迅速。满管后的培养基呈浅黄色至茶褐色，在见光的情况下，表面或斜面边缘会出现胶质琥珀状的原基。

二、黑木耳原种指标

菌丝呈白色，密集生长，粗壮有力，均匀，前缘平面较整齐，上下均匀一致。菌种和袋（瓶）壁紧贴，袋（瓶）内长满后会出现浅黄色的色素，自下而上会有胶质耳基。

第四节　菌种质量控制

优良的菌种是黑木耳优质、高产的基本前提。为了保证菌种质量，除了在菌种生产的各个环节严格按照规定操作之外，还必须加强对菌种质量的检验。根据黑木耳菌种标准，可对菌种（菌丝体阶段）的质量做初步判断。对菌种的生产性能（抗逆性的强弱、品质的优劣、产量的高低等）的检验比较复杂，只有依照栽培试验的结果才可得出结论。

一、母种质量要求

试管完整、无破损、无裂纹。无棉塑料盖或棉塞洁净、干燥、无霉斑、松紧度适中，可满足滤菌与透气的要求。斜面顶端距棉塞 40 ~ 50 mm。接种块大小为（3 ~ 5）mm ×（3 ~ 5）mm。

菌种斜面正面外观表现为菌丝洁白、均匀、平整、无角变，平贴于培养基生长，呈棉絮状或羊毛状，菌落的边缘整齐，无杂菌菌落。菌种斜面背面外观表现为培养基中有菌丝体分泌的黄褐色色素，培养基不干缩。母种应拥有黑木耳菌种所特有的清香味，无臭、酸、霉等异味。

显微检测可见菌丝粗细均匀，一般有根状分枝，呈锁状联合。在马铃薯葡萄糖琼脂（PDA）培养基中，在适宜的温度[（26 ± 2）℃]下，菌丝在10～15 d后可长满斜面。一般要求菌丝长满斜面后3～5 d投入使用。

菌丝长满斜面后，若短时间不用，则可以放置于较低的温度下进行保藏，在避免高温的同时还要注意防冻。黑木耳母种在4～6 ℃下一般可保存30～60 d。在母种的邮寄和运输过程中要防止玻璃试管破碎，防止棉塞脱落或松动；北方冬季要注意保暖，避免斜面冻结，避免棉塞受潮而导致杂菌感染。

二、原种与栽培种质量要求

菌袋（瓶）完整、无破损、无裂纹。无棉塑料盖或棉塞保持洁净、干燥、无霉斑，松紧度适中。培养基表面距袋（瓶）口的距离为（50 ± 5）mm。接种量（每支母种接原的种数，接种物的大小）为4～6袋（瓶）。菌丝长满菌袋（瓶），菌丝体呈白色至米黄色，为细羊毛状，生长旺盛，菌落的边缘整齐。培养基需颜色均匀，菌种应紧贴于袋（瓶）壁，无干缩，允许有少量无色至棕黄色的水珠，允许有少量胶质和颗粒状琥珀色的耳芽，如果耳芽过多则不能用作菌种。正常的菌种应无绿、黄、红、青、黑、灰色等颜色的杂菌菌落，无颉颃现象及角变，应具备黑木耳菌种所特有的清香味，无臭、酸、霉等异味。

在适宜的培养基上，于适宜的温度[（26 ± 2）℃]下，原种可在40～45 d后长满容器，栽培种可在35～40 d后长满容器。菌丝充满袋（瓶）后约7 d投入使用较好，若菌龄太长，则菌种会形成菌皮，表面会分泌大量的黄水，培养料和袋（瓶）壁会分离，菌种的活力会大大降低。

菌丝长满培养基后，如果短期不用，则需要放置于较低的温度下保藏。气温达30 ℃以上时，需要用0～20 ℃的冷藏车运输菌种。运输中影响菌种的主要因素除温度外，还有包装和运输状态。受潮是导致菌种污染的主要因素，包装后必须在显著的位置标注防潮、瓶口朝上、防重压等储运标识。原种在

0～10 ℃的条件下一般可保存40 d;栽培种在26 ℃以下一般可保存14 d。

第五节　黑木耳菌种保藏

目前,在食用菌行业内较为常见的菌种保藏方法有超低温(液氮)保藏法、继代培养低温保藏法。这两种方法对于不同的菌株有不同的效果,一般来说:继代培养低温保藏法适用于短期保藏;超低温(液氮)保藏法适用于长期保藏,但必须注意的是,在超低温(液氮)保藏法中需要重视程序降温的方法,特别是在4～20 ℃下,细胞内的水分冷冻形成冰晶的过程需选择慢冻的方法。在继代培养低温保藏法中需要注意调换培养基与配合菌种复壮等,对于高温品种不可选用常规的低温保藏,以免菌种失活。所以,将长、短期的保藏方法适当结合可以保证良种的高效保藏,确保产业用种安全。

第六节　常用黑木耳菌种简介

一、黑29(黑木耳2号)

该菌种为国家和黑龙江省认定品种,商品性好,性状稳定,是东北地区主要栽培品种。该菌种的子实体单片聚生,片大,耳根较小,呈碗状,圆边;子实体单朵直径为6～12 cm,可分成单片,耳片厚0.8～1.2 mm;耳片背面筋脉多而明显;耳片干后呈碗状,腹面呈黑色且有光泽,背面呈灰褐色,绒毛短而密,正反面颜色差别较大。该菌种为中晚熟品种,出耳较晚,开口后15～20 d形成耳芽。该菌种耐高温,抵抗杂菌的能力(抗杂能力)强,单袋产干耳50～70 g,适合在东北地区的春秋季进行栽培,适合小口单片出耳,可用于段木栽培。

二、黑威15

该菌种为黑龙江省认定品种,商品性好,性状稳定,是东北地区主要栽培品种。该菌种为高产优质新品种，于 2014 年获得国家发明专利(ZL201410004033.3)，于 2015 年通过黑龙江省品种审定(黑登记 2015053)。该菌种的子实体呈单片、碗状，大筋脉，黑灰色，出耳较“黑 29”早 7～10 d，出耳整齐，单片率高，适合钉子眼和大棚出耳，抗杂能力强，产量高，单袋产干耳 50～60 g，最高可达 75 g。

三、延特 3 号

该菌种为国家认定品种，为晚熟品种。该菌种的子实体呈散朵状至单片，耳根较小；耳片的直径为 8～15 cm，厚 0.8～1.0 mm，新鲜时为黄褐色，晒干后会变黑，脉状皱纹较明显；在高湿、高温情况下不烂耳，出耳芽较慢，抗杂能力较强，适合段木栽培与代料栽培，单袋产干耳 40～60 g。

四、延特 5 号

该菌种为国家认定品种，为中晚熟品种。该菌种的子实体呈散朵状，根较小，圆边；耳片的直径为 6～10 cm，厚 0.8～1.2 mm，正反面颜色差别较大，腹面颜色极黑且有光泽，背面呈灰褐色；在高湿、高温情况下不烂耳，见光较易出耳，出耳芽较快，抗杂能力强，于春秋季皆可进行栽培，易催耳，出耳齐，适合段木栽培与代料栽培。

五、黑木耳 9809

该菌种为黑龙江省认定品种。该菌种的子实体呈朵状，耳基较菊花型小，耳片大小中等，呈褐色至黑色，正反面颜色差别较小。该菌种为早熟品种，易出耳芽，菌丝长满袋后可直接开口出耳，没有后熟期，开口后 7～10 d 现耳芽，喜水，干旱不易开片，不耐高温，抗杂能力稍弱，产量高，适合在东北地区的春季进行代料栽培。

六、鑫宝系列黑木耳菌种

该菌种以产量高、耳型好、出芽快、商品性好等特点深受广大木耳种植户的喜爱。

鑫宝 X1(微筋王):中早熟品种,出芽快且齐,耳片圆边内卷,正面黑亮,背面呈瓦灰色,生长旺盛,产量高,适合大棚挂袋栽培,能产生很高的经济效益。

鑫宝 X2(半筋王):中早熟品种,出芽快,易管理,耳片边缘整齐,正面黑亮,耳片厚重,背面根部有少量筋脉且呈瓦灰色,返潮快,产量高,适合大棚及大地栽培,在全国各主产区均有很好的表现。

鑫宝 X5(大筋王):中熟品种,圆边大筋,耳片黑厚,筋脉粗壮,出芽快且齐,生长旺盛,产量很高,口感软糯,适合大棚地摆做水发菜,很有特点。

七、黑优系列黑木耳菌种

该菌种产量高,抗杂能力强,易管理且商品性好。

黑优 3 号:少筋或无筋品种,出耳早,耳片厚、圆边,耐水性强,高温期不易红根和烂耳,正反面分明,呈瓦灰色,抗寒能力强,下地时间尽量避开早春低温时间段,防止憋压现象,晾晒时采用阴棚晾晒,传堆晾晒易成卷叶菜,商品性好,经济效益高,可选择大地挂袋栽培和林地栽培等,16.1 cm×38.0 cm 菌袋可产干耳 65~85 g。

黑优 2 号:半筋品种,中早熟,菌丝生命力强,耐高温,耐水性好,圆边,碗状,色黑肉厚,耳背筋脉和色、气俱佳,胶质体弹性好,耳片手感厚实,高产优质,易管理,适合大地栽培、林下栽培和大棚地摆及挂袋栽培,16.1 cm×38.0 cm 菌袋可产干耳 70~90 g。

第七节 菌种退化与老化

菌种退化是指食用菌菌种群体的经济性状发生劣变的现象,实质上就是菌种因遗传变异而在品质、产量、抗性等方面发生了违背人类需求的变化。菌种退化后，在生理、形态、遗传等方面与原菌种有所差别：在菌种的生长阶段会表现异常，如母种的菌丝倒伏、菌落形态不正常、生长速度变缓、生长势变弱、个体间的长相及长速不均一、产生大量色素等；在正常栽培条件下，其优良性状逐渐丢失，具体表现为品种劣、生活力衰退、产量下降、整齐度下降、抗逆性减弱等。

一、菌种退化的原因

品种选育方法不科学会降低菌种遗传学上的均一性和稳定性，遗传基础较大的异质性会使其在有性繁殖过程中出现性状分离现象，导致品种退化明显。

选择偏差会使一些被人们认为是退化的突变被保护，造成菌种退化。另外，技术操作的非科学性使劣质菌种难以被淘汰，造成不正常的菌种得以繁殖使用，导致菌种的优良性状减弱和丢失。

菌丝继代培养与无性繁殖的无限性，导致其在生长过程中发生自然突变的可能性远远高于其他高等动植物。一个菌株的菌丝细胞若发生有害突变，就有可能导致有害突变体的菌丝细胞群所占的比例随着移接次数的增加而逐步增大，慢慢出现生产性能退化、恶化等现象。

当菌种受到病毒侵染后，病毒会随菌丝体的扩大繁殖而增多，并且经由带毒孢子传递给下一代。若菌种携带一定浓度的病毒粒子，则会表现出生长势下降、菌丝体退化、减产、品质下降等现象。

长期低温保藏与继代培养会引起菌种代谢功能异常，导致细胞活力下降或失去代谢平衡，进而造成细胞退化。这类退化细胞的数量会随菌丝体的生长发育而逐渐增多，使退化积蓄。当退化细胞的数量达到一定程度后，菌种就会表现出显著的退化性状。

二、菌种老化的原因

老化与退化是两个迥然不同的概念。在菌种的培育过程中，随着菌龄的增长，养分会持续消耗，菌种势必会显露出老化的现象。在菌丝老化后，其生命力会减弱，色素分泌会增加，细胞中的空泡会增多甚至破裂。老化的菌种被接种到培养基后，表现为菌丝生长缓慢，抗杂能力弱，子实体的形成延迟、弱小等，这些情况与菌种退化的表现极为相似，但实质上属于非遗传变异，菌种的遗传基础并没有发生改变。退化和老化是有机连接的，生活力差的菌种易出现退化现象。

三、防止菌种退化的措施

为防止菌种退化，应创造适合菌种生长的良好的生活环境与营养条件，使之性状稳定，健康生长。采用适宜的培养、保藏方法可有效维持菌种的特性，增加菌种的使用年限。在菌种的保藏过程中，可同时采用多种保藏方法，保证菌种的安全性。应严格限制菌种的传代次数，减轻其机械损伤，确保菌种的活力。应建立健全菌种质检的相关评价标准，降低人工选择的偏差。选择目标性状时不应过于强调单一性状，应重视菌种性状的典型性。在产量性状的选择方面，应全面考虑相关因素，选择的标准应接近群体的平均值或者按照众数进行选择。

四、菌种的复壮

当菌种表现出异常现象时，应先区分是退化还是老化，还是由培养条件的变化而引起的。因外界条件的变化或因菌种老化而引起异常时，可选用新的培养基及合适的培养条件，使菌种的生长恢复原状。若因菌种退化而引起异常，则上述方法不会扭转菌种的生长状况，这时就需要对菌种进行复壮。菌种复壮主要采取以下方法。

（1）于显微镜下对菌丝尖端进行分离，应用显微操作器将菌丝的尖端切下，将其转接到 PDA 培养基上培养，这样能够保证该菌种的纯度，使菌种保全原有菌种的遗传物质，恢复原有的生活力与优良性状，从而达到菌种复壮的目的。

（2）适时替换培养基并定期进行移植，对碳源、氮源、矿质元素、碳氮比进行相应的调整，这对于因营养基质不适合而造成退化的菌种有复壮作用。在保存期内，通常每隔半年就需要对菌种进行重新移植，并将其置于适宜的温、湿度条件下培养约一周，待菌丝基本长满斜面并活化后，再将其置于低温下继续保存。

（3）无性繁殖与有性繁殖轮换进行，分离选优。若长期采用无性繁殖，则菌种会慢慢退化，而通过有性繁殖形成的孢子具备丰富的遗传特性，因此应当定期对黑木耳进行单孢分离并栽培出耳，对不同的菌株进行对比与分析，选择适应性强、性状稳定、无变异情况、抗性强的菌株，从中挑选出具备优良性状的新菌株来替换旧菌株，以达到复壮的目的。

第三章　黑木耳栽培技术

根据中国乡镇企业协会食用菌产业分会、中国食用菌商务网和《食用菌市场》编辑部联合调研组对全国黑木耳主产区的不完全统计(《2018 年全国黑木耳产业调研报告》),2018 年,我国黑木耳总产量为 691.90 万吨(鲜品),相较于 2017 年的 638.84 万吨增长了 8.31%。从 2010 年到 2018 年,我国黑木耳总产量增加了 402.31 万吨,8 年间的产量增幅达 139%。

我国黑木耳人工规模化栽培经历了段木栽培、代料栽培、菌包工厂化生产等阶段。近年来,受原料资源的限制,黑木耳代料栽培逐步取代段木栽培,成为主要的栽培方式。

第一节　黑木耳的栽培方式及生产设施

一、栽培方式

黑木耳的栽培方式主要有段木栽培、代料栽培两大类。

(一)段木栽培

段木栽培目前仅在陕西、湖北、云南等部分传统产区的局部地区存在,但由于其"原生态、高品质"的市场定位得到一些崇尚自然的高端客户的喜爱,因此预计该生产模式将在较长时间内得以延续。1955 年,我国科技工作者着手培育黑木耳的固体纯菌种,创造了段木打孔的接种方法,这种方法能够使段木栽培黑木耳的产量显著增加。

黑木耳段木栽培工艺流程:选场整理→砍伐耳树→剃枝截段→架晒→人工接种→定植→散堆排场→起架→出耳管理→采收→加工与贮藏。

(二)代料栽培

代料栽培技术是一种田园化的栽培技术。该技术主要用秸秆、木屑作为原料,用塑料袋进行盛装,每袋可装 1 kg 干料,灭菌、接种、养菌后,摆在田间、果园林下出耳。代料地栽黑木耳的技术在很大程度上增加了黑木耳的栽培原料种类和栽培区域,明显缩短了生产周期。这种回归自然的栽培方式能够使产品绿色、天然、无公害,提升生物转化率,提高产品的商品性,更有助于机械化、规模化、标准化的生产,发展前景极为广阔。代料地栽源于自然、回归自然,栽培环境符合黑木耳"干干湿湿、冷冷热热"的生活习惯,栽培成功率高,质量、产量良好,逐步成为黑木耳栽培的主要方式。黑木耳代料栽培的原料有很多种,目前运用得较多的有玉米芯、大豆秸秆、玉米秸秆、柞树伐余物、油茶蒲等。

黑木耳代料栽培生产流程全景图如图 3-1 所示。

图 3-1　黑木耳代料栽培生产流程全景图

黑木耳代料栽培工艺流程:称料→预湿→拌料→装袋→打孔→灭菌→冷却→接种→养菌→后熟→催芽→出耳管理→采收→加工与贮藏。

二、生产设施

黑木耳生产以农林副产物为主要栽培原料,但随着栽培量的增加,仅依靠木材加工厂的木屑远远无法满足生产的需要。枝丫材、林木等都可被加工、粉碎成木屑,用木材切片机、木材粉碎机生产木屑和粉碎其他原料。一般来说,它们粉碎的木屑较粗,应与较细的木屑混合使用。

主要的黑木耳生产设施包括筛料机、拌料机、装袋机、窝口机、灭菌锅、接种设备、开口设备、浇水设施、晾晒设施等。

筛料机用来清除原料中的杂物,防止刺破菌袋和装袋机堵料。筛料最初以人工筛料和挑拣为主,现在一般使用电动振筛机,方便、快捷。

大型生产或工厂化生产都使用拌料机,如使用二次拌料机保证生产的连续性。应根据生产量的需要合理配置拌料机的功率。

目前普遍使用的装袋机分为卧式和立式两种,均可调节装料高度。卧式装袋机有两个护翼扣住菌袋,防止冲压过大引起菌袋爆裂。立式装袋机装袋的速度较快,操作简便。大型菌种厂可使用冲压式连续装袋机,其生产效率高,质量稳定。

窝口机是一种较新的工具,适用于东北地区窝口插棒的封口方式,可明显提高操作效率和工作质量。

东北地区多采用常压灭菌方式,灭菌锅的搭建方式各不相同,既有固定的永久性箱式(桶式)灭菌锅,也有简易搭建的临时性灭菌锅,较为常见的由塑料布、棉被搭建而成,造价低廉,操作简便。

大型菌包厂都配备专门的接种室。接种室的面积不宜过大,以一组接种人员半个工作日的接种量为基准设计接种室,最好有两个接种室轮换使用。可在超净工作台上接种,也可直接在工作台面上接种,接种室以紫外灯为主要灭菌设备。个体栽培户接种时一般采用接种箱,根据条件和生产量自行制备。

菌袋开口经历了手工划口、手工刨口、手工拍口、滚动开口等发展阶段,生产效率不断提高。目前,东北地区多采用小口出耳模式,开口设备也不断创新,不同开口方式、开口大小、开口数量的开口设备不断投入应用并得以改进，提高了劳动效率及开口质量。

浇水设施一般包括雾化微喷管与旋转式喷头两种。雾化微喷管造价较低，运输方便，但用水量较大，喷水口易发生堵塞。旋转式喷头造价较高，但可重复使用，用水量小，节水效果较好。

东北地区黑木耳生产规模大，采收集中，一般不配备专门的烘干设备，大多在黑木耳生产场地边际搭建晾晒设施。例如，用木杆、纱窗搭建晾晒床架，床上起拱形，苫盖可移动的塑料布，以防止晾晒时遇雨淋湿黑木耳。

第二节　北方黑木耳春季栽培技术

一、生产计划制订

应按照菌丝发育与子实体生长所需的适宜环境条件（尤其是温度条件）合理地制订黑木耳生产计划。应充分考虑黑木耳菌丝培养期、子实体培养期的时长和气候的变化规律，尽量避免在高温期养菌与出耳。同时，应考虑不同品种类型、不同装料形式及封口方式、不同培养环境等对黑木耳生长期的影响。

不同地区的气候条件不同，因此黑木耳生产安排的时间也有差异。例如，黑龙江省哈尔滨市周边地区一般在元旦左右着手制备二级菌种，2 月底至 3 月初开始制备三级菌种，4 月底至 5 月初排场出袋，开始催芽管理。黑龙江省北部（如大兴安岭、伊春等地区）天气相对寒冷，排场出袋的时间通常延后 1 个月左右。黑龙江省南部及吉林省东南部的黑木耳产区排场出袋时间略为提前。

总之，黑木耳袋栽的生产计划应根据排场出袋的时间进行制订。北方春季出耳排场出袋的时间应尽量“抢早”，一旦气温条件满足需要，就应及时排场出袋，避免出耳后期高温天气对出耳质量和产量的负面影响。

二、菌种生产

（一）培养基配制

1. 原料要求

培养基的原料应不含芳香族化合物、无霉变、无虫蛀。黑木耳属木腐型真菌，适合制作其培养基的原料很多，如林区的木屑及枝丫的粉碎物。木屑以柞树、曲柳、榆树、桦树、椴树等硬杂木的为好，杨树木屑次之，松树、樟树、柏树等树种的木屑含有抑制黑木耳菌丝生长的物质，不宜使用。有研究表明，新鲜木屑不易彻底灭菌，易遭受隐性污染，且可能含有影响黑木耳菌丝生长的活性物质，所以木屑应该搁置 1～2 个月再使用。

其他农副产品（如大豆秸秆、玉米芯等）也能够部分替代木屑用于黑木耳的栽培。我国北方地区盛产玉米，玉米芯能够与木屑混合使用。最好选用当年的玉米芯，玉米芯添加量一般不大于培养基总量的 30%。

麦麸是黑木耳培养基中主要的氮源提供者，是最重要的辅料。目前，市场上销售的麦麸有白皮麦麸和红皮麦麸之分，其营养没有太大区别，都可以采用，但白皮麦麸属于比较细的麦麸，一些不法商贩在利益的驱使下将玉米皮、麦秆等粉碎后掺杂其中，不好辨认，所以采用红皮麦麸最佳。

米糠一般使用米业加工时产生的细糠，又称油糠。豆粉和豆粕也是黑木耳培养基中主要的氮源提供者，也可以替代部分麦麸和米糠，其添加量一般为培养基总量的 2%～3%。在使用豆粉和豆粕时应注意：粉碎的粒度要尽量小，拌料要均匀一致。

石灰与石膏是黑木耳培养基中主要的钙源提供者，也是调节培养基酸碱度、维持酸碱平衡的调节剂。应采用食用菌专用的石膏，且需要确认保质期，在应用中可以用双飞粉来代替。石膏的添加量依据原料的不同而适当调整，普通培养基中石膏的添加比例为 1%。

2. 培养基配制原则

培养基的配制应遵循“目的明确、营养协调、条件适宜、经济节约”的总体原则，根据原种和栽培种的不同用途选择配方、添加成分及比例，确定适宜的酸碱度、水分等培养条件，同时要本着“以粗代精、以废代好、以简代繁”的原则降低生产成本。

根据培养基的配制原则，结合当地的资源特点和品种特性，确定培养基配方和原辅材料。合理的碳氮比一般为80∶1～100∶1。不要盲目添加营养物质，过量添加营养物质易引起杂菌感染和发菌过程中的烧堆。

最好采用边材发达、材质坚固的阔叶树种的木屑提供碳源，混合硬杂木通常优于单一品种的木屑。带锯木屑较细，透气性较差，圆盘锯木屑较粗，较易扎袋，因此这两种木屑最好混合使用，既透气又保水。木屑的使用条件较低，只要不发霉均能使用，但若木屑中掺有柴油与化工原料等则不能使用。

氮源原料种类很多，不同原料的氮源含量有所不同，应根据具体含量确定使用比例，若蛋白质含量较低，则应适当加大添加比例。

培养基材料的粒度应适中，粗料含水性不好，细料通风不良，粗细料混搭既可增加培养基在发菌时的通气度，又可保持培养基的含水性。

3. 培养基配制方法

各级菌种作用迥异，培养基配方与配制方法也不尽相同。二级种主要包括木屑种、枝条种、颗粒种、液体种等。木屑二级种培养基的配方通常为：木屑78%，麦麸（或米糠）20%，石膏1%，白糖1%。木屑二级种菌种发好后可存放较长时间，不易老化，杂菌检测容易，后期栽培出耳时不易在接种点处感染杂菌，但生长周期长，培养料装瓶操作效率低。谷粒二级种培养基一般全部使用麦粒、玉米等粮食谷粒，也可采用“麦粒、玉米等粮食谷粒84%，麦麸（或米糠）15%，石膏1%”的配方。谷粒二级种菌种易萌发，生长速度较快，发菌周期较短，二级种转接三级种操作方便，但菌种易老化，不宜长期存放，谷粒胚芽部分的杂菌不易杀灭，容易感染细菌且不易检出，出耳时因颗粒种营养丰富易造成杂菌滋生。枝条二级种培养基的配方一般为：木块（或枝条，水或蔗糖水浸泡）100 kg，麦麸（或米糠）25 kg，石膏1 kg；木块（或枝条）100 kg，锯木屑18 kg，米糠10 kg，蔗糖1 kg，石膏0.5 kg。枝条二级种转接三级种操作方便，转接数量多，三级种发菌比较均匀，但生产制作较烦琐，菌种污染率较高。

长期以来普遍使用的三级种培养基的配方为：木屑78%，麦麸20%，蔗糖

1%，石膏1%。目前，随着生产规模的扩大和生产技术水平的提高，三级种培养基的配方也有所调整，很多新型农副产品在黑木耳培养基中得到应用，所用原料就地取材，灵活控制，更有助于黑木耳代料栽培的推行实施。例如：不再添加蔗糖；玉米芯、豆秸粉添加比例逐步增大；米糠、豆粉、豆粕等逐步替代麦麸。目前，东北地区常用的三级种培养基配方如下。

（1）木屑80%，麦麸（米糠）15%，豆粉4%，石膏0.5%，石灰0.5%。

（2）木屑58%，玉米芯30%，麦麸10%，豆粉1%，石膏0.5%，石灰0.5%。

（3）木屑58%，豆秸粉30%，麦麸10%，豆粉1%，石膏0.5%，石灰0.5%。

（4）木屑86.5%，麦麸10%，豆饼2%，石灰0.5%，石膏1%。

（5）木屑77%，米糠20%，豆粉2%，石膏0.5%，石灰0.5%。

（6）木屑76.5%，麦麸10%，米糠10%，豆粉2%，石膏1%，石灰0.5%。

以上各种配方在生产实践中都有应用，栽培效果差别不大。

不同菌种及不同地区对培养基配方的要求可能有所不同，不能盲目地补充营养物质，否则会引起培养基的碳氮比失衡，进而影响黑木耳的生长与产量。因此，应灵活选择培养基的配方，同时应按照试验栽培的效果最终确定，配方不可随意改变，不能盲目汲取他人的经验，生搬硬套。

（二）拌料装袋

将木屑、麦麸等主要原料用铁丝筛网过筛，去除小木片及其他异物，避免装袋时扎破菌袋。依据培养基配方先称取豆粉、石灰、麦麸、石膏等辅助原料，搅拌均匀。可将木屑铺于地上，将混合后的辅料分撒在上面，与木屑混合均匀，加水进行搅拌，培养基内的水分一定要均匀，保证无干芯料。人工拌料需来回搅拌3～4次，大规模生产可采用混料机。

水分控制在培养基配制过程中是极为重要的。若培养基含水量过大，则培养后期菌袋下部会积水，菌丝会因缺氧而停止生长，不能长满菌袋；若培养基含水量过小，则接种后菌种不易萌发，菌丝会发育不良，通常表现为菌丝不白，长势细弱。北方栽培黑木耳采用全光地摆的出耳方式，保证培养基的含水量是非常必要的，适宜的含水量有助于菌丝生长，并可有效控制病虫害发生，使菌丝在出耳期病虫害较少且较早出芽。培养基的含水量应控制在55%～60%，干料与水的比例应控制在1∶1.2～1∶1.3。常见的测试含水量的方式为抓住一把已拌好的料，用手将其紧紧握住，以从指缝间出现少量水滴而不滴下为宜，若水滴下得较多，则说明其含水量过大，应该添加一些干料重新进行搅拌。需要注意的是，在北方的冬季，木屑、麦麸等原料可能会结冰，造成培养基含水量偏大，可在培养基配制前将这些原料单独放在室内过夜，待冻块融化后再混合配制。

黑木耳菌丝生长的最适 pH 值为 5.5～6.5。拌料后应检测培养料的 pH 值，特别是使用新的栽培原料时。若拌料后培养料的 pH 值偏高，则先不用急于调配酸碱度，待闷堆 1～2 h 后再测一次 pH 值。若灭菌前的培养料 pH 值不超过 8，则可不调配酸碱度，因为灭菌后培养料的 pH 值会有所下降，仍适于黑木耳菌丝生长。

培养基制作完成后，应立即装袋灭菌，不可堆放过夜，以免导致杂菌滋生增加灭菌难度，而且杂菌滋生可能形成有毒、有害物质影响黑木耳菌丝的生长。栽培菌袋使用聚丙烯菌袋或聚乙烯菌袋。在北方，多选择 16.5 cm×35.0 cm 规格的菌袋，目前也有个别地区在尝试推广使用 16.5 cm×38.0 cm 规格的菌袋栽培黑木耳，以提高单位面积的生产能力。菌袋厚度与菌袋的强度及收缩性都有关，应根据具体的栽培模式选用合适厚度的菌袋。可以采用手工装袋和机器装袋。

手工装袋需先将塑料袋口打开，使袋底平展。把培养料塞进袋中，装到袋高的 1/3 处时将料袋提起，于地上振动几下，让料落实，将袋底四角压实。将培养料装到袋高的 2/3 处时，双手捧住料袋，将料压紧，四周紧些，中间松些。菌袋装料时以袋面不变形、无皱褶、光滑为标准，培养料需上下松紧度一致，紧贴于袋壁，不能留有缝隙。装袋完毕后，用小木棍在培养料中央自上而下打一个圆洞，圆洞长度为培养料高度的 3/5～4/5。打洞能够增加透气性，有利于菌丝顺着洞穴往下进行蔓延，有利于固定菌种块，防止其移动而影响成活。

机器装袋效率高，大规模生产时，装袋机与窝口机同时使用不仅速度快，而且可提高装袋质量。用薄袋生产的菌袋可使用卧式装袋机装袋，使菌袋装得紧实又不至于破裂。当天装的菌袋要在当天灭菌，培养料的配量与灭菌设备的装量应相匹配，做到当日配料，当日装完，当日灭菌，不能放置过久，避免滋生杂菌。若当日不能进行灭菌，则应置于冷凉或通风处。

料袋的封口方式多种多样。目前，东北地区多采用周转棒及棉塞进行封口，其操作方便，接种速度快，接种量大，菌丝定植快，生长均一，菌龄一致。周转棒有木质和塑料两种。塑料周转棒是空心的，灭菌时袋中心易升温，与木质周转棒相比灭菌时间较短。塑料周转棒灭菌时不吸潮，灭菌后菌袋干爽，会减少接种时的污染。塑料周转棒便于存放，还可配套无棉盖体使用。将封好的菌袋放进搬运筐搬运，菌袋倒立摆放可避免袋口存水。

木屑二级菌种可以放入 500 mL 的葡萄糖瓶，也可使用规格为 15 cm × 33 cm、16 cm × 33 cm 的聚丙烯塑料袋。二级菌种菌袋应较栽培袋稍厚一些，以便于运输，有效地防止扎袋、破袋引起的杂菌污染。对于谷粒二级菌种，一定要先将筛除杂质后的新鲜小麦、玉米等谷粒用温水浸泡 12 h，防止有实心影响灭菌质量。用微沸水煮谷粒，同时搅拌，将谷粒煮透而不胀破，捞出沥去水后装入洗净的 500 mL 的菌种瓶或罐头瓶中，用棉塞封口。灭菌时苫盖耐高温的塑料薄膜，防止棉塞潮湿引起后期染菌。

枝条二级种的培养基可采用木条、楔形或圆形木块，大小可根据操作习惯自行调整。将准备好的木块或木条浸到水中，待其充分吸收水分后取出沥干，装入菌种袋。将锯木屑、米糠等配料加水拌匀，使其含水量与原种培养基相同，填充入木条或木块的缝隙，再用木屑配料散盖在物料的上表面，压平，及时灭菌。

（三）培养基灭菌

黑木耳生产中常用的培养基灭菌方法有射线灭菌、蒸汽灭菌、火焰灭菌、干热灭菌等。蒸汽灭菌是最基本的灭菌方法。在食用菌的生产中，常压蒸汽灭菌、间歇常压蒸汽灭菌、高压蒸汽灭菌均有应用。火焰灭菌就是将器物直接放于火焰上进行烧灼，从而将存在于物体表面的微生物杀死。火焰灭菌适于对接种铲、刀、钩、耙等接种工具进行灭菌。种植户可根据自身所拥有的条件和环境选择适合的灭菌方法。

黑木耳培养基灭菌既可以使用专业厂家生产的高压蒸汽灭菌锅，也可以自行搭建、制造简易的常压灭菌锅。

高压蒸汽灭菌能够杀死包括芽孢在内的一切微生物。高压蒸汽灭菌法通过高压蒸汽灭菌锅形成的高温、高压的蒸汽进行灭菌，是最有效的灭菌方式。原种和栽培种高压蒸汽灭菌的要求：温度为 121 ℃，蒸汽压力为 1.5 kg/cm^2，灭菌时间为 2 ~ 4 h。

将装好原种培养料的袋(瓶)装入铁丝筐内,置于高压蒸汽灭菌锅中,铁丝筐的高度应略高于装料的菌袋(瓶),铁丝筐的大小应根据灭菌锅的容量进行合理的调整,最大限度地利用灭菌锅内的空间,然后升压灭菌。进行高压蒸汽灭菌时应注意以下几点。

(1)灭菌锅内的冷空气需要排尽。如果灭菌锅内存有冷空气,则灭菌锅密闭进行加热时有可能导致内部温度与压力不一致,形成假性蒸汽压,蒸汽压相对应的温度高于锅内温度,造成灭菌不彻底。尤其是没有温度表而仅有压力表的灭菌锅,需要特别注意。开始加热灭菌时便应将排气阀门打开,随着灭菌锅内温度的慢慢升高,锅内的冷空气就会不断地排出。

(2)灭菌锅内的培养料需要疏松排列,使蒸汽顺畅。灭菌锅内的蒸汽是否顺畅,与冷空气排放是否彻底和灭菌温度是否均一密切相关。菌袋放得过密、过多会阻碍蒸汽的流通,导致局部空间的温度略低,甚至会产生温度“死角”,做不到彻底灭菌,一般会引起杂菌污染。

(3)灭菌完毕后应缓慢减压。高压蒸汽灭菌结束后的排气降压不可以过快,如果排气过快,则菌种袋(瓶)内外的压力差容易增大,导致棉塞冲出袋(瓶)口或菌袋胀袋破裂。

(4)注意棉塞防湿。灭菌锅中的蒸汽在降压阶段易产生冷凝水,冷凝水可能会弄湿棉塞,影响棉塞的滤菌效果。为了避免棉塞潮湿,灭菌时棉塞不可以接触锅壁,菌种袋(瓶)上面应用塑料布或防水油布等进行遮盖。压力降到0时,将灭菌锅打开一个缝隙,使灭菌锅内的蒸汽散尽,但仍保留余热,利用余热将打湿的棉塞烘干。

常压蒸汽灭菌法不需要压力蒸汽,灭菌温度低,生产操作安全系数高,但灭菌时间长,生产效率偏低。一般情况下,常压蒸汽灭菌法的灭菌温度控制在100~102 ℃,灭菌时间控制在6~8 h,也可根据培养料状态、培养料装量、批次灭菌规模等适当延长灭菌时间。常压灭菌锅能够自行焊制、搭建,大小能够依据生产规模而自行设计。在黑木耳菌种的常压蒸汽灭菌过程中,要确保蒸汽可以在锅内顺畅地流通。

常压蒸汽灭菌锅一般采用长方体或圆柱体锅体,拱形顶,锅体为铁板或砖混搭砌而成,下设排气口和加水口。锅体内壁应光滑,不得有蒸汽难以到达的死角,应保证灭菌温度均一。拱形顶可使水沿锅壁下落,防止冷凝水直接下滴打湿棉塞。下设排气口便于充分排净冷空气。蒸汽产生部位设有加水口,便于在灭菌过程中补充水分。补水时应添加热水,且一次的添加量不宜过多,防止蒸汽供应量骤减。

水的热传导性比谷粒、木屑、棉籽壳等固体强很多,所以配制培养基时必须预湿均匀,需要保证适宜的含水量,并使培养基充分吸收水分,这有助于灭菌过程中的热量传递,可提高灭菌效率和质量。若水分不是均匀渗透,甚至在培养基中还掺有未浸水的干料,则灭菌时蒸汽就不能穿透干燥的地方,无法达到完全灭菌的目的。因此,原料在灭菌前一定要预湿彻底(尤其是谷类颗粒料)才能达到彻底灭菌的效果。

长时间灭菌时,培养基的营养成分会发生改变,一些营养物质还可能在长期的高温作用下分解,因此掌握培养料的配比原则和适度的灭菌时间很重要,这样才能保证既能有效杀灭杂菌,又能减少养分的过度分解。

培养基原料中的微生物基数不同,所需要的灭菌时间也不同,基数越大,灭菌时间越长。放置时间过长的老旧原料由于微生物存在的时间较长,基数也相对较大,因此需要的灭菌时间比新鲜原料长。除此之外,配制完成的培养基应该立刻进行灭菌,避免存放时间过长造成微生物大量繁殖。

灭菌时升温至 100 ℃的过程一般不应超过 4 h,防止长期温度过高但未达到灭菌温度导致培养基中杂菌生长。长时间烧不开灭菌锅,锅内温度偏低,时间稍长有利于杂菌滋生,滋生的杂菌产生的代谢产物使培养料酸败,对黑木耳菌丝的存活不利,影响菌种的成活率。

灭菌过程中冷空气的排放时间过短则锅内死角处易残留冷空气,时间过长则造成燃料浪费。可采用间歇排气方式,即温度达到 100 ℃后排放冷空气 5～7 min,关闭排气阀 3～5 min 后再缓慢打开排气阀排气,反复 2～3 次,彻底排净锅内冷空气。该方式通过暂时关闭气阀使灭菌锅内的气体重新分配,促进冷空气下移,便于冷空气排出。

(四)冷却

黑木耳菌丝对低温的耐受性较强,对高温的耐受性则较弱,所以灭菌结束后不宜马上接种,需要将料温降低到 30 ℃以下才能进行接种,以免接种时烫死菌丝。为达到冷却效果,提高接种的安全性,具备相关条件的种植户可在接种室外设立一个特定的冷却室，要求通风、洁净，面积视每次的灭菌量而定。将菌袋于灭菌锅中取出后，放入特定的冷却室中进行冷却，灭菌后的菌袋放置 18 h 以上，菌袋冷却到 30 ℃以下时再进行接种。若不具备条件，种植户也可在已消毒的接种室或培养室里冷却。

（五）接种

黑木耳菌种生产按照一级种、二级种、三级种的顺序进行，接种场地包括接种箱与接种室，接种的辅助器械包括蒸汽发生器、酒精灯、热风接菌器、超净工作台、负氧离子净化器等。

接种室应干燥、背风、内壁光滑、便于消毒清理、温度可控制、保温性能优良。在外设立缓冲间，缓冲间用于缓冲空气，供技术人员更换衣物、鞋帽以及清洁手部等。接种室与缓冲间的门都应选择推拉门，用来减弱气流的流动。缓冲间与接种室均需安装照明灯与紫外灯。接种室内设普通的接种操作台，台面的高度为 80 cm，宽度为 70～80 cm，长度不限。接种室使用前用药物消毒，也可用紫外灯照射 30 min 进行灭菌。

生产规模较小时可使用超净工作台或接种箱进行接种。接种箱一般由玻璃与木材制作而成，能够密闭，有利于进行药物消毒，并避免在接种的过程中感染杂菌。接种箱分为单人式和双人对接式。接种箱的前斜面、后斜面均是玻璃窗，便于操作和观察，能够开启，便于存取物品。玻璃窗下方的木板有一对圆形的操作口，操作口上设置布袖套，其中一端固定于操作口上，一端用松紧带扎住套在操作者的腕部，避免杂菌入内。使用前，通常用紫外灯照射或者用药物对空气进行消毒。超净工作台可以在局部形成高洁净度的工作空间，使空气经过滤器和高效过滤器除尘、洁净后，以垂直或水平层流状态通过操作区，使操作区保持无尘、无菌。接种箱虽然操作方便，但接种量较少，且价格高，适用于科研领域。

为创造接种操作的无菌环境，可选用蒸汽发生器、热风接菌器、酒精灯、负氧离子净化器等器械，通过高温、负氧离子等物理条件减少操作空间的杂菌数量，降低接种操作感染杂菌的概率。接种的过程必须严格执行无菌操作，即在完全排除对象菌之外所有其他微生物干预的条件下执行完相关程序，以保证取得对象菌的纯培养。

操作空间环境的洁净对接种操作的成功至关重要，是接种生产顺利进行的基本条件和保障。一旦管理不当，环境被破坏和污染，菌种质量就难以保证。环境维护包括室内环境维护和室外环境维护。室外环境维护包括绿化减尘和防风防雨，以及定期清扫、灭虫和消毒。室内环境维护包括建筑物内经常性的清扫、清洁、擦洗、消毒、除湿、污染物处理等。

接种室（箱）应清扫、擦拭干净，可用1%～2%的苯酚或煤酚皂溶液（来苏水）全面地喷洒1遍，将接种用具放入，用紫外灯照射0.5 h，灭菌完成30 min后方可使用。也可用5%的甲醛溶液、1%的高锰酸钾溶液或菇保1号熏蒸，或用0.1%的氯化汞溶液浸过的海绵、纱布擦拭或喷雾。

接种程序：操作台面清洁、消毒；被接种物摆放及操作空间消毒；接种物的表面清洁、消毒；操作人员规范着装，手的表面消毒（用75%的酒精棉球擦拭）；接种钩蘸取酒精，火焰灭菌；拔出接种物和被接种物的棉塞，夹在右手指间；在被接种试管内冷却接种钩；切取长、宽为3～5 mm的接种物，将接种物准确置于被接种物表面的中央，塞好棉塞。接种完成后，用记号笔及时注明品种的名称与接种的日期。接种完成后，立即将物品搬出，清理台面，清洁接种室。

二级菌种接种在接种室（箱）内进行。将已灭菌冷却的原种培养基袋（瓶）放置到接种室（箱）接种台的两侧，然后用紫外灯或气雾消毒剂消毒、灭菌。等药剂挥发彻底之后，操作人员需要先于缓冲间内更换洁净的衣物、鞋帽，将母种放入接种室（箱）中。先用酒精棉球擦拭手部，再用经火焰灭菌的接种针把母种斜面菌落切分成8～12块，于酒精灯的火焰上方将原种培养基打开，选取一块母种置入，及时塞好棉塞或盖上盖子。

三级菌种接种在培养室内进行，由2～4人操作，用棉花封口，接种环境温度一般为20～25 ℃。接种环境的消毒一般使用药物，常用药物为菇保1号。用经火焰灭菌的接种耙将原种打碎，于酒精灯的火焰上方将原种与栽培种培养基打开，将原种耙入栽培袋中，及时塞好棉塞或盖上盖子。接种工具需要频繁进行灭菌，每接种完一瓶原种均应进行灼烧。

在接种箱内接种，菌种感染杂菌的概率低，可防止外界环境不洁净而引发大面积的污染。在培养室内接种操作方便，节省时间。

接种可以说是黑木耳生产中最为重要的环节，有较高的技术要求。接种操作前应备齐用具，如酒精灯、消毒瓶、酒精棉球、接种钩（铲、剪）、火柴、橡皮圈、记号笔等。要特别注意检查酒精灯和消毒瓶内的酒精是否足量。操作人员的着装必须洁净，最好有特定的接种服装，避免身上的灰尘对接种产生影响。在接种时，操作人员需要严格按照要求戴口罩与帽子，口鼻的呼吸气流是引起污染的一个主要原因，戴口罩能够有效地降低污染概率。接种前需要对接种环境中的空气进行降尘，将来苏水或清水装入塑料喷壶中，向空气中喷洒。在接种前对接种室进行消毒的过程中，可以将接种工具与待接菌袋一起进行消毒，不能将菌种放入共同消毒。

接种时应正确使用酒精灯。无菌操作都应在酒精灯火焰上方 2 cm 范围内快速完成，不要过于靠近火焰。使用的酒精应质量好、纯度高，酒精灯火焰要大。用接种箱接种时，应在接种箱上留 1～2 个可滤菌的通气孔，防止火焰长时间燃烧导致接种箱内缺氧而使酒精灯自行熄灭。

（六）菌种培养

菌种培养是指菌袋接种后菌丝长满袋的整个过程。菌种培养即黑木耳营养生长的过程，在这个阶段应该按照黑木耳菌丝的生长条件要求进行合理的管理，使黑木耳的菌丝茁壮生长，达到生理成熟。只有在菌丝的生长阶段进行合理的管理，才可以为子实体的高产、优质奠定良好的基础。

培养室应设置于通风良好、干燥的地方，周围的环境应保持清洁。培养室的墙壁及内部床架在进菌前应粉刷生石灰，将地面清理干净，在进菌前进行一次彻底的消毒，一般关闭门窗熏蒸 12～24 h，再通风空置一天。可以选用高锰酸钾与甲醛溶液进行熏蒸，也可以选用菇保 1 号等药剂进行消毒。若培养室较为潮湿，则可用硫黄进行熏蒸。培养室常用的化学试剂消毒方法见表 3－1。接种完成的菌袋放入培养室后，不可再用消毒药剂熏蒸，平时可用 3% 的来苏水或苯酚溶液对空气进行消毒。培养室内应多点设置温、湿度计，遮蔽光线，使培养室处于黑暗条件下，以免菌种受光线刺激过早形成子实体。

表 3-1 培养室常用的化学试剂消毒方法

化学试剂	用量和使用方法	注意事项
甲醛、高锰酸钾	每 1 m^3 空间使用 40% 的甲醛 17 mL 和高锰酸钾 14 g,熏蒸	有白色沉淀时加几滴硫酸溶解;注意对皮肤和眼睛的防护
硫黄	每 1 m^3 空间使用 15~20 g,点燃熏蒸	需在潮湿环境下进行操作;勿用金属器皿盛装;应放在高处点燃
苯酚	配制成 3%~5% 的溶液喷洒	注意对皮肤的防护

菌袋的摆放应根据菌袋的大小与当时温度的高低而定。北方的菌袋多为层架式摆放。立式摆放每层床架摆放一层;卧式叠放每层床架摆放 3 层最为适宜,通常不宜超过 6 层,行间需要间距 5 cm。若无培养架可直接摆于地面,可摆放 8~10 层,袋与袋之间成"品"字形排列。如果有周转筐,则可利用周转筐直接在地面上堆叠,一般可放 5~6 层,有利于通风、保湿、降温。

菌种培养过程中应勤于观察,为菌种的生长提供适宜的生长环境,特别是控制温度。确保足够的氧气、适宜的温度有助于黑木耳菌丝的生长发育。东北地区冬、春季节气候寒冷,要注意温度调控与通风之间的关系,既要防止通风引起温度波动,又要避免盲目保温引起通风不良。

原种和栽培种的最适生长温度为 22~25 ℃。在菌种培养的过程中,应把握好"前高后低"准则。在萌发定植期(5~7 d),温度应控制在 28 ℃,让黑木耳菌丝尽快萌发定植,提高成品率; 在封面期(7~10 d),温度应控制在 25 ℃;在快速生长期(菌丝长至 1/3 菌袋时),袋内温度比室温高 2~3 ℃,室温应控制在 21 ℃,一定要随时观察温度的变化,保证菌丝生长的温度在 23~24 ℃。后期,随着培养时间的延长,室温下降,培养 35 d 后菌丝方可进入生理成熟阶段,室温应控制在 18~20 ℃。约 45 d 后菌袋便可长满菌丝,可以将培养室的温度降至 5~10 ℃进行低温保藏。在温度控制过程中,应充分考虑培养室不同空间的温度差异,可安装换气扇使整个培养室的温度均匀一致。此外,应考虑室温和培养料内部温度的差异,应以培养料的内部温度作为控制参数。

黑木耳菌丝在黑暗的环境中也能生长,在培养过程中,应注意避光,使培养室黑暗。特别是在培养后期,若光照强,则菌丝容易老化,诱发产生耳基,耗费养分,降低产量。

培养室的空气相对湿度应控制在30%~40%，避免形成高温、高湿环境。如果环境湿度过小，可向地面洒少量的石灰水。

黑木耳是好气性真菌，在氧气充足、空气清新的条件下方能生长良好。在培养期间，应把握“先小后大，先少后多”的通风原则。养菌后期应加大通风量，装载量较大的培养室应安装换气扇，否则后期培养室的温度难以控制。

通常40 d左右即可发菌完成，此时应按照品种特性来调节湿度、温度等条件，从而使其到后熟期可继续进行发菌，最大限度地吸收基料营养、拓展生物量、积累出耳能量，保证出耳的生产效果。可以适当地降低培养室的湿度与温度，强化通风，则后熟15~25 d后就能发现多数菌袋接种块的位置有原基出现，此时方可进入出耳管理期。应做好成品菌袋的后期保管工作，防止高温、冻害对黑木耳菌丝产生影响，同时要防止通风过强、空气相对湿度过低引起菌袋过分失水。

在培养菌袋的日常管理中，需要维护好培养室的卫生。要定期查看菌袋，发现问题要立刻采取相应的措施。若发现菌袋被杂菌污染，则需要托住菌袋壁，谨慎地将其送到培养室外。注意不要拎菌袋口，否则会引起杂菌孢子飞散，导致更大的污染。

培养期间比较常见截料现象，就是在菌袋培养的过程中，菌丝生长到培养基的中部或者中下部，不再向下生长，这种现象与培养料和培养环境均有关联。若培养料灭菌不彻底，病原微生物尤其是细菌未能被彻底杀死，则在接入菌种初期对黑木耳菌丝的萌发与吃料不会造成影响。但是，随着时间的推移，没有被杀死的杂菌就会大量繁殖，大量杂菌与黑木耳菌丝相遇时，菌丝便会停止发育，并于相遇的地方产生一条拮抗线。此时若将菌袋打破，没有黑木耳菌丝生长的培养料便会产生一种臭、酸的气味。

黑木耳菌丝生长期间环境温度过高会造成菌丝生长缓慢，直到停止生长，于菌丝停止生长的位置会形成一道黄印，此时将菌袋打破，没有菌丝生长的培养料的味道正常。若于此时将培养室的温度降低，则通过1~2 d的恢复，菌丝便能够重新生长。

黑木耳养菌过程中必须有足够的氧气供给。若培养室的菌袋摆放密集，不及时进行通风，便会导致氧气的供应量不够，菌丝就会生长迟缓，直至停止生长。此时，如果适当调整菌袋放置的密度，加强通风，菌丝便能够恢复生长。

培养基的含水量需要控制在55%~60%。当培养基的含水量较大时,下部培养料的含水量会更大,当菌丝生长至含水量较大的培养料位置时,菌丝的生长便会迟缓,菌丝也会较弱。

培养期间还会出现菌种不萌发或萌发后不吃料的现象,这说明菌种或培养基存在问题。一方面,菌种质量不好或活力受到影响和抑制会导致这种现象发生。菌种繁殖传代的次数较多,或者菌龄较长,就会导致菌种退化。在菌种的培养过程中遭遇30 ℃以上的高温,便会造成菌种丧失活力。接种操作过程中的高温、灭菌药物也会对菌种活力产生影响。有的种植户在菌袋出锅后急于接种,只是用手触碰菌袋表面,感觉温度不高了便进行接种,接种后菌袋中心的热量便逐步放出,导致菌种死亡,所以在接种时,菌袋必须完全冷却。另一方面,培养基存在问题也会造成菌种不萌发或萌发后不吃料。培养基的水分较少时,接种后菌种自身的水分反而会被培养基质利用、吸收,再加上菌种水分的蒸发,便会使菌丝干燥。接种穴打得过浅,菌种暴露在穴外,也会干枯而死。

黑木耳菌丝偏好中性、偏酸的环境,最适pH值为5.5~6.5。培养基过碱或过酸都会对菌丝的生长不利,造成菌丝变弱、不萌发、不吃料。培养基酸碱度不适合有可能是配料过程中造成的偏差,也可能是灭菌时间过长、温度过高导致培养基酸碱度发生变化或产生有毒有害物质。

三、催芽管理

黑木耳菌袋在培养室内经过45~60 d的培养,菌丝长满菌袋后便可达到生理成熟,早熟品种一般可直接开口,中晚熟品种则需要再培养一段时间,待菌丝吃透料后再开口出耳。菌丝若未达到原基形成所需的生理成熟程度,开口后就会出现耳芽形成慢、出芽不齐等现象,影响后期的管理。在菌袋的后熟培养期间,培养室内不需要进行避光,可适当添加散射光,加强通风,引导黑木耳从营养生长转换为生殖生长。

代料栽培黑木耳开口后管理的首要任务是促进菌丝愈合并快速形成原基。催芽管理即为代料栽培黑木耳田间管理的首个环节。农民有句俗语:"见苗三分喜。"就如同庄稼种子萌发是形成幼苗的关键一样,催芽成功也是出耳的关键。黑木耳耳基的分化率便由这个环节决定,分化率又与黑木耳后期的产量、生长势有直接关系。耳芽形成前的原基形成期便是黑木耳从营养生长转换为生殖生长的过渡时期。人为地开口后，菌丝断裂，且对外界环境的抵抗能力下降，要促进菌丝愈合并形成原基，需要相对温和的培养条件。这个时期的管理要求为保证相对恒定的空气相对湿度、适宜的温度、微弱的通风及散射的光照等。若处理不当则会引起红根烂耳、不出耳、产生霉菌，在严重的情况下还会导致黑木耳栽培失败，造成经济上的损失。

（一）菌袋开口

菌丝长满袋后可以进行倒立出耳管理，即去掉颈环、棉塞，把菌袋倒立放置；也可以进行正立出耳管理，即去掉颈环、棉塞，用胶圈或绳子将袋口扎紧，把菌袋直立放置。倒立出耳操作较为方便，但是菌袋倒立放置后容易倒伏；正立出耳会增加一道程序，人工投入增加，但菌袋放置于地上更稳定，方便后期进行管理。黑木耳菌袋开口的形式多样，有十字口、圆形口、三角口、条形口等。目前，V 形开口方式应用得较为普遍。V 形开口下小上大，菌袋上方的薄膜会翘起，如同伞一样可以遮盖住穴口，以免浇水时直透穴口，造成杂菌滋生；开口位置有两条斜角进行连接，产生如杏核一般大的原基，进而撑起穴口处的塑料膜，使它向上翘起；子实体自身会将穴口封住，水不会浇进袋中，形成菌袋外部湿润长子实体、内部干燥长菌丝的优良的出耳条件。V 形开口形成的子实体朵大、产量高，耳片大而舒展，但有些品种容易形成较大的耳根，需要人工撕成单片晾晒，否则会影响木耳的商品性。

为提高黑木耳的商品性，尤其是控制耳根的大小，有些地区会选择“/”形、“｜”形开口，这两种开口方法形成的耳根相对较小，商品性较好。开口时可以将长满菌丝的菌袋直接集中运到出耳场地，由于雨天容易造成杂菌污染，因此需要选在晴天进行开口。开口前必须对袋面进行消毒，可预先配制 0.1% 的高锰酸钾溶液，并准备乳胶手套及干净的抹布，用高锰酸钾溶液擦拭袋面进行消毒。用酒精棉将开口刀片擦拭洁净备用，尤其是新刀片，需要将表面的机油清理干净。

V 形开口的角度一般为 45°~55°，角的斜线长度为 2.0~2.5 cm。斜线较短或较长均会对产量有直接的影响。斜线过长会导致培养基裸露的面积过大，外界的水分容易进入袋中，易感染杂菌；斜线过短会导致穴口过小，子实体的生长会受到阻碍,降低黑木耳的产量。开口的深浅是决定耳根大小、出耳早晚的最重要的因素。开口较浅,子实体就会长得小,袋内菌丝的营养输送效率会下降,子实体的生长会迟缓,而且耳根会较浅,子实体易提前脱落;开口较深,子实体形成的时间较迟,耳根会较粗,原基的形成时间会延长。开口刺入培养料的深度通常为0.5~0.8 cm,有利于菌丝扭结而形成原基。规格为17 cm×33 cm的菌袋可以开口2~3层,以"品"字形排列,每层有4个口,每袋约有12个口,开口较小时也可达到16~24个。

近年来,为提高黑木耳的商品性,在东北的黑木耳主产区尤其是黑龙江省东宁市,很多耳农采用小口出耳技术,它相较于传统的大V形口有更加明显的出耳优势。小口栽培生产的黑木耳无根、单片、圆边,商品性大大提高,深受消费者欢迎,市场价格能够提高30%~50%,经济效益显著。小口栽培可以提高采耳的劳动效率,不用撕片、去根,进行自然晾晒时干燥得也较快,可以进一步减少晾晒时间,避免由夏季阴雨而引起的晾晒困难。

小口栽培对菌种和辅材有特殊要求。小口栽培菌种应采用出耳齐且早、木耳片圆边、单片、黑厚、不会烂耳、能够耐受高湿高温的品种。实践证明,小根大片类型的菌种在小口栽培中易形成单片木耳,菊花形菌种在开小口的情况下也会形成朵状子实体。黑龙江省东宁市、吉林省蛟河市等地区多采用"黑29"作为小口出耳的品种。

在小口栽培出耳期,菌袋与培养料应紧密贴合。由于开口比较小,若袋、料分离,则生长出来的耳芽就易被塑料袋遮挡,不能长出袋外。应选择原料良好、拉力强且薄的聚乙烯菌袋,菌丝与这类菌袋有良好的亲和性,袋、料不易分离,可减少袋、料分离引起的含水量过大、杂菌污染和病害发生,提高产量。菌袋的拉力良好,培养料可装得更加紧实,且菌袋不易损坏。正确选择菌袋是成功进行代料小口栽培的重要环节。装袋最宜使用防爆袋装袋机,注意需要将上下装得一样紧。

小口栽培开口通常选用刺口机,主要有板式刺口机与滚筒式钉刺口机。不同刺口机开口的数量、大小、形状均会有所差异,相应的产品形态与质量、管理方式也有所不同。选择直径为0.4~0.5 cm的钢钉刺口,生产的木耳无根,采摘方便,不需割根,一碰即掉,木耳的耳形好,不需撕片;选择直径为0.6~1.0 cm的钢筋磨成三棱锥刺口,生产的木耳根部较大,需撕片,但管理难度也会降低;

选择彩钢板制作的类似于钢笔尖式的刺口机，刺口呈月牙形，出耳较快，耳形较好。一般情况下，16.5 cm×33.0 cm 的菌袋装到 18 cm 高，刺圆形口和三棱形口时，每袋以刺 180～220 个口为最好，刺月牙形口时，每袋以刺约 70 个口为最好，可以根据口径大小与菌袋大小灵活地对刺口数量进行调整。

（二）催芽方式

可根据不同的气候环境条件，采用不同的催芽方式。

1. 室外集中催芽

东北地区春季气温低，气候干燥，风大，为使原基迅速形成，应选择室外集中催芽的方法，等到耳芽形成后再实施分床，然后进行出耳管理。黑木耳室外集中催芽技术是指根据催芽场地的环境气候和设施条件，利用固定棚室、塑料薄膜、草帘等设施，通过苫盖、遮阴、给水和通风等，集中调控黑木耳栽培催芽场地的温度、湿度、光照和二氧化碳浓度等环境条件，提高黑木耳的出芽效率和质量。室外集中催芽出芽均匀，出耳整齐，可以有效提高产量，出耳适温期短，运用于气候偏冷的地区增产效果更为显著。

室外集中催芽要求生产场地集中，生产管理精细。制作床架时应远离污染源，或者将周围的污染源清理干净，将杂草除掉，床面应平整，床面的宽度通常为 1.2～1.5 m，床架的长度则不具体要求，可随具体情况调整，床架的高度为 15～20 cm，作业道的宽度约为 50 cm。摆袋之前浇透水，还需要在床面上喷 1∶500 的甲基托布津稀释液或撒上生石灰，催芽时床面上可以暂时不用铺塑料膜，将菌袋直接放在床面上，充分考虑地面的潮度，加快耳芽的形成。

开口后，将菌袋集中密摆于耳床上，一般间隔为 2～3 cm，空一床摆一床，有助于在催芽环节完结后分床摆放。将草帘盖上，若气温较低则需要先盖上一层塑料薄膜，再将草帘盖在其上。草帘需要紧靠地面，草帘的湿度也需要与环境湿度保持一致。采用塑料薄膜与草帘进行保温，能够确保开口处的菌丝不干枯，迅速愈合扭结。催耳的温度应维持在 15～25 ℃，通常 15～20 d 后原基便会形成。

室外集中催芽是解决风沙大、气候干燥、出耳不齐、原基形成迟缓影响产量等问题的重要方法。在风力温和、自然环境湿度较大的地区，室外集中催芽时需要强化通风。另外还应注意，室外集中催芽后需要在适合的时机进行分床管理。在原基上分化出锯齿曲线耳芽的时候是分床管理最恰当的时间，此时耳片的生长需要适合的散射光、略大的干湿差与温差。在分床时应在夕照或晨露中将草帘掀开，疏散菌袋，根据惯例进行出耳摆放。分床太晚会引起耳片粘连，严重时还会造成相互感染。

经过室外集中催芽后的菌袋，在耳基形成期的重点是进行保湿，穴口培养基的表面需要保持湿润，避免干燥板结，一般空间的相对湿度需要控制在85%左右。通常不应向菌袋的穴口上直接喷水，仅可对其所在的空间进行喷雾。若向穴口上喷水或者空间的湿度过高，则会促进菌丝的生长发育，产生一层白色的菌皮，影响原基的形成，或使菌丝胶质化。向草帘喷水进行保湿时，草帘上不得有水滴淋进开口处，在夜间可以把草帘揭开进行通风。林区的早晚存在雾大的情况，此时也可将草帘揭开，有助于原基形成并分化形成耳芽。

为保证黑木耳原基的形成和分化形成耳芽，必须人为地进行温差、湿度、光照刺激。干湿交替是加快原基形成的一种方法，微量喷雾与自然地湿相结合后若穴口滋润，则可以揭膜通风，于每天早、晚各实施1次，每次的时间为15～20 min，这样可使耳床周围的空气更新，降低穴口表面的湿度，达到“干干湿湿”，袋内的菌丝在接触氧气之后能够加快新陈代谢，促进原基的形成，并慢慢形成耳芽。温差刺激对于出耳十分有利，当原基形成后，晚上可以将耳床上的覆盖物拿掉，便可使白天、夜晚产生温差。另外，夜雾也十分利于原基分化形成耳芽。菌丝在见光时容易形成原基，散射光可以促进原基形成。

室外集中催芽过程中耳芽形成的条件及管理要点如下。

(1)湿度

在原基形成时期，空气相对湿度应达到80%以上，开口处风干后就难以再形成原基。为了解决这一问题，于原基形成时期进行摆袋后就需要维持出耳床面的湿润状态，并维持草帘的湿润，草帘与地面之间的空气相对湿度也应满足要求。维持床内的湿度需要勤喷水、少喷水，通常是用喷水带进行喷水，每次喷水的时间不宜超过5 min，每天必须喷水4～6次，达到草帘湿而不滴水即可。在湿度很大的时候可把塑料薄膜掀开，在傍晚的时候再重新盖好。

(2)温度

黑木耳出耳的温度范围为10～25 ℃，原基形成与分化的温度范围为15～

25 ℃。若耳床内的温度长时间维持在 15 ℃以下，则菌丝的活力会很弱，原基的形成会迟缓。当温度较低时，可以采用罩大棚膜的方法，充分利用光照条件进行增温，但需注意适时通风。必须严格控制耳床的温度，温度过高应立即通风，发现霉菌污染或菌袋出黄水需立刻撤掉草帘进行晒床。

（3）温差

黑木耳耳芽形成需要一定的温差，中午与夜间的温差需要在 10 ℃左右。昼夜温差太小会导致原基形成迟缓。可用井水或地下水进行浇灌，因为水温稍低能够达到加大温差的效果。也可按照栽培地的温度条件通过增减塑料布或草帘等加大温差。晚上可以掀开草帘，充分利用北方昼夜温差较大的天然条件，促进原基形成。

（4）光线

用散射光合理地进行照射能够促进耳基形成，所以草帘不宜过密，以“七阴三阳”最好，这样耳床内可拥有适宜的光线。可根据温、湿度在早、晚时刻掀开草帘 30～60 min。

（5）通风

在耳芽形成时，应以“保湿为主，通风为辅，湿长干短”为准则进行通风，既应避免通风过于频繁造成开口处的菌丝干燥而出耳困难，又应避免耳床内高湿、高温造成菌袋伤热，导致开口处感染杂菌，出现霉菌感染、流红水等情况。

2. 室外直接摆袋催芽

室外直接摆袋催芽适合于林间或低洼地块，依据室外集中催芽的方法把耳床照料好，床面覆盖带孔的塑料薄膜，也可用稻草、单层编织袋等覆盖，防止后期喷水时泥沙溅到耳片上。将长满菌丝且经过后熟的菌袋搬到出耳场地，开口后将菌袋平整、均匀地放置于耳床上，菌袋间隔 10～12 cm。摆放完毕后，在菌袋上苫盖草帘或遮阴网直接进行催芽，如果春季气温低、风大，可在耳床四周围上塑料布，整个耳床再盖上草帘避光。床内温度控制在 25 ℃以下，湿度控制在 70%～85%，2 d 后开始喷水，一般在早、晚温度低时喷水，即在上午 5～9 时、下午 5～7 时喷水，每次喷 5～10 min。中午高温时不喷水，下雨天不喷水，阴天少喷水。经过 15～25 d 就有耳基形成。耳基形成后，应将塑料布与草帘撤掉，进行全光管理。

催芽期间应密切关注耳床的温、湿度变化。如果发现温度超过25 ℃,则应及时撤掉塑料布,掀开草帘通风降温。如果天气炎热,床内温度降不下来,则即使菌袋没有出耳,也必须将塑料布与草帘撤掉,进行全光管理。

3. 室内催芽

为避免室外气温、环境的剧烈变化,菌袋开口后可采取室内或大棚催芽。室内催芽易于调节温、湿度,保持较为稳定的催芽环境,菌丝愈合快,出芽齐,比较适合春季室外温度低、风大、干燥的地区。

室内催芽时,室内应杂菌含量少、污染菌袋少、通风及光照良好。在催耳时,把开完口的菌袋分散地放置于培养架上,菌袋开口后,菌丝能够大量吸收氧气,促进新陈代谢,推动菌丝的生长发育,菌温也会逐渐升高。为防止温度过高烧坏菌丝,在摆放菌袋时,两袋应保持2~3 cm的间距,有助于换气通风。若室内的温度过低,则菌袋在开口后应先卧式堆积于地面上,通常堆放3~4层,以提高温度,便于在开口处发生断裂的菌丝恢复。培养4~5 d后,待菌丝封口之后,可以选择立式分散排放,其间距应为2~3 cm,若菌袋的数目太多也可选择双层立式排放。室内催芽的管理重点是控温和保湿。

(1)温度

菌丝的恢复生长时期一般是开口后4~5 d,室内的温度应维持在22~24 ℃。菌丝封口之后,应确保室内的温度低于20 ℃,且需要使昼夜温差不断加大。如果室内温度长时间过高,开门、开窗也降不下来,则不适合继续在室内催芽,应及时将菌袋转移到室外。

(2)湿度

可通过向地面洒水或使用加湿器等提高湿度。在菌丝的恢复生长时期,既要防止开口处风干失水,又不可向开口处浇水,空气相对湿度应维持在70%~75%。之后逐渐增大室内空气的相对湿度,应增大到80%左右,每天需要在地面上洒水,在空间内、四壁上喷雾。具体的操作方法是:于每日的早、中、晚洒水及喷雾3~5次(操作前应该打开门窗通风30 min),而后关闭门窗进行保湿、保温。菌丝愈合、有黑色的耳线形成并已经封口后,可以适当地向菌袋喷雾增湿。

(3)光照

耳芽形成期间需要散射光照,光线不足会影响原基形成,延迟出耳,但是较强的光线会导致菌袋未开口处出现原基,造成不定向出耳。如果大棚或室内光线过强,则应适当地遮挡门窗,或者在菌袋上苫盖草帘等遮阴物进行遮光。

(4)通风

室内空气新鲜可以促进菌丝的愈合和原基的分化。适当通风还可以调节环境的温、湿度。室内温度、湿度过低时,应以保温、保湿为主,少开门窗,减少通风,尤其是在开口后的菌丝愈合期,应防止过大的对流风造成开口处菌丝吊干。若室内的温度高于 25 ℃,则可选择全天打开门窗进行对流降温,避免烧菌的情况发生。

室内催芽往往需要 15～20 d,当开口处产生耳基时就可将其排列到出耳床上,实行出耳管理。在出袋之前,室内就应暂停洒水,并将门窗打开通风2～3 d,使干缩的耳芽和菌袋相互形成一个牢固的整体,之后再运送到出耳场地实行出耳管理。

四、出耳管理

待催芽完成、菌袋开口处的耳芽完全隆起后,需要将开口处密闭封锁时,应立刻进行分床,转入出耳管理阶段。为了得到品质优良、产量高的黑木耳产品并获得良好的经济效益,出耳管理是最为重要的,选择合适的出耳季节和筹备出耳前的工作也极其重要。

(一)耳床整理

按照黑木耳在出耳管理阶段对环境湿度、空气、温度、光线的要求合理安排黑木耳出耳的场地,以及场地需要具备的调节湿度、空气、温度、光线的条件与设备。应当挑选地势优越、通风良好、光照充足、临近水源、周围环境清洁、保湿性能良好、便于浇水与排水的场地。

出耳场地的大小可按照菌袋数目的多少来选择。通常每平方米的场地能够存放 25 袋菌袋。

在挑好合适的出耳场地后,需要对场地进行清理,必须使地面保持平坦,按照地块的大小来安排耳床的尺寸。耳床通常宽 2 m,长不限,床间距为 30~50 cm,在床的两侧需要挖好排水沟。场地的地面平整有助于将菌袋安放得平稳、整齐,保证遇风时与浇水时不会倾倒。在耳床的两旁设置排水沟有助于将多余的水排放出去。若没有排水沟,则在大雨天气时或浇水频繁时会造成菌袋泡于水中,出现烂耳、菌袋污染、退菌等现象,不利于保证出耳的质量和产量。

在实行出耳管理(即分床)前,还应对耳床进行封闭消毒等。将床面处理平整、拍实后重水浇灌,让床面被水分浸透,再向床面喷洒除草剂、杀虫剂等耳床封闭药,避免杂菌与杂草生长,或向床面直接分撒一层石灰,也有杀虫、杀菌及防止杂草生长的效果。这两种方法选择其中一种就可以,二者不能一起实施。

为提升黑木耳的晾晒品质并便于采收,可于耳床上铺打孔地膜,孔径一般为 8~10 cm,也可垫一层单面塑料编织袋。浇水时应避免泥沙溅到呈胶质状的子实体上,使耳片保持干净状态,从而方便晾晒,使木耳的商品性大大提升。

(二)菌袋分床摆放

分床是将原来催芽时的一床菌袋分成两床菌袋进行出耳管理。一般根据气温变化和菌袋耳芽的形成情况决定分床摆放的时间,此外还要根据当地的实际情况,结合栽培的品种和类型来确定。只要合理地调整出耳时间,就能够获得品质优良的黑木耳。

分床时间拖后容易导致黑木耳未出完就面临高温期,易感染杂菌,而且在高温下生长的黑木耳薄且黄,品质不好。但分床也不可以过早,因为分床过早,室外气温低,耳芽生长缓慢,时间长了会增大感染杂菌及病害的概率。

应根据出芽的情况合理选择分床的时间。如果分床太晚,则催芽时菌袋排列得很密集就会造成相邻菌袋的耳芽相互粘连,在将菌袋分开的时候便会把一个菌袋一部分的耳芽粘到另一个菌袋的耳芽上,不仅容易导致菌袋形成缺芽孔,而且浇水时容易使粘连的耳芽烂掉进而使菌袋感染病害,所以当耳芽隆起近 1 cm 时就需要立刻分床实行出耳管理。

菌袋排列的行与列原则上按照“品”字形来摆放,袋与袋之间的距离约为 10 cm。摆袋前需要用一个与袋底大小相同的木槌在地面上砸一下,从而让摆上去的菌袋维持平稳的状态。

（三）浇水设施安置

黑木耳地栽的占地面积相对较大，选择符合条件的浇水设施不仅有利于操作，减轻劳动强度，而且可以保证浇水均匀，使黑木耳的培养基拥有适宜的含水量。

黑木耳的栽培用水选择井水或地下水最为适合，其能够直接进行浇灌，不需要经过加温或贮存。实践证实，冰冷、新鲜的井水或地下水直接浇灌的效果较好。此外，干净、没有污染的自来水及河水也可用于黑木耳的浇灌。浇水设施可以采用微喷管或旋转式喷头。二者都需要一个加压泵，或者利用潜水泵进行抽水灌溉。

微喷管选择塑料材质的输水管，用激光在上面打出密孔。当水流入管内且压力达到一定程度时，水就会从激光打孔的地方呈雾状喷出。可以根据耳床的长短确定输水管的长度，其最大的覆盖面宽度可达 2 m，因此每个耳床使用一根输水管就可实现灌溉。采用定时器自动控制水泵开关的效果较好，一方面可以免去夜间人工开关水泵，减少工作量，另一方面夜间浇水木耳生长快且不易感染杂菌。

旋转式喷头灌溉需要在各耳床间设置塑料材质的输水管，在距地面 30～50 cm 处安置喷头，保证每个喷头的可覆盖半径均能够达到 6～8 m，水在一定的压力下会通过喷头呈扇形喷出。这种浇水方法水滴大，子实体吸水快，节水效果较好。

（四）出耳田间管理

当原基慢慢长大，耳芽生长并渐渐打开分化成子实体时，便到了出耳管理阶段。东北地区黑木耳代料全光地摆栽培田间管理的关键是对水分的控制，即合理调节浇水的时长、频率等，创造最适合黑木耳子实体生长发育的环境条件。

1. 根据子实体生长发育的时期进行浇水管理

黑木耳子实体的生长发育可分为幼耳期、成长期、开片期与成熟期，子实体在不同的生长发育时期对水分的需求有所不同。只有满足子实体在不同生长发育时期对水分的需求，才可以得到品质优良、产量高的黑木耳。

幼耳期的子实体主要依赖菌丝从培养基中汲取水分与养料。这个时期浇水管理的原则就是使菌袋所处环境的相对湿度满足需要，一般以空气相对湿度维持在85%为最好。该阶段浇水以微喷和轻喷为主，尽可能地维持地面的湿润状态。具备遮阴条件的地块需要每日早、晚浇水1次，每次维持15 min；具备全光条件的地块只需少量多次地浇水就能维持适宜的湿度，理论上需要每日早、晚各浇水2次，每次维持15~20 min。在幼耳期不宜过多地浇水，否则子实体的基部会一直呈较湿的状态，不利于菌丝的生长，甚至会造成基部与袋体分离，出现离袋现象，严重的还会导致耳芽脱落。此外，湿度过大也会导致霉菌感染，造成烂耳。

成长期的子实体生长茁壮，需要的水分与养分相对集中。菌丝需要将培养基内的物质快速降解，以满足耳片生长发育的需求。随着子实体呼吸作用的逐渐增强，其对氧气与空气相对湿度的需求也逐渐增大。此时需要不断增加喷水量，使空气相对湿度从原有的85%增大至90%~95%。若喷水量不够且空气干燥，则干缩的菌丝就容易衰退老化，耳片也会僵化，进而影响分化。向菌袋中喷水需要以“耳片湿润不收边”为原则，注意喷过头水或者喷重水时应适当进行通风，防止高湿、高温导致烂耳。浇水的频率应为每日早、晚各浇水2~3次，每次维持20~30 min，浇水的时间应设定间隔期。若湿度太高，则菌丝会发生退菌现象，甚至导致子实体腐烂，造成烂耳、流耳现象或出现绿藻。在成长期需要确保黑木耳处于“干干湿湿”的环境中，需要在此期间晒床3~5次。察觉到黑木耳的生长速度显著降低时需要立即晒床2~3 d，而后再浇水，之后便会发现黑木耳恢复其原有的生长速度。

开片期应适当地增大空气相对湿度（达到90%以上）与通风，确保耳片的旺盛生长，需每日早、晚各浇水3~5次，主要于夜间进行浇水。该时期浇水满足要求的标准主要是子实体向外展片。该时期浇水频率的主要特征是干湿交替。在空气湿润时进行浇水会使耳片吸足水分，主要表现为膨胀、伸展、外片发亮。如果空气相对湿度达不到80%，则耳片会变薄、生长缓慢、颜色不纯正。如果空气相对湿度大于95%，则培养基会滋长杂菌，开口处的菌丝会终止生长进而导致退菌，子实体易丧失菌丝体的营养供给而终止生长，导致感染杂菌或流耳、烂耳。

成熟期的子实体耳根会明显收缩，耳片会全面伸展、起皱，此时需要停止喷水，进行采收，否则会因湿度过高而造成霉烂。

2. 参考天气进行浇水管理

遇晴好天气要正常浇水，按照子实体生长发育不同时期对水分的要求进行管理；遇高温天气（气温超过 26 ℃）白天尽量不浇水，而在夜间气温低时浇水；遇干旱天气一定要在夜间多次浇水；遇阴天要少浇水；遇雨天不浇水。

需按照实际的气温条件灵活地控制水分。气温低于 15 ℃时需少浇水，因为气温低，木耳的生长会变得缓慢，而且不需要太多的水分，只需确保菌袋维持微湿即可。在黑木耳正常的生长温度范围内，需按照其在不同生长发育时期对水分的要求实行管理。若气温达到 25 ℃以上，则需要早、晚进行喷水，通常是于上午 9 点之前、下午 4 点之后待袋温下降到接近气温的时候再进行喷水，因为温度高时若湿度也较大，则滋生杂菌、感染病害的概率会增大。遇到高温天气时，不要盲目地进行喷水降温，应该先提高通风的强度，调整湿度，待高温期过后再增加湿度，切忌“高温、高湿”，否则就很容易造成木霉菌大面积滋生，导致减产甚至绝产。

3. 根据菌袋及耳片的状态进行浇水管理

应根据菌袋的状态确定浇水的频率和时长。菌袋有稍微变轻或脱水的情况时应浇水；菌袋较沉，握之感觉袋内及耳芽根部水分尚可时少浇水；菌袋温度高时不要浇水。还要仔细观察耳片的状态，耳片失水卷缩、耳基根部缺水时要浇水，待耳片开始伸展、发亮、足够膨胀时就可停水。要注意，在温度较高的情况下不能让耳片长时间保持膨胀，否则会导致流耳现象发生。一般在出耳期最好避开高温时段浇水，应选择在夜间温度低时浇水。

4. 干湿交替的浇水管理方法

正确处理黑木耳生长发育时期的干湿关系在出耳管理中举足轻重，子实体在开片期烂耳、生长缓慢、弹性降低等现象均是由于未处理好干湿关系。黑木耳具有良好的耐旱性，耳片与耳芽在干燥收缩之后，于湿度良好的环境中又能重新进行生长发育。缺水时，子实体干缩、生长停滞，袋内菌丝继续分解、吸收培养基内的养分，为子实体生长积累营养和能量；浇水时，子实体会膨胀生长

（此时的空气相对湿度一般为85%~95%），会不断消耗培养基中与基内菌丝中的营养成分。因此，在整个出耳时期，浇水管理应“干干湿湿，干湿交替”，充分协调菌丝和子实体的生长。

在出耳阶段经常会出现子实体生长一段时间后生长缓慢或根本不长的情况，并出现发软、发红和流耳现象，这就是因为培养基长时间湿度过大，造成子实体根部积水，菌丝停止生长，子实体无法获取营养。为避免这种情况发生，在黑木耳成长期和开片期，浇水管理必须干湿交替，“干”有利于根部菌丝恢复生长，并能有效控制霉菌繁殖。若发现子实体长得过慢或不长，可停止浇水，让阳光直射2~3 d，使耳根处于干燥状态，然后再浇水，使空气相对湿度达80%~95%，强壮后的菌丝为子实体提供大量营养，从而使子实体吸足水分快速生长。

子实体的生长发育需要一定的散射光，对光线的要求是“三分阳，七分阴”。加强光照可以加快耳片的蒸腾作用，并促进其新陈代谢，有助于促进耳片色素的形成，使耳片呈现黑亮的色泽，使耳片肥厚、品质良好。若光照不充足，则耳基无法形成，耳片的颜色会变浅，子实体呈浅黄色会导致其商品价值下降。此外，光照对霉菌有一定的抑制作用。

另外，在出耳阶段需要加强通风来增加氧气。黑木耳是一种好氧型真菌，在长耳时期其呼吸作用会增强，需要更多的氧气，尤其是在湿度高、气温高的条件下更需要通风换气。在黑木耳的生长发育过程中会有很多问题出现（如烂耳、耳片畸形、流耳、拳耳、感染杂菌、根部大等），通常都和通风情况不理想密切相关。为避免发生病害，需要采取措施进行预防，其中最重要的就是注重通风管理。若阳光充足、通风良好，则黑木耳的颜色会变深，耳片会变得肥厚且大，品质优良。

在耳床出耳后期，随着浇水量的增加，杂草大量长出，所以在出耳阶段也要除草，改善通风环境。

五、采收及晾晒

黑木耳从分床到完全成熟采收需要30~40 d。黑木耳达到生理成熟以后，耳片不再生长，此时要及时采收。若采收过晚，则耳片会释放孢子，损失一部分营养物质，生产的耳片薄、色泽差，质量变轻。若遇连雨天还会引起流耳，造成丰产不丰收。

黑木耳被采收之后需要立即进行烘干或晾晒，因为黑木耳呈胶质状，刚被采摘的时候仍然有生命活动在进行，耳片仍然进行有氧呼吸，若不立即进行烘干与晾晒，则会释放出大量孢子，造成黑木耳腐烂、自溶。所以，及时采收与干燥是保证黑木耳质量良好的关键一步。

（一）采收标准

黑木耳新形成的耳芽呈杯状，且耳脚增大，之后会慢慢展开。处于生长时期的子实体呈褐色，耳片会内卷，并且有弹性。随着黑木耳的生长，耳片会往外伸展，慢慢展开，耳根部位会收缩，耳片的色泽会变浅，肉质肥软，这些特征表明耳片接近成熟或已经成熟，需要立即采收。最适宜的采收时机是耳片生长到8～9分熟，仍然没有释放出孢子时，这个时期的耳片色泽良好、肉质肥厚、产量增加。若耳片完全伸展，部分甚至全部腹面出现白色的孢子粉，则晾晒之后的黑木耳可能呈其他形态，就没有碗状黑木耳的商品性强，并且成熟过度易造成黑木耳质量下降。

（二）采收方法

采收前需要停水1～2 d，而且需要增强通风，使耳片略干。采收应在晴天上午进行。在采摘的时候，需要在地上放置一个容器，用裁纸刀片顺着袋壁将耳基削平，将整朵切掉，不留耳根，否则会引起霉烂，对下一次出耳产生影响。也可以用一只手轻柔地按住菌袋，用另一只手将子实体扭转，并一次性将整朵木耳采下，继而用利刀将带木屑的耳根去掉。

（三）采收注意事项

采收时必须使鲜耳保持干净、卫生，不能带有杂质。若鲜耳上有草叶或泥沙等杂物，则应该于清水中清洗干净，然后进行烘干。但是，“过水”耳不仅干制困难，而且对于质量有不利的影响，所以除了被泥污严重污染的鲜耳以外，通常不需要用水进行清洗。

应分批采收，以“采大留小”为原则，将成熟的耳片采下，待稍小的黑木耳长大后再进行采摘。分批采收可使黑木耳大小均一、质量良好，并且节省晾晒空间。

（四）小口栽培采收标准和方法

小口栽培时，黑木耳生长到 3~4 cm 时就需要立即采收。小口栽培开口的孔径若适宜，则黑木耳成熟后一碰就掉，采摘时不需要割根和撕片，且晴天 1 d 即可晒干。通常在采摘之后，黑木耳的根部还会保存完整，能够继续进行浇水管理，采收第二潮耳。

（五）晾晒

黑木耳的晾晒方式包括双层架式晾晒和自然晾晒，如图 3－2 所示。晾晒操作影响黑木耳产品的外观形态，一般将采下的每朵黑木耳顺耳片形态撕成单片，将其放在架式的晾晒纱网上，依赖日光进行自然晾晒，若于晒床上进行密集堆放，则从其干燥后到成形之前不能进行翻动。晾晒的时间不同，黑木耳的品质也会有差异，一般晾晒 2~4 d。若耳片较厚，则晾晒的时间需要长一些；若耳片较薄，则晾晒的时间需要短一些。晾晒时，先基部朝上晾晒，然后翻晒。需要注意的是，在晾晒前期不可随意翻动，防止卷朵与耳片破裂，引起拳耳，对黑木耳的质量、外观形态造成不利的影响，需要待耳片稍干燥些之后再慢慢进行翻动。

夏天害虫比较多，需要将伏耳的晾晒增加一段时间，在晒干之后再进行几次翻晒，从而将隐藏于耳片内部的害虫晒杀。晾干的黑木耳要及时装袋，于低温干燥处贮存。干制后的黑木耳呈硬脆状态，但易吸湿回潮，需要进行合理的保存，避免其被害虫蛀食或者变质引起损失，通常是装进内衬塑料袋的编织袋中，保存在通风、干燥、洁净的库房内。

（a）双层架式晾晒

（b）自然晾晒

图 3-2 黑木耳晾晒方式

如果采收期间遇连阴天，则应考虑烘干加工，用引风机排湿。烘干最适宜的起始温度为 35 ℃，每隔 2 h 将温度提高 5 ℃，最高温度不得超过 60 ℃，否则会导致耳片变薄，价值降低。在烘干的过程中，最重要的就是排湿，排湿不好会导致黑木耳质量下降。采用科学的烘干方法就可以烘制出质量良好的黑木耳产品。

晾晒黑木耳的设施是用木质的床架建造的，在上面铺上纱网，将采收下来的湿木耳置于纱网上进行晾晒。床架的高度为 80～100 cm，宽度为 1.5～2.0 m，床架的上方需要用竹条围成拱形篷，上面可以苫盖塑料布进行防雨。或者于床架的上方用竹条每隔 1 m 搭建人字架拱棚，在床架的一侧放好苫布或塑料布。在晴天，纱网通风好，晾晒得快；在阴天，因为木耳与纱网的接触面积很小，因此不可能粘连于纱网上；若遭遇连雨天，可将床架上的苫布或塑料布盖上进行遮雨，其内部仍旧可以保持透气、通风。这种方法既能满足晴天的晾晒需要，又能满足连雨天与连阴天的晾晒需要，其优势是通风良好，成本低，晾晒时间短，晾晒后的干木耳不仅质量良好，而且外观优异，售价较好。晾晒床架的尺寸可根据地形自行决定。塑料布需要用铁丝或塑料绳固定在床架上，每隔 1～2 m 就要固定一下，避免风力过大将塑料布吹走。

六、采收后的管理

一般情况下，进行代料栽培的菌袋能够采两潮黑木耳。第一潮黑木耳片厚，朵大，呈深黑色，质量良好，产量能够达到完整采收期产量的 85%～90%。第一潮黑木耳采收之后，需暂停喷水 2～3 d，让菌丝处的培养基干一干，使新菌丝再生，喷水后可产生新的原基，管理方法与之前基本相同。

黑木耳多潮出耳的重点就是适时采收。第一潮黑木耳需立即采收，不可成熟过度，否则会导致菌袋被污染。第二潮黑木耳通常是于原有的耳基上继续生长形成的，所以管理时需要注意培养基的水分，不宜进行大水管理，避免烂耳。

采收后的耳根需要挖净，不能留有残耳。需要一并清理耳床上的木屑、草帘碎屑。采收后需要把失去出耳价值、遭受严重污染的废菌袋清除，对于剩余的菌袋，可按照实际的情况，根据长耳片的数量、基质的强弱重新进行摆放。重新排放前应用克霉灵或石灰等对耳床进行消毒。

菌丝恢复 3 d 左右后方可喷水，2～3 d 后可向空间中喷雾化水，3 d 后可向菌袋上喷雾化水，使原出耳口与袋面沾有细粒状的水珠，使空气相对湿度维持在 85%，温度维持在 15～25 ℃。在原采收口形成黑粒状的原基时，可依据第一潮黑木耳的出耳管理方法引发耳芽并使其分化成子实体。

黑木耳菌袋生长出第一潮耳后，营养消耗得比较多，菌袋内的水分减少，在形成第二潮耳的时候，出耳管理更加困难，主要有以下几个原因。

（1）菌袋失水

出第一潮耳之后，菌袋中的水分含量便显著降低，一般会下降15%～20%。若第一潮耳管理得不好，水分便会减少30%以上，此时水分不能满足菌丝自身的需求，不能向子实体内运输水分，导致第二潮耳出耳艰难或不出耳。

（2）拖后采收

当黑木耳满足采收条件时需要立即进行采收，有的种植户为了能够多产耳，不顾后果地延缓采收期，造成子实体过于成熟，营养消耗增加，产量减少，并导致杂菌感染与烂耳。

（3）伤口暴晒

采后的伤口处遇强光暴晒会使菌袋内的水分蒸发，造成表面的菌丝干燥，原基难以形成，不长耳。

（4）环境污染

第一潮耳采收之后耳根未清理干净，残根会腐烂发霉，而且采收之后留下的废弃物（如耳片、基质碎屑、草帘等）会随湿度的增加而霉烂，导致杂菌污染菌袋，对菌丝造成危害。

（5）环境失控

第一潮耳采收之后，环境的温度逐渐升高，不利于菌丝生长，杂菌污染菌袋等会影响第二潮出耳。

第三节 北方黑木耳秋季栽培技术

黑木耳秋季栽培是近年来得到大规模发展的新模式，主要集中在黑龙江省东南部和吉林省东部山区。秋季栽培重点解决了高温养菌过程中的污染率过大、菌丝活力下降等问题，推动了黑木耳产业的发展，提高了黑木耳生产设施、场地的利用率。同时，秋季栽培的黑木耳色黑，肉厚，口感佳，市场认同度高，经济效益十分显著。

一、栽培品种选择

黑木耳的品质、产量与黑木耳菌种的质量密切相关。应选择经过省级以上农业部门审定的品种,而且在选种时应了解所选品种的特性。早熟品种一般在菌丝长满袋,后熟一周左右后即可开口催耳,中晚熟品种一般在菌丝长满袋,后熟20 d左右后可开口催耳,晚熟品种一般在菌丝长满袋,后熟30～40 d后可开口催耳,达不到有效后熟将影响出耳。秋天气温越来越低,而晚熟品种后熟时间太长,生产时间比较紧张,但提前生产可能赶上高温季节困菌,那样感染率会增大,所以建议秋耳生产选择早熟或中晚熟品种,不宜选择晚熟品种。

二、菌种生产技术

在北方地区,中晚熟品种于3月进行原种生产,于5月进行栽培种生产,早熟品种于4月进行原种生产,于6月进行栽培种生产,通常于7月末至8月初下地进行摆袋。菌种生产一般分为原种生产、母种生产、栽培种生产。其中,母种生产的技术要求比较复杂,仅局限于由具备条件的科研院所、大专院校等生产。

(一)原种生产

应选择新鲜、无霉变的原料,木屑应选择无霉变的阔叶硬杂木木屑,麦麸应新鲜、不结块、无霉变。若用玉米粒生产原种,则要求玉米无霉变、无异味、无虫蛀、维持新鲜状态。其他原料要求见本章第二节。

1. 玉米粒原种生产

将玉米粒浸泡在清水中12～24 h,然后煮30 min左右,捞出后沥干、装瓶、灭菌、接种、养菌25 d左右就可以使用,但菌种较易老化,所以在生产玉米粒原种时要现做现用。另外,在生产玉米粒原种时应注意不要把玉米粒煮得太久、质地太烂。

2. 木屑原种生产

木屑原种生产的培养料配方为木屑78%,麦麸20%,白糖与石膏各1%,含水量应达55%～60%。培养料经拌料后装瓶，装瓶时下松上紧，再用直径为1.5 cm的木棍在中间打孔。也可用装瓶机装瓶，装完后还应压实，然后将瓶口洗净，塞上棉塞后灭菌。接种后，在25 ℃左右的培养室内养菌35～40 d，菌丝便可长满瓶。木屑原种菌种长满瓶后，应继续培养一周左右，那样菌种会很壮，提高成活率，然后再进行栽培生产。木屑原种接种后适应性较强。

3. 原种生产注意事项

原料必须保持新鲜、无霉变。容器应选择无色透明的，便于观察、检查杂菌。接种一周之后需立即检查，观察是否有杂菌，若有杂菌应立即淘汰。玉米粒原种要现做现用，木屑原种的保存时间不应超过一个半月。发现原种有吐水、脱壁等现象应及时淘汰。

（二）栽培种生产

作为培养基原料的木屑应无霉变、不结块、粗细合适，过粗会刺破菌袋，过细则会导致装袋太紧而缺氧。麦麸应不结块、无霉变、保持新鲜状态，如果有轻微的结块现象需要过筛后才可使用，最好采用红皮麦麸。稻糠和包括谷壳在内的大米加工下脚料均可使用。稻糠比较容易被螨虫侵蚀，也是霉菌繁殖的最好培养基，所以稻糠应储藏在干燥、防潮的环境中，而且最好远离培养室。木屑、麦麸、稻糠使用前都应在阳光充足的天气暴晒2～3 d，剔除硬杂物。

1. 栽培袋培养料配方

（1）木屑86%，稻糠10%，黄豆粉2%，生石灰1%，石膏1%。

（2）木屑86%，麦麸8%，黄豆粉2%，玉米粉2%，生石灰1%，石膏1%。

2. 拌料

黑木耳的袋装营养基质即为配制好的培养料。在配料的时候需要注重对原料的选择和处理，选择适宜的料水比、配料比与酸碱度，因为这些因素对培养料的理化性质有直接影响，与黑木耳菌丝的生长发育情况密切相关。此外，拌料的均匀度和黑木耳的增产增收有密切联系。拌料需要均匀、充分，手工拌料以干拌三遍、湿拌三遍最为合适，条件较好的可以用拌料机进行拌料。培养料的含水量应达55%~60%，即用手紧握培养料，指缝间有水但没有水滴落最为合适。向培养料中加水之后，需要搅拌均匀，闷堆1~2 h，使其浸润湿透，不可有干料混杂，或者料不可有干芯，防止灭菌不彻底。

3. 装袋

秋耳出耳的时间稍短，通常选用(16.0~16.5)cm×(33.0~35.0)cm的菌袋，应选用厚度不小于0.004 cm的聚乙烯折角袋。菌袋应薄厚匀称，没有折痕，没有砂眼，质地柔软，收缩能力强。若菌袋质量不好，收缩性不强，则在灭菌后常会引起袋料脱离，出耳时的感染率会提高，会对产量带来影响。

人工装袋一般效率不高，装袋质量差，袋内孔穴容易被堵，所以不建议人工装袋。现在多采用机器装袋，装料高度不应超过21 cm。由于秋耳生产时杂菌繁杂、温度较高，因此不适合进行拧口生产，最好用无棉盖或棉塞进行封口。装料需要松紧适当。料太松，菌丝长速过快，菌丝弱小、不健壮、易衰老，出耳时易造成污染；料太实，通气情况不好，发菌迟缓。装料后棉塞要塞紧，料面和棉塞之间需要保留一定的空隙，防止其生长过程中缺氧，或者棉塞被潮气侵袭而被杂菌污染。

4. 灭菌

培养料灭菌不彻底是造成出耳期与发菌期污染的重要原因之一，尤其是对于秋耳的生产。现在，农村种植户多用蒸锅进行常压灭菌。在常压灭菌时，前几个小时的火力必须旺盛，蒸汽需要充足，让锅内的温度于短时间内增加到灭菌所需的75 ℃，之后再排掉冷空气。若不将冷空气排净就有可能引起假压，使显示温度高于实际温度，导致灭菌不彻底。排掉冷空气后应尽快使温度达到100 ℃。秋耳生产季节温度比春耳要高，所以锅内达到100 ℃后最好维持10 h。灭菌袋装锅不宜过紧，需保留部分空隙，要确保蒸汽流通，这样才能达到灭菌效果。秋耳生产因多数采用棉塞封口，所以在灭菌出料时要慢慢降温：一是避免温度降得太快，袋料分离；二是可依靠灭菌锅内的高温把棉塞上的水分蒸发彻底，避免杂菌于湿棉塞上繁殖。

秋耳生产季节温度较高，在出耳期易遭受严重的霉菌污染，这通常与培养料灭菌不彻底有直接关系。灭菌不彻底可能是因为没有排完冷空气，造成假压，灭菌温度不够；灭菌时间不够，不能满足要求；火力不旺，蒸汽不足；装袋过满，导致培养料的中心部位未被彻底灭菌。若灭菌不彻底，则有时候培养几天后就可见到杂菌，并且呈不规则的斑点状，可能会造成"全军覆没"。也可能菌袋表面菌丝生长正常，但培养料中心部位灭菌不彻底，摆袋时，存活的细菌遇到合适的温度，在养分丰富的培养料中就会繁殖旺盛，导致烂芯、烂袋。

5. 冷却

秋耳生产前应先选择一个干净的房间作为冷却室，而且在使用冷却室前 5 d 就应对其进行消毒。在灭菌之后，将菌袋从灭菌锅中拿出来，放置于冷却室中让其自然冷却。因为秋耳生产时的温度相对较高，所以有些种植户为了让菌袋尽快冷却，采用电风扇吹风冷却，此方法不可取，因为这样会造成杂菌飞扬，加大感染概率。

6. 接种

灭菌后，将料袋冷却到较温、不觉得烫脸即可，也就是将料袋冷却至 30 ℃左右时开始抢温接种，这样可以避免在操作过程中感染杂菌。

秋耳生产时外界的温度较高，杂菌生长旺盛，因此选用接种箱接种最为适宜。虽然其接种效率相对较低，但杂菌感染率会大大降低。在接种时需要严格进行无菌操作，准确无误地掌握相关接种技术。在接种前需要先用来苏水将毛巾蘸湿再拧干，使其维持湿润且不滴水的状态，用其将接种箱擦拭干净。将料袋从灭菌锅中拿出来，冷却后放置于接种箱中，而后每立方米用 10 mL 40% 的甲醛溶液、4 g 菇宝 1 号或 5 g 高锰酸钾进行熏蒸，同时用紫外灯照射半小时。用 75% 的酒精对原种瓶的外面进行消毒，放置于接种箱或接种室中。接种前，戴一次性手套，并用配制好的来苏水洗手，洗好后手不要碰到其他地方，直接伸进接种箱，将酒精灯点燃。用 75% 的酒精擦拭接种钩，擦拭的时候需要从钩子头部一直擦到尾部，然后在酒精灯上烤一会儿，等到钩子冷却后，用钩子将原种弄碎。在点燃酒精灯的无菌区中，将原种的瓶口与袋口相对，使菌种可以均匀地散落在料袋表面，形成薄薄的一层，在此情况下，黑木耳菌丝生长迅速，能够率先将料面占领。操作时注意不要把菌种弄得太碎，最好弄成颗粒状，这样会提高成活率。接种时需要行动快速，减小在操作过程中感染杂菌的可能性。在接种的过程中,若接种工具接触到其他地方则需要重新进行灼烧。

另外,由于秋耳感染杂菌的可能性略大,因此下种要比春耳更多些。通常,一瓶 500 mL 的原种接 30 袋左右,接种量大可使其快速封面,减小感染杂菌的可能性。

7. 培养

秋耳生产前要对培养室进行消毒。如果用过的培养室出现过杂菌,则应先用石灰浆粉刷培养室的墙壁,把培养室架子的木板等用高锰酸钾溶液擦拭后拿到外面进行暴晒,使其完全干燥,然后用几种药物对培养室交叉消毒,比如用硫黄(15 g/m^3)、高锰酸钾及甲醛(高锰酸钾 5 g/m^3、40% 的甲醛溶液10 mL/m^3)、菇宝 1 号(3~4 g/m^3)等消毒。

养菌最重要的就是掌控好适合发菌的条件,促进菌丝旺盛生长,使其具有顽强的生命力、充足的出耳势及较高的产量。按照黑木耳菌丝生长所需的温度条件,需要把握好“前高后低”的原则,在接完种的前三天,需让温度维持在 28~30 ℃,并且暂时不需要进行通风,让刚被接种的菌丝可以快速恢复生长,迅速定植。在培养前期,也就是接种后 3~15 d 内,需要合理地调低培养室的温度(维持在 25~28 ℃),让菌丝迅速萌发,迅速封面,可以避免杂菌污染;在培养中期,也就是接种 15 d 后,黑木耳菌丝的生长已经呈现出一定的优势,需要加强早、晚的通风量,适当将温度调整到 22~24 ℃,此时虽温度较低,但菌丝自身的代谢会将温度提高,菌丝保持旺盛生长;在培养后期,当菌丝迅速生长至袋底部时,将温度调整到 20 ℃,菌丝在低温的条件下也会生长旺盛,可将营养成分充分吸收。于此条件下培养的菌袋分化迅速,出耳早,抗病力较强,产量较高。秋耳生产养菌时,为了便于掌握温度,菌袋之间需要保留一定的空隙。

由于秋耳培养室的温度相较于春耳培养室要高一些,而高湿、高温的状态易形成杂菌, 所以秋耳生产要求培养室的湿度低于春耳培养室。

秋耳培养室中的空气相对湿度通常需要维持在 45%~50%。在发菌的后期,菌丝会大幅度增多,水分会不断消耗,加上蒸发,培养料的含水量会减少。此时,对室内适当地喷水,让空气相对湿度维持在 55%~60%。但需要注意,培养室中的湿度不能过高,喷水的时候不能将水直接喷于袋上,要向墙壁或地面上喷水,避免将棉塞弄湿而造成杂菌污染。在生长的后期,也可用大盆或水桶盛装冷水放置于培养室中提高湿度。

光线的强度与子实体的形成密切相关。特别是秋耳生产一般都选择早熟或中晚熟品种,见光后容易生成耳芽,影响产量,所以应暗光培养。

在黑木耳的生长发育过程中,需营造一个空气新鲜的环境,以确保有充足的氧气来保证黑木耳正常的新陈代谢。在发菌期间要注意通风换气,保证人进入培养室后感到舒畅。在发菌后期要增加通风时间和次数,培养室的二氧化碳浓度不要大于0.1%。

8. 催耳

秋耳催耳分为室内催耳与室外催耳两种方法。

(1)室内催耳

因为秋耳催耳时的温度很高,所以在进行室内催耳的时候需要保持通风,防止伤热。对于室内催耳的菌袋,只要开口处的菌丝恢复发白就可以立即下地实行分床管理。

(2)室外催耳

室外催耳需要先建床,建床需要选择临近水源、远离畜舍的湿润平地,一般以半沙半土地为宜(吃水而不渗漏),耳床需高达20 cm,宽为1.0~1.2 m,不限长度,于耳床的两侧修建水沟。将耳床建好后需要对耳床浇一次重水,让床面吃透水分,再用1∶500稀释的甲基托布津溶液进行消毒,也可使用石灰水一起进行消毒。

室外催耳可以不用塑料布,但必须用草帘来满足遮光的条件,防止温度偏高让菌丝遭受损伤。对准备盖袋用的草帘要用甲基托布津溶液进行浸泡,而后控干水分,使草帘湿润但不滴水。催耳时应注意:不可于雨天或者天气闷热时进行开口;不可在袋料分离处和起褶处进行开口;不可在袋内形成原基处进行开口;应在袋料的紧贴处进行开口;开口前最好用1∶500稀释的甲基托布津溶液对菌袋进行消毒;袋口向下摆放;开口的深度必须达到0.5 cm以上。

9. 分床

当耳基封住开口处时就可进行分床管理。秋耳分床时气温较高,为了避免通风不好,在分床的时候需要适当地增加菌袋之间的距离,必须保持10 cm以上，菌袋呈“品”字形排列，每平方米可以摆放约25袋。

10. 出耳管理

出耳管理的重点在于水分管理。在耳基期（摆袋后7～10 d）需要增加喷水量，确保床面湿润，使空气相对湿度维持在80%。在耳芽期（摆袋后10～15 d）需要确保床面周围的空气相对湿度维持在85%，也就是床面需要一直保持湿润的状态。在伸展期（摆袋后15～20 d）需要适当地增大空气相对湿度（达到90%以上），确保耳片可以旺盛生长，当耳片伸展到1 cm的时候，可以选择向耳片进行大水浇灌，待耳片生长至3～4 cm时，若子实体的生长迟缓，则可以选择停水3 d，进而推动菌丝的生长发育，营造“干干湿湿，干湿交替”的生长环境。之后不间断地浇水2～3 d，让耳片可以完全伸展，进一步推动子实体的生长。

秋耳出耳期白天的温度通常仍旧较高，为避免感染杂菌与流耳，应选择早晚浇水、晴天白天不浇水的方法。在雨天不喷水，充分依赖自然湿度进行出耳管理。在阴天的时候，根据耳片的干湿情况灵活地控制喷水的频率，让耳片可以保持湿润生长。

11. 采收加工

（1）采收标准

在采收前2～3 d就需要停水，当耳片伸展完全、边缘开始干缩的时候进行采收。

（2）采收方法

在采收的时候，需要一手握住栽培袋，另一手握住耳片基部并采下。应避免有耳基残留而不利于下潮出耳。

（3）晾晒干制

在采收之后把耳片基部带下的培养料清除，将耳片分撒于纱网上进行晾晒。需要关注天气预报，可以在大晴天进行采收与晾晒，在晾晒的过程中不可频繁移动正在晾晒的木耳，防止耳片发生蜷缩，降低木耳的品质。

12. 二潮出耳

现在种植户多采用钉子打眼的小开口方式出耳，所以秋耳可以采摘2～3

潮。为防止杂菌感染，增加产量，应选择好采耳的时间，当子实体的边缘偏薄、耳根呈收缩状态时就需要立即采耳。将子实体的带根处理干净，在采收之前需要让阳光照射到子实体，使子实体中的水分减少，根部呈收缩状态，从而不会轻易破碎。将根部彻底处理干净，不能有残根遗留，否则会出现杂菌污染。需要对床面、草帘进行彻底消毒，在采完耳之后需要阳光直射 1～2 d，同时用甲基托布津溶液擦拭进行消毒。然后，再将草帘盖上，便进入第二潮的出耳期。

第四节　北方棚室挂袋栽培技术

黑木耳棚室挂袋栽培是顺应黑木耳发展方向的具有代表性的栽培技术。运用该技术生产的黑木耳没有灰尘、泥沙的污染，安全又卫生，相较于地栽春耳可以提前一个月进行采收，相较于地栽秋耳可推迟一个月采收，既可以满足黑木耳对湿度、温度、光照条件的需求，确保黑木耳的高产、质优，又可以节省土地、水与人工，并良好地防御自然灾害。东北地区需要按照当地的气候条件合理地安排生产，进一步完善卷膜、程控、降温、雾化等配套设施，提升黑木耳的标准化管理水平，促进工业化生产菌包的发展，提高程控化栽培木耳的程度，完善黑木耳生产的各个环节。

一、品种选择

根据要求采用可逆性强、耳厚、单片、色黑、圆边的优良品种。按照品种的特征对生产时间进行合理的安排：2 月份应结束菌袋生产，通常晚熟品种需要尽早进行，可选择于元旦前进行三级菌的生产；中熟品种可选择于元旦到春节之间进行三级菌的生产；早熟品种需要在春节的前后进行生产。这样既可以促进出耳，又可以避免耳片变黄、变薄，产量降低。

二、菌袋生产

(一)原料选择及配方

棚室挂袋栽培应选择与培养料有较强亲和性的、质量良好的薄袋。木屑是黑木耳栽培所需的重要原料,以硬杂木的木屑为最佳。作为辅料的豆饼粉、麦麸、玉米粉均需要粉碎精细,有助于溶融碳、氮及混合均匀,提高培养基的利用率、持水性与固形性,提高黑木耳的产量。

常用培养基配方(三级菌):硬杂木木屑86%,麦麸10%,豆粉2%,生石灰1%,石膏1%。培养基的含水量应为60%。

(二)拌料装袋

棚室挂袋栽培的拌料方式和常规菌袋生产的拌料方式相同,即将辅料、主料与水充分混合,搅拌均匀。

小孔挂袋栽培需对应更高的装袋标准,培养料不仅要装实,还要保证上下的松紧度相同,料面保持平整没有散料,袋与料紧紧贴合,袋不能存在褶皱。提高装袋的品质,重点是选用合适的装袋机。应选择卧式装袋机,其装袋效果不仅符合相关标准,而且可以使用薄菌袋,可以解决袋料分离的难题。

采用菌棒制菌:在装袋的时候,于菌袋中间的位置打孔,将料面上部的菌袋嵌入中间的孔中,之后将菌棒塞进中间的孔中。

(三)灭菌与接菌

灭菌是菌袋制作过程中关键的一步,通常选择常压灭菌,灭菌时间需要维持在10 h以上,之后再闷锅3 h。出锅的时候需趁热将菌筐移动到培养室或接菌室内,刚刚从灭菌锅中取出的菌袋会发软,此时将菌袋从筐中取出便会造成菌袋变形,导致袋料分离,需等到菌袋略微冷却变硬之后再将其从菌筐中取出。

接菌是指于无菌的环境中将菌棒取出,把菌种接到培养基中,并用固体菌种将袋口封闭,液体菌种需要用无菌棉塞将袋口封闭。接菌成功的基本条件:①较大且稳定的无菌区;②菌种不能存在杂菌与螨,且萌发力较强;③接菌室消毒、杀虫彻底;④操作规范;⑤抢温接菌;⑥在接菌之后维持 5 ~ 8 d 稳定且略高的温度。

(四)培养室处理及菌袋培养

培养室的墙需要平整、光滑,用石灰粉将室内的墙壁粉刷一遍,用木板、木杆将发菌架搭制好之后,把室内的杂物都清理干净。将室内的温度提高到 25 ℃以上并喷水来增加湿度,维持 48 h,然后用过氧乙酸或二氧化氯溶液将菌架与墙壁全部喷施一遍,同时喷施杀虫、杀螨剂防治虫害。在室内制造出高湿、高温的环境,而后将门窗封闭,再用甲醛或硫黄熏蒸 2 ~ 3 d,然后开门释放潮气,不断提高温度将室内菌架与墙壁迅速烘干,再往地面上撒一层生石灰来防止受潮,避免杂菌污染。培养室一定要保持干燥、干净的状态。

在菌袋的培养过程中必须掌握好温度,确保低温育菌。在培养初期,室温需要维持在 28 ℃左右,菌丝透袋或封盖后,需要将袋温降低到 24 ℃左右,类似于恒温培养。于每日通风 1 ~ 2 次,确保培养室内的空气流通。

三、挂袋大棚及设施

(一)棚室结构

黑木耳挂袋的大棚需要结构牢靠,长度一般为 20 ~ 30 m,宽度约为 10 m,就能满足通风需求。大棚太宽或太长都对作业与通风无益,这样的大棚需要添置助风的设备,在大棚的中间安排作业道,以满足程控化、规模化栽培的要求。大棚主要分为单弓大棚与双弓大棚两种。单弓大棚的棚肩以下主要为直立或斜立状态,而且需要另设横梁,梁的高度为 2.5 m,在横梁下 1.8 ~ 2.0 m 处需有 1 个立柱,棚顶的高度通常约为 3.5 m。双弓大棚的棚肩以下为斜立状态,高度为 1.8 m,每个弓下 1.5 ~ 2.0 m 处均需有 1 个立柱。系绳挂袋用的钢筋和棚需要保持同一方向,每两根为一组,其间距为 30 cm,作业道宽 70 cm 左右。大棚的两头均需设置门,通常棚头对应的地方应当设置 2 扇或 4 扇门,有助于通风。

(二)配套设施及注意事项

挂袋的大棚应承重大,大棚的地面需保持平整,立柱下端安排预埋件,将斜拉做好,大棚应坚固、不倾斜。大棚的两侧需要设置地锚以达到压实棚膜与遮阳网的目的。棚顶上部需要设置喷雾水带,可以降低温度,大棚的排水一定要确保通畅,将微喷管安装于横梁或内弓上,每 2 m 设立 1 根,每 1.0～1.5 m 设立 1 个喷头。需要将塑料膜扣住后再将遮阳网扣住,设计卷膜器以便于塑料膜与遮阳网的卷放。在春季挂袋,需要在上一年的秋季就建棚,扣棚之前需提前备好遮阳网、大棚膜、压膜绳等物品。

(三)扣棚及准备工作

在 2 月初,需要在积雪清除后用塑料膜进行扣棚,两块大棚膜需要在棚顶重叠,有利于棚顶的开缝降温。塑料膜加固需要使用压膜绳,在挂袋之后再用遮阳网扣棚。扣棚之后、挂袋之前需要把吊袋绳固定好,把微喷设施等安装完毕。

四、刺孔复壮

(一)菌袋入棚及复壮菌丝

当棚中的地面化冻达到 60 cm 以上、最低温度稳定在 -3 ℃以上时,可以在地面铺上草帘等防寒物品,可以将菌袋移动到棚里进行垛放,再将草帘盖上达到防寒、遮阳的目的,夜间需要盖上塑料膜防冻。每 4～5 d 就需要把菌袋上下对倒一次,等到菌丝复壮变白之后才可以进行刺孔。

(二)刺孔和封闭孔眼

大棚挂袋栽培的每个菌袋都需要有 180 个孔左右,以圆钉孔为最佳,其孔径为 3～4 mm,孔深为 6～8 mm。刺孔之后的 5～7 d 都需要处于遮光的条件下,菌丝可以将孔眼封闭,最好在刺孔之后的 3～5 d 把菌袋上下对倒一次,再经过 3～4 d 就可以选择挂袋。

(三)垛袋复壮期间的管理

可以选择地面洒水与喷雾状水来进行保湿,需要开门通风以降温、增氧,在春季时以增温、保湿为主。在刺孔之后将袋温调节到 22 ℃以下，在湿度方面需要使菌袋表面保有一层薄薄的水渍。温度高的时候孔眼封闭会加快，也可以于培养室中进行刺孔。

五、挂袋

（一）挂袋时间

对于东北的大部分区域而言，挂袋栽培都可以实现一年两季。春耳可于 4 月进行挂袋，于 6 月末完成采收；秋耳可于 8 月初进行挂袋，于 10 月末完成采收。

（二）挂袋方式

菌袋刺口之后，当孔眼被菌丝封闭的时候就可以进行挂袋。挂袋的方法主要有“三线脚扣”与“单钩双线” 两种。

1. 三线脚扣

“三线脚扣”就是将 3 股尼龙绳拴在吊梁上，将尼龙绳的另一头打死结。在挂袋前需要先准备 4 个等边三角形的塑料脚扣，其作用就是把尼龙绳束紧以固定菌袋。在挂袋时需要先把 1 个菌袋置于 3 股绳之间，在袋的上方放置 1 个脚扣，再增加 2 个菌袋，然后将脚扣放下，以此类推，每串需要挂 8 袋。相邻两串的距离为 20～25 cm。在挂袋的时候，最下方的菌袋应与地面相距 40 cm 以上，挂袋的密度为每平方米约 70 袋。

2. 单钩双线

“单钩双线”就是将 2 根尼龙绳拴在吊梁上，将尼龙绳的另一头打死结。在挂袋的时候需要先把 1 个菌袋置于 2 股绳之间，在袋的上方放置一个用细铁丝制作的钩，钩的形状类似于手指锁喉，钩长为 4～5 cm。用钩把绳向内拉以达到束紧菌袋的目的，在其上方再放菌袋，菌袋的上面再放钩，以此类推，每串大概挂 8 袋。

六、出耳和采收

（一）催芽期管理

催芽期即挂袋后至原基形成阶段。其技术要点是：增温，保湿，轻通风。这个时期需要以保湿为主，以通风为辅，早、晚适当提高温度。在挂袋之后若不立即进行浇水催芽，就会导致菌丝老化，不利于出耳与产量。在催芽期需要给地面浇透水，再与喷雾状水相结合，确保棚内昼夜的湿度均达到75%以上，让菌袋表面维持一层轻薄而不滴落的“露水”，可以确保耳芽出得又快又齐。挂袋后的前期以喷雾状水为最佳，能够避免水滴入菌袋中形成青苔。于早晚各进行一次通风，每次0.5～1.0 h。正常管理约10 d后便可产生原基。

（二）耳片分化期管理

耳片分化期即原基形成至耳片形成阶段。其技术要点是：控温，增湿，常通风。这一时期的湿度需维持在85%左右，削减干湿交替，避免连片与憋芽的情况发生。适当增强通风，否则二氧化碳的浓度太高会导致畸形耳的形成，不利于黑木耳的品质与产量。这一时期更需避免高温伤菌，在棚顶放置一根水带，棚内的温度达到24 ℃以上时需要在棚外进行浇水降低温度，防止菌袋感染绿霉菌与流红水。

（三）耳片展片期管理

耳片展片期即耳片形成至采收阶段。其技术要点是：开放管理，控制生长，及时采收，干湿交替。在这个时期，随着棚内温度的逐渐升高，需把棚膜卷到棚顶或棚肩。在晚间进行浇水，需要适当限制耳片的生长速度，确保耳片能够生长得边圆、黑厚。早春的温度比较低，若白天进行浇水，则夜间就需要减少浇水。在春季应该于下午3点到次日上午7点进行浇水。在入夏之后应该于下午5点到次日凌晨3点进行浇水。浇水的时候应将耳片彻底浸湿，之后每小时需要浇水10～20 min，确保棚内的湿度维持在90%左右。和地栽黑木耳正好相反，挂袋栽培黑木耳的特征是易保湿、难通风，在展片期需要全天进行通风。在天暖之后，需要把棚膜卷到棚顶处，在浇水的时候通常需要将遮阳网放下，在不浇水的时候需要把遮阳网卷到棚肩或棚顶处。当黑木耳生长至 3 cm 时需要及时进行采收，采收时需要将地膜或晒网铺于地面上，用木棍或手接触黑木耳即可，格外省工。必须用网架进行晾晒，注意防雨。挂袋栽培黑木耳也需要选择“干干湿湿”的浇水方式。

（四）二潮耳管理

6 月初，当黑木耳的采收进行过半之后，需要暂停一次浇水，把菌袋上的黑木耳晾晒干燥之后再继续浇水，等到耳片生长到 3 ~ 5 cm 时，把菌袋上的黑木耳全部采收。晒袋 1 ~ 2 d 后，仿照中雨的环境条件进行浇水，待 7 d 左右就会形成二潮耳原基，不断浇水 3 ~ 5 d 就可以进行第二潮耳的采收。这样管理可以增加产量，提高效益。

第五节　南方黑木耳代料栽培技术

一、栽培设施

（一）主要设备

1. 常压灭菌锅

可以用铁板焊制的铁槽或铁锅作为加热部分，用水泥与砖堆砌保温墙体，或用厚塑料布作为保温墙体，也可以用蒸汽发生炉进行加热灭菌。蒸汽发生炉可以购买，由蒸汽发生炉体和灶体两个相互独立的部分组成。蒸汽发生炉有制成品和土蒸汽发生炉两种类型。制成品有 5 ~ 6 根烟囱管没在水中，节能效果明显，移动方便，但造价略高。土蒸汽发生炉由几个柴油桶卧砌而成，是各类灭菌锅中造价最低的一种。

2. 接种箱

接种箱是完成菌种分离、接种的设备，与外界空间隔绝，避免空气流动，而且便于操作。采取必要的消毒方法之后，箱内便能够呈无菌状态，避免菌种分离与接种的时候有杂菌污染。接种箱是用玻璃与木材制成的小箱子，一般长 143 cm、宽 86 cm、高 159 cm，可两人或一人进行操作。在箱的上层侧框架内装上玻璃，可以灵活进行开关，箱内有紫外灯和日光灯。接种室与接种箱相同，需要严密关闭，放置于干燥、向阳的地方，面积约为 6 m^2，高约为 2 m。墙壁与地面均需光滑、平整，有助于室内灭菌，培养室在门窗关闭之后需要与外界空气完全隔绝。接种室的外面可设一个 2 m^2 左右的缓冲间，缓冲间需要使用推拉门，以减少空气的流动。缓冲间与接种室均需要安装日光灯和紫外灯各一支。接种室内配备工作台及各种用具。另外，在南方还有一种简易的接种棚，用塑料薄膜制成 3 m×3 m×3 m 的空间，在一边开门供人进入进行操作，功能类似于接种室。

3. 培养室

培养室是用来培养母种和菌袋的场地。培养室应保温、清洁、干燥，并能调节空气，大小视栽培规模而定，室内可搭多层木架，层间间隔 25～35 cm，长、宽视具体情况而定，有条件的地方可装置取暖电炉加继电器，或直接装置空调设备控温。在冬天，可采用土法（采用煤炉、火道）升温，但应用烟筒、烟道将煤气和烟引出室外。

4. 其他材料

酒精灯、天平、秤、镊子、接种铲、温度计、量杯、干湿温度计、接种钩、接种棒、紫外灯、试管、冰箱、橡胶手套、聚乙烯塑料袋、塑料绳、塑料胶带、铁锹、酒精、脱脂棉花、气雾消毒盒、甲醛等。

需要用高密度聚乙烯制作菌袋。菌袋为筒袋，呈白蜡状，柔且韧，半透明，厚薄均匀，无折痕，无砂眼，抗拉强度大，规格为 15 cm × 55 cm，厚度为 0.004 5～0.005 5 cm。套袋规格为 17 cm×55 cm，厚度为 0.001 cm。

采用双袋法（筒袋外套袋）栽培的筒袋应该选用略微轻薄的，通常厚度应该在0.004 7 cm左右。采用单袋法栽培的筒袋厚度应为0.005 0～0.005 5 cm，过薄便会被扎破，过厚则装料之后袋口不便于扎紧、密封。折角袋效果较平底袋好。

（二）主要设施

代料栽培黑木耳包括拌料、装袋、灭菌、冷却、接种、培养、出耳七个生产区，按照生产的实际情况可进行综合利用，从而分成生产场地与出耳场地两部分。

1. 生产场地

可以利用民房、空地、仓库与会堂进行建棚，只要其满足不漏雨、通风良好、干净卫生等条件即可。制作场地与灭菌灶的距离最好近些，以便搬运。在菌棒搬入之前需要将发菌场地清理干净，进行灭鼠与消毒。一般每平方米可摆放100～150袋菌袋，具体视海拔、室温的高低而增减，发菌场地的平均温度不宜达到30 ℃以上，最高温度以32 ℃为限。为了防止温度和湿度过高，要经常通风换气。

2. 出耳场地

出耳场地需要满足干净卫生、通风良好、光线充足等条件，一般利用农田或空地。出耳场地应水源充足，最好排灌方便，或应有水可取（如用抽水机抽水），因为菌袋出耳管理过程需较多的水，而且灌水还能有效地破坏白蚁的蚁道。出耳场地宜选择背风向阳的农田，避免用冷水田做出耳场地，特别是在山区应选择日照时长在6 h以上的农田。多户耳农建耳棚最好能将耳棚连成片，以形成耳棚小气候。一般每亩农田可排放菌袋8 000～10 000袋。目前常见露天排场和大棚排场两种模式，两种模式各有优缺点，在生产上同时存在。

（三）原料

1. 木屑

大多数果树与阔叶树的树枝由专用粉碎机粉碎成颗粒状之后就能够用来栽培木耳。木屑的大小通常为长3～5 mm，厚为1～2 mm。掺有少许颗粒的、长

1～2 mm、厚1～2 mm的木屑较为适宜。

不应选择含有妨碍菌丝生长发育的萜烯类化合物及松节油的柏、松等针叶树。选择的阔叶树种类不应过于单一，以多种树种木屑进行混合比单一树种木屑的产量更高。边材丰富的幼林树枝相较于中老龄的更适合，通常以直径为3～10 cm最优。树枝需要由专用粉碎机粉碎成颗粒状，然而锯板的木屑因颗粒过小而不可以单独使用，但可以按照10%～15%的比例加入粉碎机粉碎的木屑内。干燥的木屑相较于湿木屑更为适合。

2. 麦麸(或米糠)

麦麸又称麦皮、麸皮，是代料栽培黑木耳最重要的辅料，可以加快黑木耳菌丝对培养基内木质纤维素的利用与降解，提高其生物学效率。当今市场出售的麦麸有白皮与红皮之分，以及中粗与大片之分，其具有的营养成分大致一样，均可选用。麦麸需要没有结块、新鲜、没有霉变，如果稍有虫蛀、霉变与结块的现象出现，则需要过筛并晾晒后方可使用，因为虫蛀、霉变或雨淋导致的结块会使麦麸的多数养分丧失。

3. 玉米粉

玉米粉是培养料辅料之一，其营养十分丰富，能够部分替代麦麸。

4. 棉籽壳

棉籽壳即脱绒棉籽的种皮，吸水性较强，质地较为松软，营养十分丰富，是非常优良的培养基原料，能够取代杂木屑量的10%～50%，以15%～25%最为适合。

5. 糖

在黑木耳生产中一般使用的是蔗糖、红糖，适量增加其用量有助于菌丝的生长与恢复。

6. 石膏

石膏的主要化学成分是硫酸钙，主要提供硫元素与钙元素，能够调节培养料的 pH 值,起到必要的缓冲作用。熟石膏、生石膏均可以使用。

7. 石灰

石灰可以调节培养料的 pH 值。

二、栽培品种

南方黑木耳品种一般要求抗高温、抗流耳、产量高,主要有以下品种。

(一)新科 1 号

新科 1 号从丽水市本地野生黑木耳的组织中分离,经过驯化后筛选而得。该品种的适应范围广,抗逆性强,出耳的温度为 12 ~ 25 ℃,子实体一般为单片状,呈半圆盘形,色泽黑,肉质肥厚,弹性良好,产量高,质量好。新科 1 号为段木栽培的良好品种,在贵州、福建、湖北、云南、江西、广东等多个地区的引种表现均较好。该品种也可以在代料栽培中应用。

(二)新科 - D

新科 - D 由丽水市相关公司从段木栽培的新科品种中筛选而得,出耳的温度一般为 12 ~ 25 ℃,色泽黑,出耳整齐,单片,质量接近段木栽培品种,产量较高。

(三)916

916 为中温型品种,出耳的温度一般为 12 ~ 25 ℃,子实体类似于碗状,呈黑褐色,肉质肥厚,耳片大,产量高,抗流耳,为南方推广较多的品种。

(四)AU139

AU139 出耳的温度为 15 ~ 28 ℃,但以 18 ~ 22 ℃最适,出耳稍慢,耳片呈黑褐色,耳片大,肉质肥厚,产量较高,适合于代料栽培与段木栽培。

(五)冀诱 1 号

冀诱 1 号为中温型品种,出耳的温度一般为 15 ~ 20 ℃,子实体肉质细腻,性糯，口感良好，肉质肥厚，耳片大，色泽黑亮，簇生呈菊花状，抗霉力较好，产量较高，适合代料栽培。

（六）8808

8808 为中温型品种，出耳的温度为 15～25 ℃，呈黑褐色，子实体为聚生，出耳快速，耳片大、整齐、肉厚、色深，抗霉力良好，抗寒力极强，耐低温，适合代料栽培与段木栽培。

（七）袋耳 88

袋耳 88 出耳的温度为 10～32 ℃，肉质肥嫩，色泽较深，品质良好，耳片大，商品性良好，出耳较为整齐，菌丝较为浓密，生长快，耐低温，抗高温，抗病，适合大面积代料大田自然出耳，稳产、高产。

（八）139

139 由福建省三明市真菌研究所选育。该品种的子实体呈黑褐色，肉质肥厚，耳片大，出耳快速，产量较高，适合于玉米芯、棉籽壳、稻草、木屑等代料栽培。

三、栽培生产技术

（一）生产计划制订

黑木耳为中温型菌类，通常在 15～25 ℃进行排场最佳，按照南方气候的特征，可分为秋季栽培与春季栽培。秋季栽培一般在 7 月中旬到 9 月底，随着海拔的升高，栽培时间应提前。海拔 800 m 以上的地区一般于 7 月中旬便可进行制袋接种，海拔 300 m 以下的地区通常选择 9 月较适宜。春季栽培一般选择在 11～12 月。

(二)菌种生产

1. 母种生产

从组织或孢子分离而得的纯菌丝称为母种。母种是菌种生产的基础,通常选择斜面培养,这样便于鉴别和保藏。

(1)培养基配方及配制方法

通常选择 PDA 培养基,依据需要按比例量取各种成分的用量。将马铃薯清洗干净,之后去皮与芽眼,将其切成板栗块大小的薯块,放进锅内加水到需要的用量,煮沸 30 min,使马铃薯呈软而不烂的状态,用双层纱布进行过滤,去除残渣,向滤液加水补足用量,之后再添加琼脂继续加热到彻底溶化,再添加其他营养物质搅拌溶化。

(2)分装

待琼脂溶化之后,用分装器将培养基装入试管中,装量一般是管长的 1/4,配制好后将棉塞塞入。

(3)灭菌

最好选择高压蒸汽灭菌,当温度升高到 121 ℃、压力增大到 1 kg/cm^2时,保持 30~45 min 即可。在灭菌后趁热将培养基摆成斜面,然后冷却备用。使用高压蒸汽灭菌锅时需要格外注意:在正式加压之前一定要将锅中的冷空气排空,否则即使压力升高,温度也不能满足要求,会出现假升压的情况,造成不能彻底灭菌;在灭菌之后,需要让锅中的压力逐渐降低,当压力下降至 0 时便可打开放气阀,否则锅内的压力突然降低,培养基就会弄湿棉塞或者从试管中喷出,易被杂菌污染。

(4)制斜面

将试管趁热摆放于斜面上,培养基的长度一般为试管长度的 1/2,在其上盖上棉絮,避免斜面上产生冷凝水。制斜面时需要注意的一个重要问题就是怎样减少试管壁上形成的冷凝水。温差越小,冷凝水越少;温差越大,与空气接触的时间越久,冷凝水越多。

(5)转管

进行转管的母种一定是种性较好、纯度较高的。保藏的母种需要先于 25~

28 ℃下活化培养 2 d,之后依据无菌操作的要求进行转管。转管的母种需要在适宜的温度下进行培养,待其满管之后应用于扩接原种。

2. 原种生产

培养原种就是以扩大母种的繁殖、提高菌种的数目为目的,从而达到生产的条件。

(1)培养基配方及配制方法

培养基的配方为杂木屑 78%,麸皮 20%,石膏 1%,蔗糖 1%,加入适量水,并使培养基的 pH 值适宜。依照需要的量称取各种原料,把麸皮、杂木屑与石膏搅拌均匀,再用水将蔗糖溶化,之后倒进 2/3 总用水量的水中,泼洒于干料上,不断地翻拌,之后将剩余的 1/3 水添加进去,再不断地翻拌,使培养料的含水量达到 55%~60%。在装瓶的时候需要使培养料松紧度适宜,边装边振动,装到瓶肩处,将料面压平,再用尖形的木棒于培养基的正中间钻一个直通瓶底的洞,可以方便地将接种块置于洞内,有助于菌丝的生长发育。最后将瓶外壁与瓶口清洗干净,将棉塞塞入,盖上一层牛皮纸,用绳线或橡皮筋将瓶口包严,防止在灭菌的时候棉塞受潮。也可用一层牛皮纸与一层聚丙烯塑料薄膜将瓶口包严。制作原种的容器可采用 500 mL 的罐头瓶、750 mL 的小口径菌种瓶或塑料袋。

(2)灭菌

原种的灭菌可选择高压蒸汽灭菌或常压蒸汽灭菌。

高压蒸汽灭菌一般选用高压锅或高压蒸汽锅。当压力增加至 1.5 kg/cm^2、温度达到 126 ℃时,保持 1.5~2.0 h,就能起到灭菌的效果。

常压蒸汽灭菌通常选用钢筋、水泥砌成的土蒸灶或蒸汽炉、土灭菌锅。在装袋之后应立即上锅灭菌,不需要停放过夜。在灭菌开始的时候需要用大火猛攻,让灶体的温度快速升高至 100 ℃,维持 12~16 h,便可以将培养基内的各种杂菌杀死。在烧火的中间时期需补热水,每次的补水量不宜过多,避免灶体的温度突然降低。灶体中的菌袋不应摆放得过于紧密,需留有蒸汽流通的地方。只有控制好灭菌的时间与温度,这种灭菌方法才可以达到较好的灭菌效果。

(3)接种和培养

经灭菌冷却后的培养基放入接种箱内,再对接种箱进行消毒。常用的消毒方法是每立方米空间用 40% 的甲醛溶液 8 mL、高锰酸钾 5 g 汽化熏蒸,也可用气雾消毒剂。经甲醛熏蒸过的接种箱，工作前再用紫外灯照射 20～30 min，以达到空间杀菌的目的。照射结束后，隔 30 min 就可以开始接种工作。在一天内连续进行接种时，第一箱需要进行熏蒸，以后的每箱只需在使用前 30 min 喷 1 次 5% 的苯酚溶液，并同时用紫外灯照射 20 min 即可。

用气雾消毒剂消毒时一般每立方米使用 2～4 g，消毒 30 min 后开始接种。接种时先用灭菌接种针（钩）将试管母种的菌丝体连同培养基分切成 5～7 等分份，然后在酒精灯的火焰上打开已灭菌的培养基瓶的盖子或棉塞，用接种针（钩）挑出一小段母种菌丝块，迅速接入原种培养基的孔穴内，并立即在火焰附近盖好盖，或塞好棉塞。每接完一支试管的母种，都应将接种针（钩）放在酒精灯火焰上烧灼 1 次，再接另一支试管的母种。

接种之后的原种需要马上放置于培养室内进行培养。培养室中的空气相对湿度应达 60%～65%，室温应维持在 25～28 ℃，保持干净卫生，遮光培养，也需要进行通风换气。

制备原种需要优质的培养基原料；容器应无色透明，便于观察和检验；在原种接种的一周之后，需彻底检查一遍，若发现感染杂菌的菌种瓶，需立即淘汰；原种的保存时间以 1 个月为宜；发现原种瓶内有耳芽形成时要尽快使用。

3. 栽培种生产

栽培种是能够直接用于生产的菌种。栽培种的好坏与产量密切相关。

（1）培养基配方及配制方法

常见的栽培种有液体菌种、锯木屑菌种、木块（木塞）菌种和枝条菌种。锯木屑菌种的制备方法和原种相差不多。木块菌种和枝条菌种需要选用直径为 0.8～1.0 cm、长为 1.5 cm 的木塞形或棒状种木，或直径约为 1 cm 的楔形种木，需要先用 1% 的糖水将种木浸泡 12～18 h，让其吸足水分，之后再捞起，将水分沥干，使其含水量达到 50%～55%。其余的原料按照锯木屑培养基的制备方法配好之后，将种木和 2/3 的锯木屑配料进行混合，混合均匀后方可装瓶，再将剩下的锯木屑配料盖于表面，将其按压紧实，将种木固定住，以利于接种。最后用清水将表面与瓶口清洗干净，用聚丙烯塑料薄膜或棉塞进行封口。

(2)灭菌

栽培种的灭菌方法参考前文中原种的灭菌方法。

(3)接种和培养

栽培种的接种需要于接种室或接种箱中进行,须确保绝对无菌的状态。在操作的时候需要先把原种瓶口于酒精灯的火焰上稍稍转烧一下,之后再慢慢拔掉棉塞或瓶盖,用接种匙或长镊子将原种取下一小块,将其转接入栽培种的培养基上,再塞上棉塞或瓶盖。每瓶原种可接栽培种 40 ~ 70 瓶。栽培种的培养环境、条件与原种大致相同。锯木屑菌种应用得最为普遍,其优点为抗逆性强,成活率高,相关操作技术简单。

(4)栽培种质量检查

优质的菌种是保证高产、稳产的重要因素。优质的栽培种菌丝粗壮、密集、洁白,培养基上下部位的菌丝呈细羊毛状,生长均匀,往料上伸展时并肩前进,没有清晰的菌丝束,菌丝的顶端会有无色、透明的水珠分泌出来;后期于培养料的表层没有菌皮形成;菌丝长满时通常会产生色素,使培养基呈淡褐色;培养基的瓶壁与表面会形成少量菊花状、牛角状的耳芽,菌柱呈饱满、湿润的状态,没有积水或干缩的情况发生;挖出之后,锯木屑菌种不会松散,呈块状,木块菌种不会干枯,呈湿润、鲜黄的状态。

受杂菌污染的菌丝会生长得纤细,于培养基的表面有大量子实体产生或在瓶底有大量黄褐色液体存留的均不应该继续使用。避免杂菌污染为菌种生产中最需注意的问题,因此要将无菌操作当作重中之重。若发现有杂菌污染的情况,则需要根据不同的污染情况、污染特征,对杂菌污染的原因进行分析,选择最为有效的方法,提高菌种的成品率。

(三)杂菌污染原因

杂菌污染通常有以下几种情况。

①杂菌一般产生于接种块中,其他地方是不存在的。这可能是因为使用的菌种混有杂菌。这种污染通常连片发生、大量存在,从几十瓶至几百瓶不等。所以,在接种的时候最关键的就是严格把控所选菌种的质量。

②如果只在培养基的表面有杂菌出现,则是因为接种箱或接种室没有彻底消毒,手、操作工具等没有进行严格的消毒。

③棉塞上若存在链孢霉、根霉菌、毛霉菌，则之后会污染培养基的表层，这种情况通常是棉塞潮湿导致的。

④若杂菌污染发生在菌种培养基中的不同位置且具有不规则性，则是因为培养基未彻底灭菌。若以塑料袋作为制种容器，则还可能是因为在装袋的时候存在砂眼，或者塑料袋的质量差。

⑤在菌种培养的后期，瓶口的表面可能存在杂菌。这是因为培养室的环境不够干净，空气中存在大量的杂菌孢子，若菌种袋（瓶）的棉塞不够紧实，则杂菌便会钻入棉塞的缝隙从而引起杂菌污染。

（四）菌棒生产

工艺流程：配料→拌料→装袋→灭菌→冷却→接种→培养菌丝→刺孔养菌→排场见光→长耳管理→采收。

1. 培养基配方

杂木屑 70%，棉籽壳 5.5%，麦麸 5%，米糠 15%，玉米粉 2%，石膏粉 1%，蔗糖 1%，添加剂 0.5%；杂木屑 50%，棉籽壳 25.5%，麦麸 10%，米糠 10%，玉米粉 2%，石膏粉 1%，蔗糖 1%，添加剂 0.5%；杂木屑 79%，砻糠 10%，棉籽壳 5%，麦麸 5%，石膏粉 0.5%，石灰 0.5%；桑枝屑 88%，麦麸 10%，石膏粉 1%，蔗糖 0.5%，石灰 0.5%。

2. 配料和拌料

先把棉籽壳装入池内，添水浸泡 8～12 h，而后将其沥干备用，再把麦麸（米糠）、石灰、棉籽壳、玉米粉、木屑、石膏与添加剂混合后搅拌均匀，之后添加糖水继续搅拌，使培养料混合均匀且含水量达到约 55%。在拌料完成之后需要马上装袋。用装袋机进行装袋，7 人配 1 台装袋机作为一组，其中 1 人递袋，4 人捆扎袋口，1 人套袋装料，1 人铲料。

3. 装袋

先把菌袋没有封口的一侧打开，整袋套在装袋机出料口的套筒上，用右手紧紧托住，左手卡压在套筒上的袋子上，当料从套筒不断输送进袋中的时候，用右手把袋头顶住向里压紧，达到里外互相挤压的状态，让料变得紧实，同时左手自然地往后挪，在料装到临近袋口约 6 cm 处时便可以终止装料，拿出竖立。装袋松紧度的最宜程度为，用中等力气将培养袋抓住，有轻凹陷指印。如果料袋有断裂痕或有凹陷感，则表明装袋过松；如果料袋像木棒一样或较硬，没有凹陷感，则表明装袋过紧。在运送料袋的过程中需注意轻拿轻放，搬运工具与装料场地要铺上薄膜或麻袋，避免料袋被扎破。

依据装量的要求调整袋内培养料的含量，用左手将袋口抓住，用右手压紧袋中的培养料，将袋口的培养料清理干净，将袋口握住旋转到培养料紧紧贴于袋壁，用纤维绳将袋扎绕 3 圈，然后把袋口折返绕 2 圈，往折回的夹缝内再绕 2 圈，之后拉紧便可。这种扎口方法不仅节省力气、速度较快，而且在灭菌的过程中也不会发生胀袋的情况，防杂菌污染效果较好。

将袋口扎好后需要套上一个 17 cm×55 cm×0.001 cm 的套袋，在袋口用绳扎活结。采用套袋法可以减少制袋过程中杂菌污染的可能性，可以保证在高温季节制棒的成功率。也可用扎口机来扎口，其扎口效果良好，节省人力、物力。装袋过程中应注意装料松紧度适中，装得过紧易使塑料袋产生裂痕或导致破袋，同时影响发菌速度，装得过松会影响接种成活率和黑木耳的质量及产量。装料不得超时限，需争分夺秒，从开始至结束，时间不宜超过 4 h，以免培养料发酵变酸，影响发菌。扎袋口时要清理袋口内壁附着的培养料，用塑料绳捆扎紧密，确保不漏气。要做到日料日清，即当天配料，4 h 内装完，当天灭菌。

4. 灭菌

灭菌就是指用化学方法或物理方法将环境内或物料上的所有微生物都杀死。黑木耳料袋灭菌通常采用常压蒸汽灭菌。灭菌的另一个作用就是让培养料熟化，使菌丝能更快、更好地吸收与利用培养料中的营养成分。合理地增加灭菌时间，可以使菌丝的生长发育速度提高，提前出耳，提高产量。常用的灭菌灶有铁灶、砖砌灶、木板灶，也有蒸汽发生炉或塑料薄膜灶。

料袋需要合理堆放，一是保证灭菌彻底、温度均匀、蒸汽流畅，二是防止塌棒。用铁灶、木板灶灭菌时，料袋需要呈“一”字形叠放，每排需要保留必要的空隙；用塑料薄膜灶灭菌时，四角的料袋可以呈“井”字形堆放，中间的料袋可以采用互连“井”字形的方法排列，如此便能避免塌棒且保证蒸汽流畅。

灭菌开始时，火力要旺。最好在较短的时间内（5 h 以内为佳）将灶内的温度升高到 100 ℃，避免缓慢升高温度导致培养料中的耐温微生物不断繁殖，影响培养料的质量。必须将灶下部培养料的温度升高到 98 ℃以上才能开始计时并维持 12～16 h，在此过程中需用匀火烧，不可停火，锅中的水分不足时应添加 80 ℃以上的热水，添加低于 80 ℃的水会使灶内的温度降低，不利于保证灭菌效果。

在灭菌完成之后，需要待灶内温度自然冷却到 80 ℃以下再将门打开，趁热将料袋运输至冷却室进行冷却，这样能够避免塑料袋胀袋。冷却时最好每层 4 袋进行交叉排放，每堆放 8～10 层，待料温下降到 28 ℃以下、用手触摸没有热感的时候便可接种。在通风良好且冷却范围大的位置，在料袋上盖薄膜以避免灰尘落到料袋上影响接种成品率。

在灭菌的过程中应轻拿轻放，防止扎破料袋。在烧火灭菌的过程中，必须做到“攻头、控中间、保尾”，防止“大头、松中间、小尾”。灭菌完成之后，要使灶仓内的温度自然降低到 80 ℃左右才能开门出灶。一般在灭菌结束后 6 h 左右出灶，此时出灶有利于鉴别料袋有无破洞。若观察到料袋能够均匀地收缩起皱，则表示没有破洞；若料袋光滑不起皱，则表示有破洞，必须认真检查破洞处，并贴上胶布密封。出灶后的料袋以“井”字形堆叠，有利于散热冷却，且不易倒塌。

5. 接种

目前料袋接种的方法有两种：一种是接种箱法，另一种是开放式的接种方法。接种箱法的优点是接种效果良好，接种的成功率高，所受的限制较少，缺点是速度很慢，每小时每人接种的数量只有 30～40 袋；开放式的接种方法工作效率高，接种迅速，每小时每人接种的数量可达 60～90 袋，相较于接种箱法可增加 1～2 倍，但对相关的技术要求很高，需要的灭菌药品数量较多。

接种箱法需要在接种开始之前就清理接种箱，之后使用消毒所需的药物进行空箱消毒。需要先把灭菌、冷却之后的料袋运输到接种箱中，同时把菌种、酒精棉、打穴棒等物品装到接种箱中。南方一般用气雾消毒剂灭菌，用量是 4～8 g/m^3。当温度较高时，密闭性能较差的接种箱每箱需要 6～8 g；当温度较低时，密闭性良好的接种箱每箱需要 4～6 g。待气雾基本消失后就要开始进行接种。把袋装菌种置于消毒药液(300 倍多菌灵,0.2% 的高锰酸钾等)内浸泡几分钟之后拿出,用利刃于菌种上端的 1/4 处环绕一圈,去掉上端 1/4 的菌种及棉花、颈圈等部位,把剩下的 3/4 的菌种立刻装进箱中便可。瓶装菌种则需要在消毒药液中浸泡几分钟之后拿出,待药液略干后装进接种箱中便可。清洗双手,伸进接种箱,用 70%~75% 的酒精棉擦拭,然后对打穴棒(铁质、木质)进行消毒,并将酒精灯点燃进行烧灼灭菌,结束之后便能够进行打穴接种。将套袋扎绳打开,取出料袋,于料袋的表面均匀地打 3~4 个接种穴,接种穴的直径约为 1.5 cm,深为 2.0~2.5 cm,需以旋转的方式将打穴棒抽出,避免培养料与穴口膜脱空。在接种的时候取菌种柱,分块将其送到接种穴中,穴口膜需要和种块紧密接触。所有穴接好之后,将套袋套好、袋口扎好便可,换接另一袋。在接种结束之后,将菌袋放置于培养室中进行培养。

开放式的接种方法是为了提高单户种植数量、在接种箱法的基础上不断改进而形成的一种接种方法。该方法要确保无菌操作。该方法的冷却场所就是接种场所,所以冷却场所应干净卫生、密闭,其面积最好不超过 50 m^2,如果空间过大,就需要挂接种帐篷(用农用薄膜制成的 3 m×3 m×3 m 的薄膜帐)。把灭菌完成的料袋移入接种室中,数目为 1 000~2 500 袋,在冷却的过程中需要确保料袋不受或少受不干净空气的影响。把其他物品放在料袋堆上,之后用气雾消毒剂 4~5 盒(160~200 g)进行灭菌,并用农用薄膜将料袋遮挡严实,注意避免气雾消毒剂的烟雾冒出,一般消毒的时间为 3~6 h。在接种之前需要将房门打开,采用接种帐篷式进行接种的就需要将帐门打开,再把遮挡料袋的农用薄膜揭开一些,需要不断放气直至达到接种人员可以忍耐的程度,便能够进行接种。在接种的时候实施开门操作,防止室内的温度升高。菌种的预处理、接种方式与接种箱法一样。对于选择菌种封口或地膜浇水封口的需要把残留物及时清除,将污浊的空气排放干净之后使农用薄膜重新遮住菌袋堆。在每日早间或晚间掀开薄膜进行一次通风,5~7 d 后,在菌种成活定植之后便能够去篷或去膜,可以明显提高成活率。在接种环节,操作人员需要于接种之前洗净手、头,更换衣物,保持良好的个人卫生。菌种需要与接种穴膜相契合,不可存在间隙,在接种之后要将接种穴口靠紧,避免水分蒸发,而且需要避免种块脱落。若栽培种的含水量较小,则需要将穴口压住,压口的力气可略大;若栽培种的含水量较大,则需轻轻按压,避免压力过大造成水渍死种而感染霉菌。不能在每日的高温时段进行接种，如秋栽早期接种需要在晚上到凌晨进行，这样能够提高成活率。

6. 培养管理

黑木耳菌袋的培养管理是栽培的重要步骤，菌丝生长的好坏直接影响其产量。光照、氧气、温度均为影响菌丝生长的重要因素。

发菌场地需要通风良好、光线阴暗、干燥。选择开放式的接种方法可以就地接种、就地发菌。菌袋的摆放方法有很多，其不同之处在于通气、堆温的调节水平不同。刚刚接种之后的菌袋可以一层四袋呈"井"字形摆放，需要将接种孔面对侧面，避免接种孔朝下或朝上导致水渍与缺氧造成死种。也可以选择"柴片式"堆放方式，此法对于含水量较高的菌袋较为适合，接种孔应该朝上，不宜朝下，避免菌种因水渍而不能萌发，通常堆放 6 ~ 8 层，每组或每行间留有 50 cm 的走道，便于空气流通、散发热量并增加氧气。菌丝的最适生长温度为 25 ~ 28 ℃，于前期制袋时应避免高温，需要早、晚将门窗打开进行通风，在上午 9 时至下午 4 时需要将门窗关闭，避免有中午的热空气散入。同时，应于门窗处用遮阳网等物进行遮挡，避免阳光直射。后期制袋时，温度快速降低时需提高温度，在早、晚时需要将门窗关闭，需要在中午进行通风，有助于将堆温提高。前期的空气相对湿度最好控制在 70% 以下，若湿度较高，则需要在地面撒上生石灰吸潮，湿度较高不仅会促进杂菌的生长，还会影响空气中的含氧量、菌丝的生长；后期的空气相对湿度需要控制在 70% ~ 80%，如此能够降低菌袋的失水量。黑木耳是一种好气性真菌，对氧气较为敏感，于培养的过程中需要保证菌袋所处环境中的空气新鲜，一方面需增加房间通风换气的次数，另一方面需翻堆相结合，控制好堆内的小气候。翻堆就是将里外、上下、侧面的菌袋互相对调，从而平衡发菌。翻堆需要和杂菌检查一起进行，在菌丝的培养时期需翻堆 2 ~ 4 次。第一次翻堆通常于接种后 7 ~ 10 d 进行，发现杂菌污染或死种应立即处理。应根据天气的情况及时变更堆形。随着发菌范围的增大，其呼吸作用会变强，需不断通风换气与散堆，减少堆叠的层数。日后需每隔 10 ~ 15 d 就视情况综合采取刺孔通气、解套袋口、脱套袋等措施。在合适的条件下，菌丝经 2 个月左右的培养便可发透。

菌丝发透之后需实施一次刺孔，通常脱袋的孔直径为 2 ~ 3 mm，孔深为

5 mm。可以用圆钉制作成钉板来打孔。每袋菌袋需要打 9~10 行,共 100~110 个孔。打完孔之后,必须按合理的形式进行堆放,便于空气流动与散热。此时需要将所有门窗都打开,营造适宜的光照与通风环境,便于菌丝生理成熟与恢复。若是免脱袋刺孔出耳,则最好保持孔直径为 4 mm,孔深为 5 mm,孔数为 150~200 个。刺孔养菌时间一般为 7~10 d。待形成少量耳芽之后,便可以移入排场进行见光培养。这一时期以加快生理成熟为主,耳芽分化,表面的菌丝回缩,可以为脱袋管理打下坚实的基础。脱袋的标准为刺孔部位形成耳芽,但仍未长出袋口,否则在脱袋的时候就易把耳芽带走。排场见光培养 7~10 d。

7. 整畦排场

应该在向阳通风、水源充足的田块,在水稻收割后排水,待田间的泥土干燥的时候,沿着东西方向做畦,畦宽 1.0~1.2 m,长度不限,畦沟深约 40 cm,不仅可以作为排水沟,而且可以作为走道,于畦面上分撒石灰,每隔 3~5 m 设立一个木桩,于木桩上捆铁丝,可以形成 2 条直线靠枕。

等到菌袋每个刺孔口都有黑色耳芽产生的时候(刺孔后 15~20 d)便可以排场。应于晴天的夜间或阴天进行排场,把菌袋移动到出耳场,斜靠于铁丝上,每两袋之间需保留 5~10 cm 的距离,有助于受光和通风。排场还可以采用另一种方法,即先在畦面上摊放一层茅草,将菌袋的一端置于茅草上,斜靠在铁丝上。

8. 出耳管理

出耳管理阶段的关键是水分管理。排场之后的 2~3 d,用水雾喷带喷水控制空间与基质内的湿度。喷水的准则为“干干湿湿”,应勤喷、细喷,根据耳片状态确定喷水量。在出耳阶段,需要保证耳片保持鲜嫩、湿润的状态。耳片干缩会妨碍营养的吸收,不利于耳片的生长;耳片太潮湿会不利于其对氧气的利用。尤其是当温度超过 28 ℃时会引起烂耳、流耳。通常需要在每日的 10~16 时连续喷雾,但在温度较高(通常达到 25 ℃以上)时最好早、晚均喷。采前 1~2 d 就需要停止喷水。每潮木耳在采收之后需要暂停喷水约一个星期,有助于基内菌丝的复原。等到产生新耳基之后,按照第一潮进行管理。

出耳场地应光照充足、空气流通,通常选择露天场地,类似于段木栽培,仅在不断下雨的情况下苫盖薄膜进行避雨，避免流耳。

菌丝在适宜的温度下生长时，关键是控制氧气与水分这两个因素。耳棒的氧气与水分不足时，菌丝的生长便会迟缓，较难产生原基，而已产生的原基则难以长大。耳棒基质的水分需要适宜，其空间的空气相对湿度若维持在80%以下，耳片便会失水变干，难以生长。

四、采收与干燥

（一）采收

采收是黑木耳生产过程中的最后一步，也是保藏维鲜与加工的起始步骤。黑木耳的采收及采收标准与其品质、耐贮运性、产量密切相关。为确保黑木耳采收的产量与质量，需要考虑黑木耳的商品需求、品种与销地等，选择合适的采收标准，确定最为合适的采收技术与时间。若采收太早，则无法达到产品在质量方面的相关标准，不利于提高产量；若采收太晚，则产品成熟过度，有的产品已经释放出很多孢子，不利于产品的运输与保存，并且产品的质量会下降。确定黑木耳采收的相关标准、方法与时间时，需要将黑木耳的用途（运输加工或就地销售）、贮运时间长短、产品类型、贮藏的设备条件及方法、本身的特点、销售期长短等考虑在内。通常，在本地进行销售的产品可以合理地延缓采收，但是需要进行长时间贮藏和运输的产品则需要合理地提前采收。

黑木耳采收工作具有较强的技术性与时间性，需要由受过培训的人员来完成，这样才可获得较好的效果。采收之后的子实体依旧是具有生命的有机体，子实体表面的组织结构是机体的保护层，将其损坏会使子实体的抵抗力下降，引起病菌污染，导致子实体腐烂变质。所以在黑木耳的采收与贮运过程中要尽可能地防止损伤，维持子实体良好的耐贮性与抗病性。

1. 采收标准

黑木耳的采收标准：一是根据不同品种的子实体的生长特征进行采收；二是根据黑木耳采后的用途进行采收。通常需要在其品质最佳时进行采收，但也需要合理地考虑产量。

2. 采收方法

可在雨后天晴、耳片略干之后进行采收，也可在采收前一天停水，第二天待耳片上没有水滴的时候进行采收。在采收的时候用手指将耳基的基部捏住然后采收下来，切记不要留有耳基。在夏天雨多的时候，若多数耳片已完全成熟，则可将大、小耳片全部采收，避免流耳。采收的好坏与黑木耳的等级密切相关，也就是说在适宜的时间进行采收和干制，能够获得较好的价格。多数种植户只关注高产，却忽略干制也会影响质量，从而直接影响种植户的经济效益。可根据以下注意事项进行采收。

①若耳片肥厚，摇动耳杆的时候能够看到耳片颤动，根收缩变细，耳片舒展，表明黑木耳已成熟，则不管耳片的大小都需要马上采收。

②为了在合适的时间进行采收，保证黑木耳干制后的外形美观，可在雨后初晴、耳片收边的时候进行采收。新鲜的黑木耳耳片湿滑，不仅不利于采收，而且无法将耳基拔出，因此最宜在雨后天晴、黑木耳晒到半干（耳片已干、基部尚润）的程度时进行采收，以耳片全干最为适合。也可在晴天晨露未干、耳片湿润的时候进行采收。黑木耳太干时需要先喷水，使耳片复润之后再进行采收，否则易使耳片破碎，导致损失。晴天的早晨若没有采收完，则需要根据天气预报而定。若第二天白天仍是晴天，则可于第二天的早晨继续采收；若当晚有雨，则需要在当日完成采收。这样采收的黑木耳含水量较低，容易晒干，不存在“拳耳”的现象，碎耳的可能性也较低。若遇到高湿、高温的天气，则在黑木耳达到七成熟的时候便需要进行采收，防止老耳、烂耳、流耳减产。

③采收时需要用手指捏住黑木耳的基部，然后左右一转便能将其摘掉，重要的是一定要将耳根采净。若存在耳根未被摘起的情况，需要用小刀尖将其挖起，残留的耳根在淋雨之后会溃烂，导致杂菌与害虫的侵害。在不同时期生长发育出的黑木耳，相对应的采收要求也会有所差异。春耳（小暑前生长的黑木耳）、秋耳（处暑后生长的黑木耳）需要留小采大，因为此时的温度较低，虫害较少，应将幼耳保留让其继续生长。伏耳（小暑到处暑生长的黑木耳）需要大小同时采收，因为伏天的温度较高，虫害较多，害虫会将保存下来的幼耳吃掉。

（二）加工

黑木耳的加工就是在确保黑木耳子实体维持原有质地结构的基础上进行

初加工，避免鲜耳变质、变味、变色，延长货架期，满足市场需求，有助于缓和产销矛盾，开拓多条销路。其最大的优势是子实体的外观并没有发生结构性的变化，根据加工后产品的特点、外观依旧可以鉴定出黑木耳的品种。黑木耳的加工可选择手工操作，也可选择机械操作；可以家庭作坊的形式进行生产，也可以工厂化的形式进行规模化的生产。

采收之后的黑木耳需要立即进行干制，避免烂耳导致产品的质量下降。在晴天时采收的黑木耳需要薄薄地进行晾晒，在晾晒的时候避免过多地翻动，一定要避免在没有彻底干燥前就进行装包，否则会影响产品的形状，使木耳的等级下降。若采收之后的黑木耳遭遇雨天，则需要在竹筛上进行晾晒，待部分水分蒸发之后便能风干，避免温度过高使耳片自融或将耳片烤焦。

1. 晒干

晒干属于自然干燥法，就是将太阳辐射能作为热源，使子实体中的水分蒸发的一种干燥方法。晒干是最为传统的黑木耳干燥方式。对采摘后的鲜耳进行初步处理后，按商品规格要求分成等内耳和等外耳分别放置。等内耳指耳片完整，直径为 3 ~ 5 cm 的完整木耳；等外耳指耳片小或破损、残缺，直径小于 3 cm 的小耳、碎耳。

晾晒时，将黑木耳单片摆开，均匀地摊放在晾晒网上，耳片朝上，耳根朝下，不重叠，不积压，不翻动，使其自然收缩，保护好朵形，以免耳片破损或形成“拳耳”而影响商品价值。待耳片表面发干，用手触摸略微有扎手的感觉时，进行翻晒、归堆后再继续摊晒。归堆晾晒时，摊晒厚度为 5 cm 左右，并增加人工翻动次数，做到勤翻、多翻，避免耳片粘连。若有耳片粘连成块，则可用小板轻轻敲打，使其分离。翻动时将手伸入堆晒黑木耳的最下方，由下往上始终向同一方向翻动，促进耳片成形。经自然晾晒后的黑木耳干度均匀，含水量低于 12%，及时装入袋中，扎紧袋口，防潮、防蛀，并置于干燥阴凉处保藏。

如果遇到连续的雨天，则需要把采收后的鲜耳平铺于干耳的上面，以 0.5 kg 湿耳和 1 kg 干耳的比例混合均匀，之后平摊开来，干耳便会立刻将鲜耳中的水分吸收，防止因雨天未能马上进行晾晒而导致烂耳。

2. 烘干

栽培面积较大的乡村、厂、场或在阴雨天进行采收的黑木耳可以用脱水机进行烘干。鲜耳的含水量很高,鲜耳进烘房后会使烘房内的空气相对湿度迅速增大,严重时能达到饱和的程度。因此,需要格外注意排湿的问题。若人在烘房中感到呼吸困难、闷热,手脸突然潮润,就表明空气相对湿度已经超过90%,此时需要将排风气洞与气窗打开通风,降低湿度。烘干时的温度需要从35 ℃开始,若温度太高,则排湿的措施未能跟上,便会造成耳片产生不规则的收缩与卷曲。当温度在35~40 ℃维持4 h之后,可以合理地将温度升高至45~50 ℃,再烘4~5 h,最高不超过60 ℃。然后,在45~50 ℃下烘至干燥。正常的鲜耳从入烘房到烘干,每班炉需要10~14 h。在其烘干脱水的过程中,雨天或阴天的温度和气候有所差异,因此需要合理地开关排气窗与通风口。因为脱水机与烘房的设计及所在地的气候有所差异,其通风量、加热条件与通风方式均有所不同,所以一定要根据实际情况来选择干燥方法,但不变的是需要掌握好温度,重视排湿,于干燥之后要轻取、轻放,避免破碎。

3. 热风干燥

选取子实体大小一致、完整、无破碎的新鲜黑木耳进行分段式热风干燥。第一阶段在热风温度为40 ℃和湿度为80%的环境中干燥1.0 h;第二阶段在热风温度为50 ℃和湿度为60%的环境中干燥1.0 h;第三阶段在热风温度为60 ℃和湿度为50%的环境中干燥1.0 h;第四阶段在热风温度为70 ℃和湿度为40%的环境中干燥2.5 h。干制后的黑木耳品质基本接近自然晒干的黑木耳。

4. 热风微波组合干燥

选取子实体大小一致、完整、无破碎的新鲜黑木耳进行热风微波组合干燥。先用70 ℃的热风将新鲜黑木耳干燥至含水率为干基含水率的3倍,再用385 W的微波设备干燥。与只用70 ℃的热风干燥相比,该方法的干燥时间由150 min缩短至78 min。该方法所得产品的品质较高,是黑木耳干制的较佳方法。

5. 贮存

对黑干耳进行分级之后便可将其装进塑料袋内,密封之后放到木箱中,置于通风、干燥的地方。需要把少许二硫化碳置于玻璃瓶内,用棉花将瓶口塞住,保持棉花松散,使气体能够散发到空气中将害虫驱赶或杀死。

第四章　黑木耳功效成分的生物活性

第一节　黑木耳的功效成分

一、黑木耳腺苷

黑木耳腺苷具有类似于阿司匹林抗血小板聚集的作用。1980 年，Schmidt 发现，经常食用黑木耳可以减少人体血液凝块，缓解冠状动脉粥样硬化，防止血栓形成。他将黑木耳中具有抗凝血活性的部分分离、纯化，得到一种水溶性物质，该物质被加热至 90 ℃时仍不会失去活性，后经多次试验，证明其为腺苷。

腺苷是由腺嘌呤的 N－9 与 D－核糖的 C－1 通过 β 糖苷键连接而成的化合物。腺苷是一种遍布人体细胞的内源性核苷，直接进入心肌，经磷酸化生成腺苷酸，参与心肌能量代谢，对心血管系统和机体的许多其他系统及组织均有生理作用。

某研究中心运用生物学技术，经长期试验证明黑木耳中的有效成分——黑木耳素（即腺苷）为水溶性低分子物质，该活性物质不影响花生四烯酸合成凝血恶烷，以整分子的状态“穿肠而过”，直接被小肠上皮层吸入血液，并具有酶的部分活力及功能。

黑木耳腺苷有抑制凝血、防止血栓形成、延缓动脉硬化、防治冠心病及心脑血管疾病的作用。尿苷是黑木耳腺苷的一种，目前已经能够被成功分离出来，主要用于制造氟脲嘧啶脱氧核苷、碘苷等药物。

二、黑木耳多糖

多糖广泛存在于生物界中，是由多个单糖分子通过糖苷键缩合而成的一类分子结构复杂且庞大的糖类物质，与细胞中发生的许多生理生化过程相关。

黑木耳多糖的提取多以黑木耳子实体和菌丝体为原料，其分离、提取技术分为传统提取技术和现代提取技术。传统提取技术包括热水浸提法及稀碱浸提法，工业化提取多采取热水浸提法。现代提取技术包括生物酶法、超声波辅助提取法、微波辅助提取法、超微粉碎法等。还有采用多种方法协同作用的提取技术，如生物酶法联合微波提取法、超声波法联合复合酶法等。林敏等人采用热水浸提法提取黑木耳多糖，发现黑木耳多糖最佳提取工艺为料液比为1∶50，90 ℃水浴提取3.5 h，提取液用70%的乙醇醇沉。徐秀卉等人采用超声波辅助提取法提取黑木耳多糖，用处理功率为520 W的超声波提取13 min，料液比为1∶2，水浴浸提3.1 h，黑木耳多糖提取率为16.59%。

可以通过离子交换层析和凝胶柱层析对黑木耳多糖进行分离、纯化，结合高效液相色谱测定分离的多糖的分子量，然后结合红外光谱、紫外光谱、核磁共振、质谱确定多糖的结构。李福利等人采用Sephadex G－200凝胶层析对生物酶法提取的黑木耳粗多糖进行分级纯化，经透析、浓缩、冻干可得到黑木耳纯多糖，且鉴定结果表明黑木耳多糖是一种杂多糖，由葡萄糖、木糖、半乳糖、甘露糖、阿拉伯糖组成。王雪等人采用DEAE Sephadex A－25离子交换及Sephadex G－200排阻层析对黑木耳多糖进行纯化，经过凝胶渗透色谱、红外光谱、气相色谱－质谱联用仪测定，黑木耳多糖同时具有α构型及β构型，是既有葡萄糖又有半乳糖的D－吡喃糖，由鼠李糖、阿拉伯糖、木糖、甘露糖、葡萄糖、半乳糖组成，各单糖的比例为0.2∶2.6∶0.4∶3.6∶1.0∶0.4。

黑木耳多糖结构复杂，成分多样，具有多种生物活性。作为生物反应调节剂，黑木耳多糖能够维持白细胞水平的平衡，增强机体的免疫力；可以增强超氧化物歧化酶（SOD）的活力，能够抗氧化、抗辐射、抗突变、抗炎症、降血糖、降血脂、改善心脑血管疾病；可以减少有害物质及各种自由基的产生，因而有抗肿瘤的作用；可以促进蛋白质及核酸的产生，延缓衰老。

宋广磊等人发现小鼠腹腔注射 50 mg/kg、200 mg/kg 的水溶性黑木耳多糖对肉瘤 180（S180）的抑制率分别为 44% 和 89%；腹腔注射碱溶性黑木耳多糖的剂量为 200 mg/kg 时，抑制率为 31%。尹红力等人发现黑木耳酸性多糖 80% 醇沉片段可减缓糖尿病小鼠体质量的负增长，缓解己糖激酶、琥珀酸脱氢酶活力的降低，有明显的降血糖作用。

孙湛等人发现黑木耳多糖提取物可减轻脂质过氧化损伤，减少胶原纤维形成，减轻或延缓大鼠肝纤维化；黑木耳粗提物在急性肾功能衰竭过程中，可能通过影响血管活性物质的合成与释放调节体内电解质和酸碱的平衡而发挥保护作用，能减少胃酸的分泌量，通过降低氧自由基水平和抑制炎症细胞活化等保护胃黏膜。在体外试验中，黑木耳多糖能减轻 H_2O_2 所致的心肌细胞毒性作用，其机制可能是黑木耳多糖能够有效清除氧自由基，减轻过氧化损伤。黑木耳多糖在脂多糖损伤小肠上皮细胞（IEC－6）中能保护小肠上皮细胞，降低细胞通透性。他们探讨了黑木耳提取物对全身炎症反应综合征/多器官功能障碍综合征的远隔器官的保护作用，并进一步研究了其发挥保护作用的可能机制。

甘霓等人以 B16 细胞为研究对象，检测不同浓度的黑木耳多糖对 B16 细胞的增殖、伤痕愈合率的影响；建立黑色素瘤模型，检测黑木耳多糖对荷瘤小鼠体质量、肿瘤大小的影响。他们的研究结果表明，黑木耳多糖在体内、外都有明显的抗肿瘤作用，这可能与其能促进肿瘤细胞凋亡有关。

黑木耳多糖可以增强机体免疫力，调节免疫功能，维持人体内各器官的正常运作，提高参与酶的活力，促进肝胆的正常循环作用，从而减少血脂在血液中的堆积量，保证人体健康。

刘荣等人用不同剂量的两种黑木耳酸性多糖对高脂模型小鼠进行灌胃，研究黑木耳多糖对高脂模型小鼠脂肪指数及相关酶的影响，并初步探究黑木耳酸性多糖的降血脂作用。他们的研究结果表明，两种黑木耳多糖可通过调节相关酶的活力达到降血脂的效果。

胡俊飞等人以硫酸化黑木耳多糖为受试物，用 60 Co－γ 射线对小鼠进行一次性全身辐射，对小鼠的免疫器官指数、血清 SOD 活力、丙二醛（MDA）含量，以及骨髓 DNA 含量和骨髓微核率进行测定。结果表明，硫酸化黑木耳多糖对 60 Co－γ 射线辐射损伤小鼠的单核细胞吞噬能力、血清 SOD 活力有明显的增强作用,并且能够提高小鼠免疫器官指数和骨髓 DNA 含量,降低血清 MDA 含量和骨髓微核率,减轻辐射诱导机体的氧化损伤。

孔祥辉等人采用热水浸提法获得黑木耳提取物和余渣,借助小鼠模型研究它们的止咳化痰功效。结果表明,提取物组和余渣组小鼠的咳嗽次数与空白对照组存在极显著性差异($P<0.01$),说明提取物和余渣都有显著的止咳作用,且活性强度均高于阳性对照组,而余渣的化痰效果优于提取物。刘军等人通过建立氨水致咳小鼠试验模型进行试验,证明黑木耳多糖有较好的止咳化痰作用。

黑木耳多糖除了有以上保健功能外还有抗凝血功能。吴小燕等人测定黑木耳多糖对人体凝血情况的影响,发现黑木耳多糖可激活外源凝血系统和内源凝血系统,对共同凝血途径无影响。王雪等人通过试验发现,黑木耳多糖能够提高抗氧化酶系活力,增强机体非特异性免疫,对细胞结构和细胞物质有良好的保护作用,说明黑木耳多糖具有明显的抗衰老功效。

三、黑木耳黑色素

黑色素是一类由吲哚或酚类化合物聚合而成的非均质高分子物质,主要分为天然黑色素和化学合成黑色素两大类。天然黑色素广泛存在于动植物和微生物体内。黑木耳中含有丰富的天然黑色素,是我国越来越流行的“黑色食品”之一。提取黑木耳黑色素多是利用其在碱性溶液中溶解而在酸性溶液中沉淀的性质特点,而且碱性溶液对黑色素有强溶解力、高选择性和高萃取率。目前,提取黑木耳黑色素的方法主要有加热辅助提取法、超声波辅助提取法、盐酸浸提法和发酵法等。吴晨霞等人探讨了提取黑木耳黑色素的最佳工艺条件,通过碱提、离心、酸沉、水解、有机溶剂反复处理等步骤分离、纯化黑色素。

黑色素是无定型的,且多数种类是不可溶的,而且天然黑色素一般与蛋白质、糖类、脂类等其他有机成分牢固地结合在一起,很难将它溶解或重结晶进行纯化。黑色素为非均质物质,很难利用色谱的方法对其进行分离、纯化,这给黑色素结构研究带来诸多不便,目前仍然无法建立一种鉴定其单体结构的可信的方法。黑色素的鉴定标准一般涉及溶液颜色、溶解性、光谱学特性、温度稳定性等。

黑色素虽然不是生物体生长发育所必需的,但是具有丰富的生物学功能

(如抗辐射,抗氧化,提高生物体在某些恶劣环境下的生存能力,以及抑制有害菌生物膜形成等),具有广泛的应用潜力。张敏等人以深层发酵法制备黑木耳黑色素,发现黑木耳黑色素具有较强的清除超氧阴离子自由基和 ABTS 阳离子自由基的能力。汤波等人发现黑木耳中所含的黑色素具有较强的抗氧化能力,黑色素浓度为 0.4 mg/mL 以上时对过氧化氢的清除率达到 50% 以上,黑色素浓度为 0.18 mg/mL 以上时对 DPPH 自由基的清除率超过 50%。

四、黑木耳胶原蛋白

胶原蛋白是一个由多糖蛋白分子组成的大家族,是结缔组织的主要蛋白成分。胶原蛋白具有多样性和组织分布的特异性,是与各种组织及器官功能相关的功能性蛋白。胶原蛋白不仅在个体的发生、分化、形成过程中与其他结缔组织一样起到重要的作用,而且与机体的衰老、疾病发生有极其密切的关系。胶原蛋白是一种可广泛应用于生物医学材料、医药、化妆品、食品工业、农业生物肥等领域的生物高分子化合物。

蛋白质是机体的重要物质基础,是生理功能的主要承担者,尤其是胶原蛋白在人体中有着特殊的生理功能,可使皮肤中的胶原蛋白活性加强,保持角质层水分及纤维结构的完整性,改善皮肤细胞的生存环境,促进皮肤组织的新陈代谢,达到滋润皮肤、延缓衰老的效果。胶原蛋白与血小板作用后,引发后续的与血液凝集相关的一系列过程,从而可迅速凝血。黑木耳蛋白质含量高,脂肪含量与热量低,这种植物蛋白的摄入可以防止和减少高血脂、高胆固醇等的发生。

胶原蛋白与体内钙的关系涉及两个方面:一方面,构成血浆中胶原蛋白的羟脯氨酸是将血浆中的钙运送到骨细胞的运载工具;另一方面,骨细胞中的胶原蛋白(骨胶原)则是羟基磷灰石的黏合剂,它与羟基磷灰石共同构成骨骼的主体。只有摄入足够的可与钙结合的胶原蛋白,才能使钙在体内被较快地消化、吸收,并较快地到达骨骼部位而沉积。因此,可以利用黑木耳制成一种补钙的胶原蛋白保健食品。

提取黑木耳中胶原蛋白的方法有热水法、碱法和酶法。郝文芳研究了不同提取方法对黑木耳胶原蛋白得率的影响,结果如图 4-1 所示:碱法提取黑木耳胶原蛋白的得率优于热水法，而热水法提取黑木耳胶原蛋白的得率优于酶法，所以选用碱法提取黑木耳胶原蛋白。

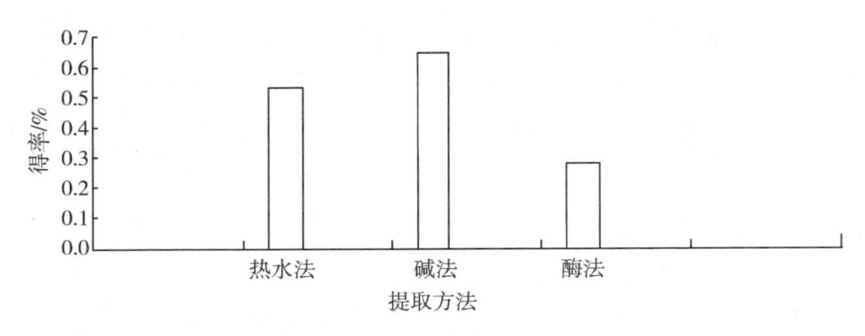

图 4-1　不同提取方法的黑木耳胶原蛋白得率

胶原蛋白的独特结构、性能以及其广阔的市场应用前景促使人们对胶原蛋白及其制品进行广泛、深入的研究和技术创新。近年来，对胶原蛋白的研究主要集中在新型胶原蛋白的发现及性能研究、胶原蛋白的分离工艺、胶原制品的纯度提升、胶原蛋白的化学修饰及交联，以及复合胶原蛋白材料的开发及利用等方面，因此黑木耳胶原蛋白的开发潜力巨大，如何运用现代科学技术手段，进一步合理、高效地开发利用黑木耳胶原蛋白，是今后的研究重点。

五、黑木耳黑刺菌素

从黑木耳子实体中分离的黑刺菌素属于抗生素。黑刺菌素存在于菌丝中，菌丝经乙醇抽提，然后根据其在不同 pH 值的溶液中溶解度不同的性质，反复在三乙胺溶液及石油醚溶剂中转移几次，即得到无色、针状的结晶。

有研究者用液体稀释法测定黑刺菌素对各种微生物的抗菌作用，结果表明黑刺菌素对部分酵母状真菌和部分丝状真菌等有一定的抑制作用，其最低抑菌浓度为 6.3～12.5 μg/mL。

六、黑木耳麦角甾醇

甾醇类化合物广泛存在于生物组织内，是一类由 3 个环己烷及 1 个环戊烷稠合而成的环戊烷多氢菲衍生物，是多种激素、维生素及甾体化合物合成的前体物，也是构成细胞膜的主要成分。甾醇类化合物具有十分重要的生理功能，如降胆固醇、预防心脑血管疾病、抗炎、防治前列腺疾病、抗氧化、延缓衰老等。有研究者发现，菌类甾醇与植物甾醇结构相似，含有相同的活性基团，对胃黏膜有保护作用，可增强抗细菌感染能力。

有研究表明，黑木耳中含有的甾醇为麦角甾醇。麦角甾醇为白色或无色、光亮的小叶晶或白色结晶粉末。麦角甾醇不但具有独特的生理作用，还被广泛应用到药物的开发中。麦角甾醇作为真菌细胞膜的重要组成成分，结构稳定，专一性强，对于测定生物量来说，它比葡糖胺更具代表性，所以可以通过检测麦角甾醇的含量来测定真菌的生物量。

强氧化剂能破坏麦角甾醇，遇到光和空气中的氧时，即使在常温下，麦角甾醇也会被氧化而发黑。麦角甾醇不溶于水，但易溶于有机溶剂（三氯甲烷、乙醇、乙醚等）。

麦角甾醇对维持细胞活力、膜的流动性、膜结合酶的活力、膜的完整性以及细胞物质的运输等起到重要作用。具有较好流动性的酵母细胞膜，具有较强的耐冻能力。有研究表明，低糖适应性耐冻酵母菌的麦角甾醇含量明显高于普通酵母菌。目前，大多数常用的抗真菌药物都是针对麦角甾醇生物合成中必需关键酶的抑制剂，其通过竞争性地与关键酶结合，抑制麦角甾醇合成，使真菌的细胞膜受到破坏，从而抑制真菌的生长繁殖。

麦角甾醇可以增强人体抵抗疾病的能力，是重要的脂溶性维生素 D_2 源，具有明显的抑菌、抗肿瘤功效。转化物维生素 D_2 可以作为饲料添加剂添加在饲料中，提高禽类的产蛋率和孵化率。麦角甾醇也可以作为重要的医药化工原料，用于生产可的松、黄体酮等甾醇类药物。

目前，研究人员主要采用反相高效液相色谱法（RP - HPLC）测定黑木耳中麦角甾醇的含量，即采用硅胶柱色谱法及重结晶法分离、纯化，鉴定其结构，再将黑木耳用甲醇超声提取后，用高效液相色谱法测定。

早在 1994 年，有研究者从真姬燕子实体中分离出了麦角甾醇，并且发现麦角甾醇对小鼠皮肤癌有显著的抑制作用。

2003 年，Subbiah 等人的研究表明，酵母中提取、分离出来的麦角甾醇在体外对乳腺癌细胞有较强的抑制作用。我国相关学者的研究也表明，含有较多麦角甾醇的物质的抗肿瘤性能较强，所以推测麦角甾醇应该就是抗肿瘤的活性成分。

近年来，我国学者开始对食药用菌中麦角甾醇的含量进行研究，对灵芝、冬虫夏草等食药用菌中的麦角甾醇含量进行测定，并且研究其抗肿瘤等药理方面的作用。有学者发现胶陀螺中的麦角甾醇有一定的抗结核作用，同时验证了一些食药用菌能够增强人类机体的免疫调节功能，具有一定的抗炎、抗菌、抗病毒、抗结核、抗肿瘤等作用。这些都为食药用菌在食品、药品领域的新品种开发奠定了基础。

七、黑木耳磷脂

近年来，国内外学者在黑木耳中相继分离出了卵磷脂、脑磷脂和鞘磷脂。其中，卵磷脂可预防脂肪肝，促进肝细胞再生，降低血清胆固醇含量，防止肝硬化，并有助于肝功能的恢复。相关研究表明，随着年龄的增长，人的记忆力会减退，其原因与乙酰胆碱含量不足有一定的关系。乙酰胆碱是神经系统信息传递时必需的化合物，人脑能直接从血液中摄取磷脂及胆碱，并很快转化为乙酰胆碱。长期补充卵磷脂可以减缓记忆力衰退，预防或推迟阿尔茨海默病的发生。

卵磷脂分离与纯化已经实现了工业化规模生产，但以往的加工技术落后，只能生产粗制品，降低了卵磷脂的使用率和价值。近年来，制备高纯卵磷脂的方法受到高度关注，目前主要有溶剂萃取法、柱层析法、超临界流体萃取法、膜分离法等。

我国卵磷脂资源丰富，随着我国各行业对高纯卵磷脂需求的日益增加，科研工作者对卵磷脂的研究将会越来越深入，开发、生产高纯卵磷脂产品意义重大。

第二节　黑木耳与降血糖

一、糖尿病概念及特点

糖尿病是由遗传因素、免疫功能紊乱、微生物感染及其毒素等导致胰腺功能减退、胰岛素抵抗等而引发的糖、蛋白质、脂肪、水、电解质等一系列代谢紊乱综合征，临床上以高血糖为主要特点，典型病例可出现多尿、多饮、多食、消瘦等表现（即“三多一少”病症），视网膜症、肾病和神经障碍被称为糖尿病的三大并发症。

二、黑木耳功效成分降血糖机制

葡萄糖利用的减少和肝糖输出的增多导致血糖升高，多糖主要通过提高胰岛素的敏感性来防治糖尿病，并能抑制小肠内葡萄糖转运载体及相关酶类的活力，清除自由基，抗脂质过氧化等。

宗灿华等人研究了黑木耳多糖对糖尿病小鼠的降血糖作用。结果显示，黑木耳多糖的中、高剂量组能够显著降低糖尿病小鼠的血糖值，对正常小鼠的血糖值无影响，表明黑木耳多糖能够使糖尿病小鼠机体的耐糖量提高，具有显著的降血糖作用。

有研究表明，黑木耳多糖作用于正常小鼠，其血糖有降低的趋势，但由于正常小鼠体内存在完整、高效的调节机制，因此降糖效果不明显，血糖维持在相对恒定的范围内。黑木耳多糖对四氧嘧啶糖尿病小鼠有显著的降血糖作用，其机制可能是黑木耳多糖可减弱四氧嘧啶对胰岛 β 细胞的损伤或改善受损伤细胞的功能，从而增加胰岛素的分泌而使血糖降低。

于伟等人建立了四氧嘧啶诱导的糖尿病小鼠模型，用鹿茸提取物与黑木耳多糖复配物进行治疗，研究了其降血糖和降血脂的作用。结果显示，复配物能极显著地降低四氧嘧啶糖尿病小鼠血糖、甘油三酯、总胆固醇和低密度脂蛋白的含量，提高高密度脂蛋白的含量。

尹红力等人探讨了黑木耳多糖的体内和体外降血糖功能,其体外降血糖效果表明,黑木耳多糖抑制 α - 葡萄糖苷酶活力的强弱顺序为:黑木耳酸性多糖 > 黑木耳中性多糖 > 黑木耳碱性多糖。在黑木耳酸性多糖的不同醇沉部位中,80% 醇沉片段抑制 α - 葡萄糖苷酶活力的作用最强。黑木耳多糖的体内降血糖效果表明,80% 醇沉片段可使糖尿病小鼠体重的负增长减缓,使己糖激酶、琥珀酸脱氢酶活力的降低得到缓解,其机制为通过抑制葡萄糖转运和促进其摄取及利用达到降糖作用。

在探究黑木耳酸性多糖降血糖作用的试验中,糖尿病小鼠肝脏中的肝糖原水平极显著降低,盐酸二甲双胍可以极显著缓解这种情况,各剂量的黑木耳酸性多糖 80% 醇沉片段对其也均有一定的缓解效果。糖尿病使小鼠血清中琥珀酸脱氢酶的活力有所下降,阳性药物及各剂量的黑木耳酸性多糖 80% 醇沉片段对此情况都有一定的缓解作用,即中、高剂量的黑木耳酸性多糖 80% 醇沉片段及盐酸二甲双胍均能显著提高糖尿病小鼠肝脏组织中琥珀酸脱氢酶的活力,而且各组呈现出一定的剂量 - 效应关系。黑木耳酸性多糖 80% 醇沉片段及盐酸二甲双胍对提高糖尿病小鼠肝脏组织中乙糖激酶的活力均有一定的影响。乙糖激酶在葡萄糖进入细胞后催化其磷酸化为 6 - 磷酸葡萄糖,既是糖代谢第一步酶促反应的关键酶,也是葡萄糖转化为糖原形式贮存通路中的第一个限速酶。研究表明,在正常或低糖条件下,葡萄糖转运是细胞对葡萄糖摄取的限速步骤,但在高糖条件下,乙糖激酶对葡萄糖的磷酸化成为限速步骤。黑木耳酸性多糖 80% 醇沉片段对糖尿病小鼠的降血糖作用机制之一可能是其直接或间接地提高糖代谢酶的活力,促进周围组织对葡萄糖的摄取和利用,抑制肝脏糖异生及糖原分解,减少肝脏糖输出,使血糖水平下降。

有学者研究黑木耳多糖对四氧嘧啶糖尿病小鼠高血糖的防治。注射四氧嘧啶前 4 h 和后 24 h 分别给小鼠注射黑木耳多糖(500 mg/kg),结果表明,小鼠血糖指数明显降低,与对照组比较,差异有显著性,而提前 1 h 注射黑木耳多糖与对照组比较则差异无显著性。在注射四氧嘧啶前 4 h 给小鼠注射 300 mg/kg 的黑木耳多糖,在注射四氧嘧啶 72 h 后采血,然后用 5.0 g/kg 的葡萄糖灌胃,结果表明,黑木耳多糖组小鼠由葡萄糖刺激引起的胰岛素分泌比对照组明显增加。

有学者给正常小鼠注射黑木耳多糖,随着注射剂量的加大,其降血糖作用增强,且能明显降低四氧嘧啶糖尿病小鼠的血糖水平及减少其饮水量。所以,黑木耳多糖对四氧嘧啶引起的糖尿病有明显的预防作用。

三、小结

黑木耳酸性多糖对糖尿病小鼠的降血糖作用是,通过抑制葡萄糖转运体活性和提高机体糖代谢酶的活力,促进葡萄糖的摄取和利用,从而起到调节糖代谢、降低血糖水平、改善糖尿病症状的作用。

第三节 黑木耳与降血脂

一、血脂与高脂血症

血脂是人体血浆内所含脂质的总称,包括胆固醇、甘油三酯、胆固醇酯、β-脂蛋白、磷脂、未酯化的脂酸等。高脂血症是指体内脂质代谢紊乱导致血脂水平升高,即血液中一种或多种脂质成分异常增加,并由此引发一系列的临床病理表现。近年来,随着人们生活习惯特别是饮食结构的改变,高脂血症的发病率有明显升高的趋势。其中,吸烟、酗酒、暴饮暴食是造成高脂血症的主要原因。另外,血管上皮细胞的功能会随年龄的增长而退化,从而使血脂进入血管壁,并在血管壁内沉积。有研究表明,高脂血症是脑卒中、冠心病、心肌梗死、心脏猝死的主要危险因素。同时,高脂血症也是导致高血压、糖尿病及糖耐量异常的一个主要危险因素。此外,高脂血症还可导致脂肪肝、肝硬化、胆石症、胰腺炎、眼底出血、失明、周围血管疾病、跛行、高尿酸血症等。甚至有些原发性、家族性高脂血症患者还可出现腱状、结节状、掌平面、眼眶周围黄色瘤以及青年角膜弓等。

二、黑木耳功效成分降血脂机制

目前临床上常用的降脂药物主要包括他汀类药物、贝特类药物、烟酸及其衍生物、胆酸类药物等，尽管其降脂效果显著，但副作用都比较严重，例如加重胃溃疡引起胃肠刺激，使糖耐量降低引起糖尿病，增加尿酸引起痛风，严重者甚至可引起不可逆性肝损伤。我国古代就有用植物提取物降低血脂的记载，故从传统中药和菌物中寻找新的天然降脂活性成分是治疗高脂血症的一条重要途径。

黑木耳多糖降血脂可能的机制包括：通过改善肝代谢相关基因的表达增强脂肪酸的氧化能力；促进胆固醇酯化进入肝脏，从而加速清除血中胆固醇而降低血脂。

有学者对黑木耳多糖对动脉粥样硬化的预防和消退作用进行观察。结果表明，在饲喂高脂饲料复制出动脉粥样硬化模型后，加喂黑木耳多糖能显著降低血中脂质含量，防止动脉粥样硬化斑块的继续扩大。有学者从黑木耳和红菇中提取多糖，进行降胆固醇作用研究，结果表明，黑木耳多糖有显著降低胆固醇的作用。有学者研究了黑木耳多糖的降血脂作用，结果表明，黑木耳多糖组小鼠血清中甘油三酯、总胆固醇和低密度脂蛋白的含量均不同程度地低于高脂模型组，而高密度脂蛋白的含量却极显著高于高脂模型组，表明黑木耳多糖具有显著的降血脂作用。

刘荣等人用不同剂量的两种黑木耳酸性多糖对高脂模型小鼠进行灌胃，研究黑木耳多糖对高脂模型小鼠脂肪指数及相关酶类的影响，并初步探究黑木耳酸性多糖的降血脂作用。结果表明，两种剂量的黑木耳多糖均可显著增加小鼠粪便中胆酸盐、卵磷脂－胆固醇酰基转移酶、激素敏感性脂肪酶的含量，显著降低小鼠脂肪指数、3－羟基－3－甲戊二酸单酰辅酶A还原酶的含量和胰岛素活性。这说明黑木耳多糖可通过调节相关酶的活力，达到降血脂的效果。

冉琳等人以月桂酸4－硝基苯酯为底物，研究黑木耳多糖对胰脂肪酶活力的抑制作用，确定最佳抑制条件、抑制类型及抑制常数。他们采用水提醇沉法制备黑木耳多糖，用阴离子交换树脂分离多糖，研究不同反应条件（浓度、pH值、温度、时间）下黑木耳多糖各组分对胰脂肪酶活力的抑制效果，通过紫外吸收光谱研究黑木耳多糖与胰脂肪酶构象之间的关系，测定采用不同浓度底物时的反应吸光度值，初步确定了黑木耳多糖对胰脂肪酶抑制作用的机制。黑木耳多糖对胰脂肪酶的抑制作用为非竞争性可逆抑制，能随机与胰脂肪酶结合从而抑制胰脂肪酶的活力。他们通过紫外吸收光谱分析发现最大吸收光谱发生红移，说明黑木耳多糖能使胰脂肪酶的构象发生改变，从而抑制或降低其活力，表明黑木耳多糖的降血脂作用可能与胰脂肪酶的活力抑制有关。

三、小结

黑木耳多糖可增加卵磷脂胆固醇酰基转移酶的含量，促进组织、细胞内胆固醇的清除，维持细胞内胆固醇的稳态，同时抑制 3－羟基－3－甲戊二酸单酰辅酶 A 还原酶的合成，减少胆固醇的内源性合成，从而降低血清的胆固醇水平。黑木耳多糖还可通过增强激素敏感性脂肪酶的活力加速脂肪分解，降低血液胰岛素水平，抑制脂肪的合成，从而降低甘油三酯水平，达到降血脂的效果。

第四节　黑木耳与抗凝血、抗血栓作用

一、凝血及血栓的危害

血栓性疾病是全球死亡率最高的疾病。在我国，血栓性疾病呈现出高发病率、高致残率、高死亡率、高复发率等特征。血栓性疾病治愈后留下后遗症的约占患者的40%以上，治愈者4年内的复发率约达40%。血栓性疾病造成的经济负担也十分沉重。值得关注的是，血栓性疾病患病人群主要集中在30岁以上，发病往往突然并常在极短时间内就可带来死亡等恶性结果。

血栓对人体的危害主要表现在以下几个方面。

①血管动脉血栓未完全阻塞管腔时，可引起局部器官缺血而萎缩，完全阻塞或导致必需的供血量不足而又缺乏有效的侧支循环时，可引起局部器官的缺血性坏死，如脑动脉血栓引起脑梗死、心冠状动脉血栓引起心肌梗死、血栓闭塞性脉管炎引起患肢坏疽等。静脉血栓形成后，若不能建立有效的侧支循环，则会引起局部瘀血、水肿、出血，甚至坏死，如肠系膜静脉血栓可导致出血性梗死。由于静脉有丰富的侧支循环，因此肢体浅表静脉血栓通常不引发临床症状。

②在血栓未和血管壁牢固黏着之前，血栓可以整体或部分脱落，形成栓子，随血流运行，引起栓塞。若栓子内含有细菌，则可引起栓塞组织的败血性梗死

或栓塞性脓肿。

③心瓣膜血栓机化可引起心瓣膜粘连，造成心瓣膜狭窄。若纤维组织在机化过程中增生而后瘢痕收缩，则可造成心瓣膜关闭不全，见于风湿性心内膜炎和亚急性细菌性心内膜炎。

④微循环的广泛性微血栓形成可引起全身性广泛出血和休克。

二、黑木耳功效成分抗凝血及抗血栓机制

随着人们生活水平的提高和饮食结构的改变，血液高凝及其引发的血栓性疾病日益危害人们的健康。抗凝血药物（如肝素多糖）已在血栓性疾病的治疗中发挥相当重要的作用，但易引起自发性出血及诱导血小板减少等。因此，从天然产物中寻找抗凝血活性成分，或将其主结构作为先导化合物研发新药，开发功能性食品，具有毒性小、研发费用低、研发周期短和可以实现全民保健等优势。

吴小燕等人采用超声波提取技术获得黑木耳多糖，探究其对活化部分凝血活酶时间的影响，与生理盐水组相比，AAP－2、AAP－3 能够显著增加凝血活酶的活化时间，说明黑木耳中的 AAP－2、AAP－3 具有抗凝血活性。

王辰龙等人在近似模拟生物体温度、血浆 pH 值的条件下，对黑木耳多糖的真实抗凝血效应进行研究，黑木耳多糖体外抗凝血作用的最佳条件为：多糖浓度为 10%，pH = 7.4，温度为 35 ℃。在此情况下，凝血酶原时间（PT）可达 41.8 s，说明黑木耳多糖具有体外抗凝血作用。

医学上根据凝血现象触发机制的不同，将凝血过程划分为外源性凝血和内源性凝血。活化部分凝血活酶时间（APTT）、PT 和凝血酶时间（TT）是各自独立的基础性凝血途径筛查指标。APTT 反映内源性凝血系统的活性，PT 反映外源性凝血系统的活性。李德海等人以 APTT、PT、TT 这 3 个抗凝血指标作为检测指标，对不同溶液提取所得多糖的抗凝血效果进行研究。该试验结果表明，黑木耳多糖主要通过内源性凝血机制发挥其抗凝血作用。该试验提取到的水溶性、酸溶性、碱溶性黑木耳多糖相较于阴性对照均对 APTT 有明显的延长效果，并且这种效果在一定范围内有一定的剂量依赖性，但对 PT 和 TT 无明显影响。不同溶液提取的黑木耳多糖对 APTT 的延长效果表现为：碱溶性黑木耳多糖 >

水溶性黑木耳多糖 > 酸溶性黑木耳多糖。而且，除蛋白处理可以在一定程度上提高该功效。因此，综合考虑多糖提取率和含量可得出，经除蛋白处理的碱溶性黑木耳多糖最适合作为一种天然抗凝血活性成分得到进一步的研究。

曾雪瑜等人研究黑木耳菌丝体醇提取物对腺苷二磷酸诱导大鼠血小板聚集的影响，发现其能明显抑制血小板聚集，抑聚率达 75%，较阿司匹林对照组还高，并呈量效关系。以 5 g/kg 和 10 g/kg 的菌丝体醇提取物给大鼠静脉注射与灌胃 15 d，结果显示血小板抑聚率达 41%~51%。试验还表明，黑木耳菌丝体醇提取物能缩短小鼠红细胞的电泳时间，显示出较强的抗凝血活性。

樊黎生等人的研究表明，黑木耳多糖具有明显的抗凝血作用。体外试验以 30 μmol/L 的多糖液 0.1 mL 与兔血 0.9 mL 混合，凝血时间可比对照组延长近 2 倍；分别对小鼠静脉注射、腹腔注射和灌胃给药，凝血时间均有不同程度的延长；对家兔静脉给药，可发现 APTT 较给药前延长近 2 倍，但对 PT 无影响，表明黑木耳多糖抗凝血可能是通过影响内源性凝血系统而发挥作用。

Yoon 等人从黑木耳中提取碱性多糖（主要由甘露糖、葡萄糖、葡萄糖醛酸和木糖构成），研究其抗凝血活性机制。结果表明，黑木耳碱性多糖具有较强的抗凝血活性，主要缘于其对抗凝血酶的抑制作用，而不是肝素辅助因子Ⅱ的作用。去掉羧基基团后，其抗凝血活性消失，葡萄糖醛酸残基对其抗凝血活性是必需的。用黑木耳碱性多糖饲喂小鼠，与用阿司匹林饲喂做对照，发现该黑木耳多糖有可能成为一种抗凝血、抗血小板聚集甚至抗血栓的新化合物来源。

樊一桥等人采用 Chandler 体外血栓形成法，在旋转的圆环内模拟体内血液流动状态，其形成的血栓与动脉血栓有相似的结构。试验结果表明，黑木耳多糖可显著延长特异性血栓形成时间和纤维蛋白血栓形成时间，缩短体外血栓长度，并减轻血栓干、湿重，降低血栓形成的百分率，且可显著降低高切变率全血的黏度，从而表明黑木耳多糖有一定的抗血栓形成的作用。

张智等人应用微生物发酵技术转化黑木耳多糖，得到抗凝血活性更强的黑木耳多糖衍生物，转化后黑木耳多糖衍生物 APTT、PT、TT 的数据结果显示，转化后黑木耳多糖衍生物体外抗凝血功能得到了明显增强。

李德海等人采用超声波、微波、高剪切 3 种物理技术辅助稀碱提取黑木耳多糖，并与稀碱提取的黑木耳多糖做对比，以 APTT、PT、TT、转化纤维蛋白抑制率为考察指标，发现除血浆的 PT 外，酸性黑木耳多糖可显著增大血浆的 APTT、

TT($P<0.05$),并对转化纤维蛋白抑制率有显著影响。根据凝血理论可知,酸性黑木耳多糖不影响凝血系统的外源性途径,而是通过影响凝血系统的内源性途径和共同途径的某些因子来实现抗凝血,至于其凝血机制还有待进一步研究。

有学者从黑木耳、银耳和银耳孢子中提取多糖,比较其抗凝血成分。试验结果表明,三种多糖在体内、体外均有明显的抗凝血作用,其中抗凝血作用最强的是黑木耳多糖。

三、小结

黑木耳多糖的抗凝血机制主要是其对抗凝血酶有抑制作用。去掉羧基基团后,其抗凝血活性消失,葡萄糖醛酸残基对其抗凝血活性是必需的。

黑木耳多糖有可能成为一种抗凝血、抗血小板聚集甚至抗血栓的新化合物来源。

第五节　黑木耳与抗衰老

一、衰老

衰老又称老化,通常是指在正常状况下,生物发育成熟后,随着年龄的增长,自身机能减退,内环境稳定能力与应激能力下降,结构、组分逐步退行性变,趋向死亡的不可逆转的现象。衰老是一个持续发展的、动态的、缓慢而复杂的过程。影响衰老的因素有很多,经济、疾病、营养、遗传、生活习惯、环境及精神状态等因素都起到一定的作用,是很多因素共同作用的结果。机体的衰老是不可避免的,但衰老的进程是可以改变的。自古以来,人类不断地追求健康长寿,进而采取各种方式来抗衰老。

二、黑木耳功效成分抗衰老机制

有学者研究了黑木耳的抗衰老机制，建立了 D－半乳糖致衰老动物模型，分别检测黑木耳多糖对 SOD、谷胱甘肽过氧化物酶（GSH－PX）、MDA 的影响。史丽亚等人检测了黑木耳多糖对运动后小鼠心肌、肝脏、骨骼肌中脂褐素水平的影响。

（一）黑木耳多糖对 SOD 活力的影响

超氧阴离子是生物体内主要的自由基，在很多情况下对机体是有害的，它是导致衰老的因素之一，而 SOD 是一类重要的氧自由基清除酶，它能催化超氧阴离子歧化为过氧化氢和氧分子，其速度比生理 pH 值下自我歧化高 10^4 倍。SOD 是唯一能催化超氧阴离子歧化的生物催化剂，现已作为抗衰老药物筛选的重要指标。

由黄嘌呤及黄嘌呤氧化酶反应系统产生超氧阴离子自由基，后者氧化羟氨形成亚硝酸盐，在显色剂的作用下呈现紫红色，用可见分光光度计在 550 nm 下测定其吸光度。当被测样品中含有 SOD 时，其对超氧阴离子自由基有专一的抑制作用，使形成的亚硝酸盐减少，通过计算即可求出被测样品中 SOD 的活力。试验结果表明，黑木耳多糖能够提高小鼠 SOD 的活力。

（二）黑木耳多糖对 GSH－PX 活力的影响

GSH－PX 是一种含有微量元素硒的过氧化物酶，它特异地催化 GSH－PX 对过氧化物的还原反应，可以起到保护细胞膜结构、功能完整的作用。GSH－PX 的生物学意义主要有两方面：一是清除有机氢过氧化物，尤其是自由基造成脂质过氧化时产生的大量脂质过氧化物；二是在过氧化氢酶含量较低的组织中，替代过氧化氢酶清除过氧化氢，其含量的高低反映自由基清除能力。GSH－PX 的活力可以用酶促反应速度表示，测定酶促反应中 GSH 的消耗，可得出 GSH－PX 的活力。试验结果表明，黑木耳多糖能够提高小鼠 GSH－PX 的活力。

（三）黑木耳多糖对 MDA 含量的影响

MDA 是体内多价不饱和脂肪酸组分经活性氧作用后的过氧化产物，其含量可反映体内自由基的多少，间接推断自由基对机体的损伤程度。MDA 是极其活泼的交联剂，它能与蛋白质、酶以及核酸上游离的氨基共价交联成席夫碱。它具有异常的键，经溶酶体吞噬后不能被水解酶类消化，蓄积于细胞内成为脂褐素，脂褐素能毒害细胞，阻碍细胞内物质和信息的传递，导致和加快细胞的衰老及死亡，因此可以作为器官、细胞衰老的可靠而明显的标志。

过氧化脂质降解产物中的 MDA 可与硫代巴比妥酸缩合，形成红色产物，在 532 nm 处有最大吸收峰。试验结果表明，黑木耳多糖能够提高小鼠 MDA 的活力。

（四）黑木耳多糖对运动后小鼠脂褐素含量的影响

脂褐素又称老年素，是 MDA 与游离氨基物质交联而成的具有荧光的化合物，沉积于神经、心肌、肝脏等组织的衰老细胞中，导致细胞代谢减缓、活性下降，从而造成人体器官功能衰退，其积累随年龄的增长而增多，是衰老的重要指标之一。

试验结果表明，黑木耳多糖能使心肌中脂褐素的水平显著下降，但对肝脏、骨骼肌中脂褐素水平的影响不明显。

三、黑木耳多糖清除自由基种类及水平

魏红等人研究了黑木耳多糖及羧甲基化黑木耳多糖的抗氧化活性。黑木耳多糖和羧甲基化多糖各组分对三种自由基（OH、DPPH、$ABTS^+$）均有一定的清除作用，且羧甲基化修饰后多糖的抗氧化活性皆优于修饰前，纯化后羧甲基化多糖的抗氧化活性优于纯化前。

（一）羧甲基化后各多糖对 OH 的清除能力

各多糖和维生素 C（VC）经羧甲基化后分别对 OH 有一定的清除作用，且羧甲基化修饰后多糖的抗氧化活性皆优于修饰前，弱于 VC。当其浓度为

2 mg/mL时，经修饰的 CMAAP33、CMAAP22、CMAAP 的清除率分别为 56%、52.13% 和 38.42%（修饰前 APP 为 27.75%）。各多糖对 OH 的清除作用表现为CMAAP33 > CMAAP22 > CMAAP > APP。

（二）羧甲基化后各多糖对 DPPH 的清除能力

各多糖和 VC 经羧甲基化后分别对 DPPH 有一定的清除作用，且羧甲基化修饰多糖的抗氧化活性皆优于修饰前，弱于 VC。当其浓度为 1.5 mg/mL 时，经修饰的 CMAAP33、CMAAP22、CMAAP 的清除率分别为 79.34%、78.95% 和 63.03%（修饰前 APP 为 46.38%）。各多糖对 DPPH 的清除作用表现为 CMAAP33 > CMAAP22 > CMAAP > APP。

（三）羧甲基化后各多糖对 $ABTS^+$ 的清除能力

各多糖和 VC 经羧甲基化后分别对 $ABTS^+$ 有一定的清除作用，且羧甲基化修饰多糖的抗氧化活性皆优于修饰前，弱于 VC。当其浓度为 2 mg/mL 时，经修饰的 CMAAP33、CMAAP22、CMAAP 的清除率分别为 69.55%、65.53% 和 55.88%（修饰前 APP 为 38.30%）。各多糖对 $ABTS^+$ 的清除作用表现为 CMAAP33 > CMAAP22 > CMAAP > APP。

（四）羧甲基化后各多糖对三种自由基的半清除率

在探究黑木耳多糖羧甲基化前后对 OH、DPPH、$ABTS^+$ 三种自由基的半清除率的试验中发现，羧甲基化修饰后多糖的半抑制浓度皆小于修饰前。对于 OH，经修饰的 CMAAP33、CMAAP22、CMAAP 的半抑制浓度分别为 1.69 mg/mL、1.88 mg/mL 和 2.41 mg/mL（修饰前 APP 为 4.03 mg/mL）；对于 DPPH，经修饰的 CMAAP33、CMAAP22、CMAAP 的半抑制浓度分别为 1.34 mg/mL、1.42 mg/mL 和 1.66 mg/mL（修饰前 APP 为 2.16 mg/mL）；对于 $ABTS^+$，经修饰的 CMAAP33、CMAAP22、CMAAP 的半抑制浓度分别为 1.61 mg/mL、1.45 mg/mL 和 1.88 mg/mL（修饰前 APP 为 2.50 mg/mL）。

黑木耳多糖和羧甲基化多糖各组分对三种自由基（OH、DPPH、$ABTS^+$）均有一定的清除作用，且羧甲基化修饰后多糖的抗氧化活性皆优于修饰前，纯化后羧甲基化多糖的抗氧化活性优于纯化前。对于 OH，在浓度为 2 mg/mL 时，经修饰的 CMAAP33、CMAAP22、CMAAP 的清除率分别为 56%、52.13% 和 38.42%(修饰前 APP 为 27.75%);对于 DPPH,在浓度为 1.5 mg/mL 时,经修饰的 CMAAP33、CMAAP22、CMAAP 的清除率分别为 79.34%、78.95% 和 63.03%(修饰前 APP 为 46.38%);对于 $ABTS^+$,在浓度为 2 mg/mL 时,经修饰的 CMAAP33、CMAAP22、CMAAP 的清除率分别为 69.55%、65.53% 和 55.88%(修饰前 APP 为 38.30%)。这为抗氧化功能食品或药物的研究、开发提供了依据。

四、小结

黑木耳多糖可显著提高 SOD、GSH - PX 的活力,减少过氧化物 MDA 的含量,可明显提高抗氧化酶系的活力,对细胞结构和细胞物质(如脂质、蛋白质等)有良好的保护作用,具有明显的抗衰老功效。

第六节 黑木耳与抗肿瘤

一、肿瘤概念及分类

肿瘤是机体在各种致癌因素作用下,局部组织的某一个细胞在基因水平上失去对其生长的正常调控,导致其克隆性异常增生而形成的异常病变。一般将肿瘤分为良性肿瘤和恶性肿瘤两大类。肿瘤组织在细胞形态和组织结构上都与其发源的正常组织有不同程度的差异,这种差异称为异型性。异型性是肿瘤异常分化在形态上的表现。异型性小,说明分化程度高;异型性大,说明分化程度低。区别这种异型性的大小是诊断肿瘤,确定其良、恶性的主要组织学依据。良性肿瘤的异型性不明显,一般与其来源组织相似。恶性肿瘤常具有明显的异型性。

二、我国肿瘤流行病学研究现状

肿瘤已成为危害我国居民健康的主要疾病。GLOBOCAN 2018 年的报告显示,全球恶性肿瘤新发病例约为 1 808 万例,死亡病例约为 956 万例,我国分别约占 23.7% 和 30%,发病率和死亡率均高于全球平均水平。随着人口老龄化、工业化、城市化进程的加剧,以及生活方式的改变等,我国恶性肿瘤的负担仍会增加。此外,危险因素的多样性和不明确性使恶性肿瘤的防控十分困难。

目前我国恶性肿瘤形势严峻:总体发病率居高不下,5 年生存率远低于国外先进水平,国产新药研发较为落后,不同瘤种、不同细胞之间存在瘤谱差异。

目前恶性肿瘤临床治疗面临困境:患者临床响应率依然有限(大多数靶点敏感群体不明确,缺乏遴选依据),易产生获得性耐药(绝大多数患者半年到一年即发生耐药)、原发性耐药广泛存在(敏感群体的响应率依然有限)。

三、黑木耳功效成分抗肿瘤机制

中国科学院苏州生物医学工程技术研究所与英国牛津大学合作研究发现,黑木耳含有能代谢出抗肿瘤、抗衰老产物的基因。他们对黑木耳品种进行了转录组测序分析,共获得 13 937 个独立非重复基因。其中,有一部分基因代谢出的小分子产物已经被验证具有抗肿瘤、抗衰老的效果。此外,研究者还发现了 1 124 个基因库中未记录的新独立非重复基因。这些基因也可能与黑木耳抗氧化、抗衰老等独特功能的产生有关。

(一)阻断 Top1/Tdp1 介导的 DNA 修复途径

细胞核中广泛存在的拓扑异构酶 1(Top1)通过干预 DNA 的复制转录,在细胞增殖的过程中对其进行调节。DNA 的超螺旋拓扑结构导致其复制时碱基并不能正常配对,Top1 通过将其中一条链上的磷酸二酯键切开——重连,进而改变 DNA 的拓扑结构,使其能正常复制。但 Top1 不能连接限制酶切开的 DNA 链。在癌细胞中存在 DNA 的内源性损伤,而 Top1 在修复癌细胞的 DNA 损伤中发挥作用,所以在癌细胞中,Top1 的表达量远大于正常细胞,Top1 可作为药物作用的靶点,药物通过抑制 Top1 基因的表达或者清除 Top1,从而达到抗肿瘤的效果。

Top1 切开 DNA 单链,并连接到 DNA 链上,形成 Top1 - DNA 复合体,中间以 5′ - 磷酸酪氨酸酯键连接。在 DNA 复制完成后,如果 Top1 - DNA 复合体不能解离，便会在细胞内积累，最终导致细胞裂解死亡。酪氨酸－DNA磷酸二酯酶1（Tdp1）可以水解5′－磷酸酪氨酸酯键，断开Top1－DNA复合体，使DNA双链正常融合。由于Tdp1可以抵消Top1在修复癌细胞DNA内源性损伤时带来的细胞毒性，所以它被认为是Top1潜在的治疗癌症的协同靶点。

黑木耳多糖可以在Top1与DNA结合的瞬间发挥作用，阻断复合体的形成，抑制DNA的复制，导致癌细胞的死亡，从而起到抗肿瘤的作用。另外，黑木耳多糖可以阻止Tdp1水解5′－磷酸酪氨酸酯键，导致Top1－DNA共价复合物无法解离，在细胞内堆积，使DNA无法复制，发生细胞周期阻滞，起到抗肿瘤的作用。

（二）激活细胞线粒体凋亡机制

线粒体是细胞呼吸作用的场所，在细胞凋亡中同样起到重要作用。线粒体在接收到细胞凋亡信号后，细胞膜上的孔道打开，膜电位下降，线粒体释放细胞色素C，促进细胞凋亡酶激活因子的释放，从而激活Caspase家族中的蛋白酶，先使Caspase9的表达量上升，进一步激活Caspase3，使其切割天冬氨酸残基部分导致细胞凋亡。在另一条通路中，细胞收到凋亡信号后，抑癌基因*P53*的表达量上升，使凋亡基因*Bax*的表达量上升，抑制*Bcl－2*基因的表达，使线粒体释放调节细胞凋亡的蛋白Smac，与IAP特异性结合，扰乱IAP的凋亡抑制作用，使Caspase酶发挥作用，促进细胞凋亡。抑癌基因的表达上调，也可直接作用于凋亡酶激活因子，激活线粒体凋亡通路，使细胞凋亡。黑木耳多糖作用于肿瘤细胞后，可抑制*Bcl－2*基因的表达，促进*Bax*基因的表达，同时使活性氧水平升高，使Ca^{2+}的浓度增大，使细胞色素C和Caspase3、9的表达量同时上升，且使肿瘤细胞凋亡量增加，证明黑木耳多糖对肿瘤细胞的抑制可以通过线粒体凋亡通路实现。

（三）黑木耳凝集素抗肺癌（A549）、抗人乳腺癌（MCF－7）

马成瑶等人发现，黑木耳凝集素对A549及MCF－7肿瘤细胞均有明显的抑制作用，并呈现时间和浓度的依赖性。

黑木耳凝集素可以使人肺癌A549细胞失去原来的形态，出现气泡化，细胞核逐渐消失，且随着黑木耳凝集素浓度和作用时间的增加，细胞体积变大，细胞开始聚集。研究表明,黑木耳凝集素对 A549 细胞作用 24 h、48 h、72 h 的半抑制浓度分别为 18.19 μg/mL、15.22 μg/mL、11.39 μg/mL。随着浓度或作用时间的增加,黑木耳凝集素对 A549 细胞的增殖抑制程度逐渐增强。

黑木耳凝集素可使 MCF-7 细胞变大、变圆,且随着浓度和作用时间的增加,细胞形态变化更加明显。研究表明,不同浓度的黑木耳凝集素对 MCF-7 细胞作用 24 h、48 h、72 h 的半抑制浓度分别为 19.70 μg/mL、15.93 μg/mL、13.05 μg/mL。随着浓度或作用时间的增加,黑木耳凝集素对 MCF-7 细胞的增殖抑制程度逐渐增强。

(四)黑木耳多糖对 H22 小鼠瘤重、脾指数、胸腺指数、血清 NO 含量的影响

肿瘤质量(瘤重)的减少或生长速度的明显降低是肿瘤增殖分化受到抑制最为明显的现象之一。脾脏和胸腺是体内的免疫器官,通过多种机制发挥抗肿瘤作用。NO 是机体免疫防御的效应分子。宗灿华等人发现,黑木耳多糖具有显著的抑瘤作用,可不同程度地提高脾指数和胸腺指数,并可增加 H22 小鼠血清中的 NO 含量,从而促进肿瘤细胞凋亡。

试验结果显示,阴性对照组 H22 小鼠瘤重为(1.28 ± 0.12)g,与阴性对照组相比,黑木耳多糖低、中、高剂量组以及阳性药猪苓多糖组能极显著抑制皮下肿瘤的质量,表明黑木耳多糖对 H22 小鼠具有明显的抑瘤作用,其抑瘤率最高可达 41.21%。

阴性对照组 H22 小鼠胸腺指数为(4.83 ± 0.98)mg/kg。与阴性对照组相比,中、高剂量组能显著增加 H22 小鼠的胸腺指数,其值分别为(5.83 ± 0.72)mg/kg、(5.91 ± 0.91)mg/kg。阴性对照组 H22 小鼠脾指数为(5.43 ± 1.21)mg/kg。与阴性对照组相比,低、中、高剂量组均能显著增加 H22 小鼠的脾指数,其值分别为(9.32 ± 1.12)mg/kg、(9.94 ± 2.13)mg/kg 和(12.16 ± 2.14)mg/kg。

阴性对照组小鼠血清的 NO 含量为(52.41 ± 21.76)μmol/L。与阴性对照组相比,黑木耳多糖低、中、高剂量组均能显著提高小鼠血清 NO 的含量,各组值分别为(79.62 ± 28.65)μmol/L、(88.13 ± 33.58)μmol/L 和(113.61 ± 36.17)μmol/L,且黑木耳多糖低、中、高剂量组与阳性药猪苓多糖组相比无显著

性差异。

（五）纳米硒化黑木耳多糖抗肿瘤活性

李洋等人用纳米硒化黑木耳多糖进行抗肿瘤试验，发现其剂量为1.5 mg/kg时的抑制率为61.27%，剂量为1 mg/kg时的抑制率为44.22%，剂量为0.5 mg/kg时的抑制率为41.36%，剂量为0.25 mg/kg时的抑制率为36.75%，剂量为0.125 mg/kg时的抑制率为28.96%，剂量为0.062 5 mg/kg时的抑制率为15.32%。

四、小结

黑木耳提取物（包括多糖、凝集素等）可阻断Top1/Tdp1介导的DNA修复途径，激活细胞线粒体凋亡机制，抗肺癌（A549），抗人乳腺癌（MCF－7），可不同程度地提高脾指数和胸腺指数，可增加H22小鼠血清中NO的含量，从而促进肿瘤细胞凋亡，具有明显的抗肿瘤功效。

第七节　黑木耳与增强免疫力

一、免疫及机体免疫功能

免疫是人体的一种生理功能，人体依靠这种功能识别“自己”和“非己”成分，从而破坏和排斥进入人体的抗原物质（如病菌等），或人体本身所产生的损伤细胞和肿瘤细胞等，以维持人体的健康。免疫涉及特异性成分和非特异性成分。非特异性成分不需要事先暴露，可以立刻响应，可以有效地防止各种病原体的入侵。特异性免疫是在主体的寿命期内发展起来的，是专门针对某个病原体的免疫。

现代医学发现，免疫是一个与衰老有密切关系的因素，免疫功能减退是衰老的重要原因之一。机体免疫系统的一些特殊细胞能将入侵体内的细菌、病毒，以及体内已衰老死亡的细胞、已突变的细胞和引起变态反应的物质吞噬和消灭,维持体内环境的稳定,保持机体健康。但机体的免疫功能在人 30 岁左右时就开始减退,这种变化悄然、缓慢、持续地进行。

二、黑木耳功效成分增强免疫力机制

庄伟等人从黑木耳中分离出黑木耳多糖,通过结构分析,发现黑木耳多糖的单糖主要由鼠李糖、甘露糖和葡萄糖组成,其中含量最高的甘露糖已经在免疫学方面有较多的应用。有研究表明:一些甘露糖纳米载体可以增强体内抗原递呈细胞的摄取作用,从而增强体液和细胞的抗肿瘤效果;低聚甘露糖可通过提高小鼠的脾指数使其免疫力增强;人参多糖对人肝癌细胞增殖的抑制作用与甘露糖受体表达水平正相关;以甘露糖作为还原糖进行美拉德反应能够显著降低小清蛋白的免疫活性及消化稳定性。

(一)黑木耳多糖对小鼠免疫器官、免疫细胞、血清溶血素水平的影响

胸腺作为动物和人体的中枢免疫器官,是 T 淋巴细胞发育和成熟的主要场所。胸腺的功能增强,可以显著促进 T 淋巴细胞在胸腺中的发育,即增强细胞免疫功能。脾脏是机体重要的外周免疫器官,成熟的免疫细胞在这里定居和发挥功能。脾脏中含有大量的 T 淋巴细胞、B 淋巴细胞和巨噬细胞等,脾脏功能的变化反映机体细胞免疫与体液免疫的强弱。张会新等人从特异性免疫功能和非特异性免疫功能两个方面研究黑木耳多糖对小鼠免疫功能的影响。研究结果显示,黑木耳多糖可明显提高小鼠脾指数和胸腺指数,随着剂量的增大,效果明显。这表明小鼠的免疫功能在黑木耳多糖的作用下明显改善。本研究中 3 个剂量组小鼠的胸腺指数和脾指数均明显提高,这表明黑木耳多糖可以明显促进小鼠胸腺和脾脏的生长发育,也进一步证明机体的免疫功能得到明显的增强。

有研究发现,黑木耳多糖灌胃小鼠后可以明显提高脾指数和胸腺指数,且试验组随黑木耳多糖剂量的增大呈现递增的趋势。在测定不同剂量黑木耳多糖对小鼠溶血素抗体生成的影响时发现,黑木耳多糖可以促进小鼠机体溶血素抗体的生成,这表明小鼠 B 淋巴细胞的发育分化得到改善。试验结果显示,黑

木耳多糖能够显著影响小鼠血清溶血素的水平，且高剂量组与对照组相比差异极显著。

巨噬细胞在免疫应答中属于辅佐细胞，在机体的特异性免疫和非特异性免疫过程中都起到重要的作用，是机体防御功能的重要组成部分。从小鼠巨噬细胞的吞噬百分率和吞噬指数变化可以看出，黑木耳多糖能够增强巨噬细胞的吞噬功能，这与以往报道的茶树菇多糖和真菌多糖能够促进巨噬细胞吞噬鸡红细胞的研究结果一致。

（二）黑木耳多糖对免疫抑制小鼠的影响

放化疗是目前中晚期恶性肿瘤的主要治疗方法，但副作用较大，且对有些恶性肿瘤的疗效并不理想。黑木耳多糖被证明具有明显的抗肿瘤活性，在我国民间也有将黑木耳作为肿瘤放化疗病人辅食的做法。

环磷酰胺（CPA）是一种烷化剂，可发挥杀伤肿瘤细胞的作用，但对机体正常细胞也有杀伤作用，具有免疫抑制等毒副作用。甘霓等人制作了 CPA 免疫抑制小鼠模型，研究黑木耳多糖对免疫抑制小鼠的影响。

试验发现：第 1 天，各组小鼠体质量无明显差异；第 17 天，正常对照组小鼠体质量为（20.9 ±1.0）g，与其相比，CPA 模型组小鼠体质量显著降低，为（19.4 ±1.1）g；第 31 天，正常对照组小鼠体质量为（20.4 ±0.2）g，与其相比，CPA 模型组和 AAP－10 高剂量组小鼠的体质量均极显著降低，分别为（19.0 ±0.5）g 和（18.1 ±0.6）g，AAP－10 低、中剂量组小鼠体质量与正常对照组差异不显著。试验结果说明，一定剂量的 AAP－10 给药可改善 CPA 注射导致的小鼠体质量低于正常对照组的现象。

他们通过向小鼠给药 AAP－10，探究其对小鼠脏器指数的影响。结果显示：第 17 天，正常对照组小鼠肝指数为（44.3 ±1.4）mg/g，与之相比，CPA 模型组及 AAP－10 给药各组小鼠的肝指数极显著增大，各组值分别为（55.4 ±3.7）g、（54.2 ±1.7）g、（55.0 ±0.1）g 和（51.5 ±2.7）g；正常对照组小鼠脾指数为（5.2 ±0.3）mg/g，与之相比，CPA 模型组及 AAP－10 给药各组小鼠的肝指数极显著升高，各组值分别为（5.1 ±0.1）g、（7.2 ±0.1）g、（5.9 ±0.1）g 和（6.6 ±0.3）g。第 31 天，AAP－10 给药各组小鼠的肝指数与 CPA 模型组差异不明显，仅 AAP－10 低剂量组小鼠脾指数极显著增加。CPA 注射小鼠的体质量略低于正常小鼠,可能是其肝指数高于正常对照组的原因之一。试验结果表明, AAP－10 给药能在一定程度上升高 CPA 免疫抑制小鼠的脾指数, 即缓解 CPA 注射对小鼠脾脏的负面影响。

他们通过向小鼠给药 AAP－10,探究其对小鼠脾淋巴细胞转化增殖能力的影响。结果显示:第 17 天,正常对照组小鼠脾淋巴细胞转化增殖能力值为 0.26 ±0.02,与之相比,CPA 模型组小鼠脾淋巴细胞转化增殖能力极显著下降,为 0.16 ±0.03,AAP－10 低、中、高剂量组小鼠脾淋巴细胞转化增殖能力无显著差异;CPA 模型组小鼠脾淋巴细胞转化增殖能力值为 0.15 ±0.01,与之相比,AAP－10 低、中、高剂量组小鼠脾淋巴细胞转化增殖能力均显著升高,各组值分别为 0.28 ±0.02、0.27 ±0.01、0.31 ±0.04。由此说明,AAP－10 能够显著提高免疫抑制小鼠的细胞免疫功能。

他们通过向小鼠给药 AAP－10,探究其对小鼠碳廓清能力的影响。结果显示:第 17 天,正常对照组小鼠碳廓清能力值为 8.34 ±0.23,与之相比,CPA 模型组小鼠碳廓清能力极显著低于正常对照组,为 4.64 ±1.69;与 CPA 模型组相比,AAP－10 低、中、高剂量组均能极显著提高 CPA 免疫抑制小鼠的碳廓清能力,各组值分别为 7.19 ±0.30、6.98 ±0.11、8.24 ±1.61。第 31 天,正常对照组小鼠碳廓清能力值为 9.05 ±0.78,AAP－10 低、中、高剂量组小鼠碳廓清能力与正常对照组相比存在显著差异,各组值分别为 7.17 ±0.77、7.05 ±0.48、6.48 ±0.75,但 AAP－10 各剂量组与模型组相比无显著差异。从试验结果可以看出,多糖给药能改善 CPA 免疫抑制小鼠单核－巨噬细胞的吞噬廓清能力,说明 AAP－10 具有一定的免疫调节功能。

(三)黑木耳多糖对 RAW264.7 细胞(小鼠单核巨噬细胞白血病细胞)的影响

庄伟等人证实:一方面,黑木耳多糖可以通过促进巨噬细胞增殖,诱导 NO 的释放并提高巨噬细胞的吞噬活性;另一方面,黑木耳多糖可以通过刺激巨噬细胞产生促炎细胞因子 TNF－α 及 IL－6 来调节免疫反应。

试验显示, 与对照组相比, 随着黑木耳多糖浓度的增加(62.5 ~ 500 μg/mL),其对 RAW264.7 细胞没有显示出明显的毒性。同时,黑木耳多糖也会刺激巨噬细胞的增殖,其增殖能力在黑木耳多糖浓度为 500 μg/mL 时达到最大,且与对照组有显著差异。

另一组试验显示,NO 的释放随黑木耳多糖浓度的增加而增加,并呈现出浓度依赖性。在 250~500 μg/mL 的黑木耳多糖的处理下,NO 的释放显示出显著的差异性。以 500 μg/mL 的黑木耳多糖样品处理时,NO 的最大产率提高了约 3.3 倍,接近于 LPS 的阳性对照组。

他们在探究黑木耳多糖对 RAW264.7 细胞吞噬作用的试验中,用 OD_{540} 来评估巨噬细胞的吞噬活性。当被不同浓度的黑木耳多糖刺激时,巨噬细胞的吞噬活性增强,并呈现剂量依赖性。黑木耳多糖(500 μg/mL)处理后的吞噬 OD 值与对照组相比超过 3 倍,表明黑木耳能够显著刺激巨噬细胞的吞噬活性。

黑木耳多糖能以浓度依赖的方式显著诱导细胞因子 TNF-α 和 IL-6 的分泌。结果显示,与空白对照组相比,用 500 μg/mL 的黑木耳多糖处理的 TNF-α、IL-6 的产量分别增加了约 2.7 倍和 1.7 倍,略低于 LPS 的阳性对照组,均具有显著性差异。

(四)黑木耳多糖对小鼠肠道菌群结构调整和免疫功能的影响

孔祥辉等人研究了黑木耳多糖(AAP1)对环磷酰胺(CTX)免疫抑制小鼠的免疫刺激活性和肠道菌群的影响。将小鼠随机分为三组:对照组、CTX 和 AAP1 组。在第 7 天、第 8 天和第 9 天以 80 mg/kg 的剂量腹膜内注射 CTX 组小鼠和 AAP1 组小鼠,以诱导免疫抑制。对照组注射等量生理盐水。接下来,每天一次,采用管饲法给 AAP1 组小鼠施用 250 mg/kg 的 AAP1,每天同时向对照组和 CTX 组小鼠灌胃 200 μL 生理盐水,然后收集各组盲肠内容物并于 -80 ℃保存,进行肠道菌群和短链脂肪酸(SCFA)分析。最后,取小鼠血清测定其中的细胞因子水平。研究结果表明,AAP1 影响 CTX 组小鼠,显著提高免疫器官指数和刺激血清细胞因子(包括 IFN-γ、IL-2 和 TNF-α)的产生。此外,AAP1 可以调节免疫抑制小鼠的肠道菌群组成,AAP1 给药不仅能显著改善肠道菌群的组成,而且能将失衡的 CTX 组肠道菌群恢复到与对照组相当的水平;用 AAP1 进行处理后,可部分逆转 CTX 诱导的肠道营养不良;在添加 AAP1 后,经 CTX 处理的小鼠体内产生 SCFA(SCFA 是肠道中重要的细菌代谢物,主要由乙酸盐、丙酸盐和丁酸盐组成,对人体健康有益),拟杆菌、芽孢杆菌以及有益乳杆菌丰度显著增加,促进了 SCFA 的合成。试验证明,AAP1 可以作为肠道菌群的调节因子，起到免疫调节的作用，从而具有改善健康的潜力，可以作为免疫调节剂应用于食品和药品中。

四、小结

黑木耳多糖对机体免疫机制的促进作用是对免疫器官、免疫细胞、免疫因子等多途径、多靶点进行综合调节的结果。黑木耳多糖还可以通过调节肠道菌群起到免疫调节作用。

第八节　黑木耳与抗辐射

一、辐射及其对人体的伤害机制

辐射可分为电离辐射和非电离辐射。电离辐射可直接或间接引起被作用物质电离，而非电离辐射只能引起原子或分子的振动、转动或电子轨道能级的改变，不能导致电离。目前的科学研究以电离辐射为主。电离辐射能直接将能量传递给生物分子，引起电离和激发，导致分子结构的改变和生物活性的丧失。同时，辐射还可以分解机体中的水，产生多种自由基，从而加重氧化损伤。辐射可破坏细胞膜的结构，可导致 DNA 的碱基脱落、破坏，DNA 断裂、交联，以及染色体（质）异常改变等，还可使 DNA 的复制和相应蛋白质的合成受影响。

二、黑木耳功效成分抗辐射、抗突变机制

骨髓细胞 DNA 含量减少是一次全身 γ 射线照射引起辐射损伤的表现之一。在一定范围内，照射剂量与骨髓细胞 DNA 含量成反比，恢复时间与骨髓细胞 DNA 含量成正比，骨髓细胞 DNA 含量可代表造血系统受损状况。赵鑫等人发现，黑木耳多糖能显著提高正常小鼠和辐射后小鼠骨髓细胞 DNA 的含量，对骨髓细胞 DNA 损伤有明显的保护作用，能够有效预防和降低辐射对骨髓细胞 DNA 的损伤。同时，与辐射组相比，黑木耳多糖组能显著提高小鼠的存活率

(76.7%),数值接近于空白组小鼠。

骨髓细胞微核数可以代表机体染色体受损状况,骨髓细胞微核数增加是辐射损伤的重要指标之一。

试验显示,辐射后小鼠骨髓细胞微核数为34.71 ±1.87,与其相比,黑木耳多糖组小鼠骨髓细胞微核数显著减少,其值为24.8 ±4.59,表明黑木耳多糖对小鼠骨髓细胞微核数增加有显著的抑制作用。

辐射后第14天,小鼠脾指数为0.092 ±0.033,与之相比,黑木耳多糖组小鼠脾指数极显著升高,其值为0.610 ±0.008,且与空白对照组相比,黑木耳多糖组脾指数下降不显著,这说明黑木耳多糖对脾指数的保护作用达到正常水平。

辐射后的第14天,模型组小鼠胸腺指数为0.448 ±0.004,与其相比,黑木耳多糖组小鼠胸腺指数极显著升高,其值为0.589 ±0.013,说明黑木耳多糖对胸腺组织有明显的保护作用。

辐射后小鼠迟发型变态反应值为(0.21 ±0.05)mm,与其相比,黑木耳多糖组能显著增大小鼠迟发型变态反应值,其值为(0.32 ±0.06)mm,说明黑木耳多糖组对小鼠足趾肿胀升高有保护作用,可以促进T淋巴细胞增殖。

辐射后第14天,模型组小鼠脾细胞增殖能力为0.806 ±0.003,与其相比,黑木耳多糖组小鼠脾细胞增殖能力极显著提高,其值为1.627 ±0.008,说明黑木耳多糖对小鼠脾细胞增殖的作用达到并超过正常水平。

受辐射的模型组小鼠碳廓清指数为3.786 ±0.092,与其相比,黑木耳多糖组小鼠碳廓清指数极显著升高,其值为5.194 ±0.296,说明辐射对小鼠的免疫功能有损伤作用,而黑木耳多糖组具有明显的增强免疫功能的作用,并且达到正常水平。

对照组小鼠脑组织TChE、SOD值分别为8.176 ±0.601和370.437 ±5.610,与其相比,受辐射的模型组小鼠脑组织TChE、SOD的活性极显著降低,其值分别为4.863 ±0.273、273.870 ±9.988;与模型组相比,黑木耳多糖组TChE、SOD的活性显著升高,其值分别为7.428 ±0.411、361.731 ±6.866。这说明辐射对小鼠脑组织有明显的损伤作用,而黑木耳多糖有明显的保护作用,且达到正常水平。

三、小结

黑木耳多糖对辐射小鼠有一定的保护作用,且保护水平可以达到正常水平,具体表现在受辐射小鼠骨髓细胞 DNA 含量、存活率、骨髓细胞微核数、脾指数、胸腺指数、迟发型变态反应、碳廓清指数、对脑组织的保护等方面。

第九节 黑木耳与抗炎症

一、炎症及其特点

炎症是机体对各种致炎因素及其所引起的损伤产生的防御性反应,是机体对损伤性刺激的最原始保护性反应,是病理过程中最基本的表现。炎症是很多不同类型疾病(包括生物性、化学性、物理性及病因性疾病)的共有病理基础之一,且因人而异,有急性的或者慢性的,有可逆的或者不可逆的,还有器官特异的(如哮喘)。中药抗炎镇痛的药理研究已经成为当今新药开发的热点,也是中医药现代研究中极为活跃的领域。

二、黑木耳功效成分抗炎机制

(一)黑木耳多糖对脓毒血症大鼠全身炎症反应的影响

临床上常见的脓毒血症主要由革兰氏阴性细菌及其内毒素引起,内毒素可直接刺激细胞分泌肿瘤坏死因子 - α(TNF - α),也可通过激活核转录因子 - κB(NF - κB)活化,使细胞大量分泌 TNF - α,它广泛地参与机体的许多病理过程,直接介导细胞坏死和凋亡,进一步发展可引起内毒素性休克,并造成多器官功能障碍。内毒素导致的炎症细胞大量聚集,会释放多种细胞因子而发生全身炎症反应。在众多细胞因子中,TNF - α、白介素 - 1 (IL - 1) 和白介素 - 6 (IL - 6) 的作用尤为重要。NF - κB 参与多种细胞因子及炎性递质基因的转录调控,在炎症反应细胞因子网络的调节中起到重要作用。

马琪等人的研究显示:对照组门静脉血清内毒素水平为(0.077 ± 0.03)EU/mL,试验组、蒙脱石散组及黑木耳多糖组门静脉血清内毒素水平显著高于对照组,各组值分别为(0.127 ± 0.03)EU/mL、(0.136 ± 0.04)EU/mL、(0.112 ± 0.02)EU/mL;对照组动脉血清内毒素水平为(0.037 ± 0.05)EU/mL,试验组、蒙脱石散组及黑木耳多糖组门动脉血清内毒素水平显著高于对照组,各组值分别为(0.143 ± 0.04)EU/mL、(0.158 ± 0.05)EU/mL、(0.081 ± 0.03)EU/mL;黑木耳多糖组门静脉血清和动脉血清内毒素水平均明显低于试验组及蒙脱石散组,蒙脱石散组与试验组门静脉血清和动脉血清内毒素水平无明显差异。

试验显示:对照组血清细胞因子 TNF-α 水平为(7.62 ± 1.93)EU/mL,试验组、蒙脱石散组及黑木耳多糖组大鼠血清中 TNF-α 水平较对照组均显著升高,各组值分别为(11.63 ± 1.14)EU/mL、(9.51 ± 1.38)EU/mL、(10.05 ± 0.37)EU/mL;对照组血清细胞因子 IL-1 水平为(42.46 ± 2.60)EU/mL,试验组、蒙脱石散组及黑木耳多糖组大鼠血清中 IL-1 水平较对照组均显著升高,各组值分别为(62.99 ± 8.49)EU/mL、(50.87 ± 5.85)EU/mL、(53.82 ± 7.17)EU/mL;对照组血清细胞因子 IL-6 水平为(24.85 ± 3.10)EU/mL,试验组、蒙脱石散组及黑木耳多糖组大鼠血清中 IL-6 水平较对照组均显著升高,各组值分别为(35.89 ± 2.95)EU/mL、(31.92 ± 1.94)EU/mL、(32.31 ± 4.01)EU/mL;蒙脱石散组及黑木耳多糖组大鼠血清中 TNF-α、IL-1 水平较试验组显著降低。

采用 Meta Morph 软件测定阳性细胞的积光密度进行半定量分析,结果显示:对于肠组织来说,对照组肝组织细胞 NF-κB 的 IOD 值为 16 395.57 ± 4 163.96,试验组肝组织细胞 NF-κB 的表达水平较对照组显著升高,其值为 75 508.08 ± 13 356.36;蒙脱石散组及黑木耳多糖组肝组织细胞 NF-κB 的表达水平较试验组显著降低,其值分别为 20 338.72 ± 10 904.24、21 869.63 ± 8 953.28。对于肝组织来说,对照组肝组织细胞 NF-κB 的 IOD 值为 15 968.37 ± 3 784.95,试验组肝组织细胞 NF-κB 的表达水平较对照组显著升高,其值为 73 683.43 ± 12 847.52;蒙脱石散组及黑木耳多糖组肝组织细胞 NF-κB 的表达水平较试验组显著降低,其值分别为 28 691.58 ± 11 962.35、

19 797.81 ±8 635.23。

（二）黑木耳多糖对小鼠毛细血管通透性、棉球肉芽肿、足趾瘀血及扭体疼痛的影响

基于已有文献对黑木耳多糖抗炎、镇痛作用的研究，张文婷等人在试验中选取醋酸致小鼠毛细血管通透性增强、小鼠棉球肉芽肿增生模型，外伤致小鼠足趾淤血水肿模型，以及小鼠醋酸扭体模型，对黑木耳多糖的抗炎、镇痛作用进行研究。

结果显示，高、中、低剂量黑木耳多糖组对醋酸致小鼠毛细血管通透性增强、小鼠棉球肉芽肿增生都有显著的抑制作用，且具有一定的量效关系，对小鼠棉球肉芽肿增生的最高抑制率为 45.83%，且多糖给药组小鼠的脾指数也有所提高。

高、中、低剂量黑木耳多糖组可明显抑制小鼠足趾瘀血肿胀，且表现出量效关系，同时可观察到黑木耳多糖各剂量组可减轻小鼠足趾瘀血程度。

黑木耳多糖各剂量组均延长小鼠疼痛潜伏期，抑制小鼠醋酸扭体反应，最高抑制率为 46.25%。

（三）黑木耳多糖对梗阻性黄疸引起的全身炎症反应的减缓作用

有研究表明，梗阻性黄疸会影响单核 - 巨噬细胞系统功能，同时会损害肠黏膜屏障结构，使细菌及内毒素移位，引起门静脉甚至全身炎症反应，故在梗阻性黄疸的治疗中如何保护肝功能，减缓全身炎症反应的发生，成为极重要的问题。

已有研究表明，NF - κB 作为转录因子对肝组织的炎症反应、氧化应激和肝细胞的凋亡都起到关键性的作用，姚雪萍等人在此基础上研究黑木耳多糖对大鼠肝组织中 NF - κB 水平的影响。结果显示，模型组大鼠肝组织中 NF - κB 水平为 11.63 ±1.14，与模型组相比，假手术组、黑木耳提取物组均能显著降低肝组织中 NF - κB 水平，各组值分别为 7.62 ±1.93、10.05 ±0.37。

三、小结

黑木耳多糖通过影响 NF - κB、TNF - α、IL - 1、IL - 6 等因子的水平，延长

疼痛潜伏期,减少肿胀,以及减轻疼痛反应等,从而发挥抗炎、镇痛作用。

结构复杂、成分多样的复合物的存在使得黑木耳能维持白细胞水平的平衡,对人体的免疫功能有良好的保护作用;能增强超氧化物歧化酶活力,能抗辐射、抗突变、抗炎症,能降血糖,抗糖尿病,降低脂褐质含量,具有降低血脂、胆固醇、血液黏度以及缓解血栓形成的作用;能减少有害物质及各种自由基的产生,因而具有抗肿瘤作用;能促进蛋白质、核酸的生物生成,延缓衰老。

第五章　黑木耳功效成分的提取技术

目前对黑木耳的提取多集中在以其子实体和菌丝体为原料，其分离、提取方法分为传统提取技术和现代提取技术。传统提取技术包括热水浸提法及稀碱浸提法，工业化提取多采用热水浸提法。现代提取技术包括生物酶法、超声波辅助提取法、微波辅助提取法、超微粉碎法等。此外，还有采用多种方法协同作用的复合提取法，如超声波联合复合酶法、生物酶法联合微波提取法等。表5－1对比了不同的提取技术，为黑木耳提取工艺的优化提供参照。

表5－1　黑木耳的提取技术

提取技术	研究实例	作者
热水浸提法	黑木耳子实体干粉与水之比为1∶50，于90 ℃的水浴中抽提3.5 h，用70%的乙醇对提取液进行醇析	林敏等
稀碱浸提法	分别以蒸馏水和1 mol/L的NaOH溶液作为提取剂，于80 ℃提取3 h，发现以蒸馏水作为提取剂提取的多糖含量为1.28%，以1 mol/L的NaOH溶液作为提取剂提取的多糖含量为3.52%，后者提取出来的多糖约为前者的3倍	包海花等

续表

提取技术	研究实例	作者
生物酶法	纤维素酶的添加量为1.3%，在50 ℃的温度下提取80 min，其多糖的提取率（得率）达到4.71%；果胶酶的添加量为1%，在55 ℃的温度下提取80 min，其多糖的提取率达到4.15%	姜红等
	先添加复合酶（果胶酶与纤维素酶），再添加木瓜蛋白酶进行反应，采用这种方法的多糖提取率能够达到16.83%，而提取的时间可以减少到140 min	张立娟等
超声波辅助提取法	520 W超声波提取13 min，液料比为1∶2，进行3.1 h的水浴浸提，其多糖的提取率能够达到16.59%	王雪等
	超声波频率为25 kHz，提取时间为15 min，提取温度为50 ℃，料液比为1∶30，在这种工艺条件之下，其多糖的提取率可达到14.28%	徐秀卉等
微波辅助提取法	将水当成提取剂，料液比为1∶40，微波功率为560 W，萃取时间为3 h，提取35 s的浸提效果最好，黑木耳多糖的提取率为98.55%	张钟等
超微粉碎法	研究显示，超微粉碎可以明显提高黑木耳多糖的溶出率，于一样的工艺条件下，黑木耳超微粉的多糖提取率比黑木耳粗粉要高很多	杨春瑜等
复合提取法	采取超微粉碎技术与超声波协同纤维素酶法相结合对黑木耳多糖进行提取，其最佳参数是：超声波频率为20 kHz，超声波功率为20 W，酶解温度为41.88 ℃，pH＝4.61，提取时间为160 min。这种提取方法具有反应条件温和、反应时间短、粗多糖溶出率高、细胞壁破碎彻底等优点	刘大纹等
	超声波联合复合酶法能够明显提高黑木耳多糖的提取率，这种技术的最佳提取条件是：料液比为1∶50，超声波功率为125 W，浸提温度为80 ℃，作用温度为50 ℃，中性蛋白酶用量为650 U/g，超声波复合酶作用时间为60 min，浸提时间为2.5 h，纤维素酶用量为390 U/g	娄在祥等

第一节　溶剂浸提法

一、溶剂浸提法原理及常用溶剂

溶剂浸提法是按照提取原料中每个成分的溶解性质，采用对活性成分具有较大溶解度、对无关的溶出成分具有较小溶解度的溶剂，把存在于原料组织内的有效成分都溶解出的方法。把溶剂添加到原料内的时候，溶剂会因为渗透、扩散的作用慢慢经由细胞壁而进入细胞内，将可溶物质溶解，造成细胞内外存在浓度差，从而导致细胞内的浓溶液持续往外进行扩散，溶剂又持续进入原料的组织细胞中，这样重复多次，一直到细胞内外溶液的浓度达到动态平衡的时候，把这种饱和溶液滤出，不断添加新溶剂，便能够将需要的成分彻底溶出或大量溶出。

采用溶剂浸提法的重点是选择合适的溶剂，若溶剂选取得当，则能够迅速地把需要的成分提取出来，选择溶剂需注意以下三点。

①溶剂需要具有较大的有效成分溶解度、较小的杂质溶解度。

②溶剂不可以和黑木耳的成分发生化学反应。

③溶剂需经济、使用安全、易得等。

选用哪种溶剂进行黑木耳功效成分的提取，是由被提取成分的溶解性、化学结构与溶剂的性质所决定的。溶剂可以分成亲脂性有机溶剂、亲水性有机溶剂、水、酸性水及碱性水。

二、溶剂浸提方法

用溶剂对黑木耳的功效成分进行提取通常采用浸渍法、煎煮法、渗漉法、回流提取法、连续回流提取法等。而且，设备条件、提取时间、原料的粉碎度、提取温度等因素均会对提取效率造成影响，需要进行慎重考虑。

（一）浸渍法

浸渍法是于温热（60～80 ℃）或常温的情况下选择合适的溶剂将黑木耳浸渍，更好地溶出有效成分的方法。但是这种方法的出膏率比较低，一定要格外注意的是，将水当成溶剂的时候，它的提取液容易变质发霉，要注意添加合适的防腐剂。

（二）渗漉法

渗漉法是持续地向经过粉碎的黑木耳内加入新鲜的浸出溶剂，让其能够渗过原料，使浸出液从渗漉筒的下端出口流出的一种方法。该方法的浸出液比较澄清，浸出的效率较高，但是耗费的时间较多，消耗的溶剂量较大，操作较麻烦。

（三）煎煮法

煎煮法是在黑木耳经浸泡之后进行加热煮沸，提取有效成分的方法。此法简便，目前工业上大都采用此方法，但是对于黑木耳这种含胶质及多糖的原料，浸提液比较黏稠，影响过滤。

（四）回流提取法

回流提取法是使用容易挥发的有机溶剂进行加热回流将黑木耳成分提取出来的方法。但是因热而不稳定的成分不应该选择这种方法，而且该方法操作比较麻烦，溶剂的消耗量较大。

（五）连续回流提取法

连续回流提取法弥补了回流提取法操作比较烦琐、溶剂耗费较多的缺点，需要用实验室常用的索氏提取器来操作。但是这种方法耗时较多。

以上几种方法是提取黑木耳功效成分的传统方法，主要的不足有：①非有效的成分不可以最大限度地被排除，浓缩率较低；②在提取液内除了有效的成分之外，通常杂质比较多，仍然有少许的脂溶性成分，不利于精制；③煎煮法有效成分的损失较大，特别是不溶于水的成分；④在提取的过程中有效成分或许会和有机溶剂反应，使有效成分丧失原来的功效；⑤在高温的条件下进行操作会导致大量热敏性的有效成分分解。

三、溶剂浸提法在黑木耳功效成分提取中的应用

存在于黑木耳中的功效成分容易溶于碱性水、热水、酸性水，但是不会溶解于有机溶剂，溶剂浸提法便是充分利用多糖的这个性质，用碱性水、热水或酸性水把黑木耳内的多糖提取出来。溶剂浸提法的操作比较简单，为如今工业上提取多糖的最为普遍的一种方法。尽管热水浸提法的多糖提取率较低，但人们越来越看重食品、药品的安全问题，也会越来越倾向于这种安全、绿色的方法，在多糖的生产和加工中也较为常用。

（一）热水浸提工艺

原理：多糖不能溶于丙酮、醚、醇等有机溶剂，但是能溶于水，用热水提取多糖，就是利用热力作业使食用菌细胞质壁分离，水作为溶剂进入细胞质与细胞壁内，使溶解液泡内的物质能够透过细胞壁扩散到外面的溶剂内，细胞间质间或细胞中物质的渗出其实就是依赖于扩散作业。

优点：节省成本，设备简单，准确度较好，一次性投入较少，操作简单，适合大型的工业生产。

缺点：产品纯化艰难，提取效率较低，活性损失较多，劳动强度较大。但是，伴随工业技术的进步，很多现代的高新技术也能够应用到黑木耳提取的工艺中。

许海林等人研究了提取时间、料液比、颗粒大小、搅拌转速与提取温度等因素对于黑木耳提取率的影响，而且进行了正交试验研究。结果显示，在诸多影响黑木耳粗多糖提取率的因素中，影响最大的是颗粒大小，其次是搅拌转速与提取时间，影响最小的是料液比，而且确定了水浴加热时对应的最好的提取条件：颗粒大小为 80 目，料液比为 1∶30，提取时间为 70 min，搅拌转速为 200 r/min。于最佳的提取条件下对黑木耳中的多糖进行提取，黑木耳粗多糖的平均提取率达到 8.46%。

选用热水浸提法提取黑木耳中的多糖时，将黑木耳彻底粉碎，充分对料水混合液进行搅拌，均有利于浸出。合理地粉碎黑木耳可以扩大溶剂和原料颗粒

间的接触面积，加快黑木耳内水溶性物质的浸提，有利于黑木耳多糖的提取。正交试验的结果显示，对黑木耳多糖得率影响较大的因素为提取时间。所以，在提取效率能够保证的条件下，多糖的提取时间可以合理地延长。对黑木耳多糖得率影响最小的是料液比，说明在选择的料液比范围中，料液比已经差不多为饱和的状态。图 5 - 1 为不同提取条件对黑木耳多糖得率的影响。

李静等人用较差的黑木耳作为原材料，对热水浸提法的相关工艺进行了研究，在试验中，影响最大的是料液比，其次是时间与温度。因此，采用热水浸提法提取多糖的最优工艺为：温度为 80 ℃，料液比为 1∶55，时间为 2.5 h，重复进行 2 次浸提。这种工艺下其多糖得率为 18.01%。

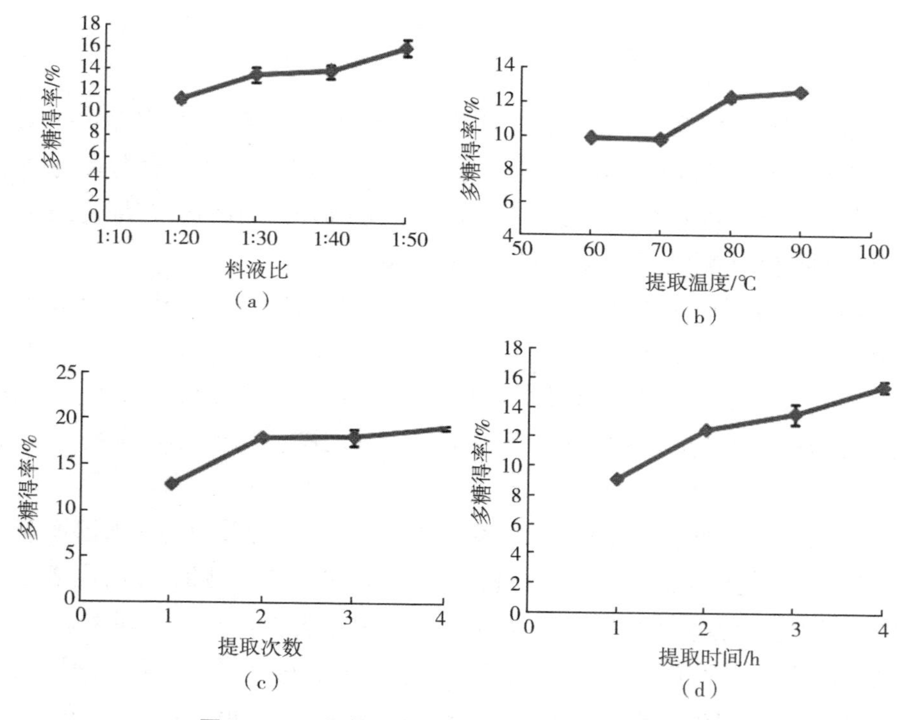

图 5 - 1　不同提取条件对黑木耳多糖得率的影响

（二）酸碱液浸提工艺

原理：利用酸碱液让黑木耳的细胞壁、细胞吸水，充分膨胀后破裂，进而将黑木耳多糖、蛋白质等功效成分充分脱离出来，提高其多糖的提取率。

酸碱介质可以显著提高蛋白质与多糖的提取率，但是将酸作为介质对肽键与糖苷键有微小的破坏作用，会造成蛋白质与多糖的提取率下降，也容易破坏容器，一般除弱酸之外都不适合选择。采取稀碱液浸提工艺既可以减少试剂与原材料的使用，又可以节约时间，而且提取出来的蛋白质与多糖较多，但是碱提之后的溶液浓度升高，导致难以过滤。

刘荣等人在单因素试验的基础上，采用 Box - Benhnken 的响应面法组成 3 个影响因素（提取温度、提取时间、料液比）和 2 个响应值（降血脂的活性、多糖提取率）互相影响的数学模型，得到黑木耳降血脂酸性多糖的最优提取条件是：提取时间为 2.0 h，料液比为 1∶80，提取温度为 71.5 ℃，pH = 9.0。其多糖提取率为 3.25%。

刘海玲等人把提取温度、提取时间、NaOH 浓度当成变量因素，通过正交试验研究黑木耳多糖在碱性情况下的最佳提取条件。当 NaOH 浓度为 0.4 mol/L、提取时间为 2 h、提取温度为 90 ℃时，多糖的得率能够提高，而且最高为 28.89%。由试验可以证明，在碱性的条件之下能够提高黑木耳多糖的得率。

赵玉红等人对黑木耳蛋白质的碱溶酸沉法的提取条件进行优化，考察提取时间、料液比、碱液浓度、提取温度对黑木耳蛋白质提取率的影响。采用响应面法对黑木耳蛋白质提取的工艺条件进行优化。结果显示，黑木耳蛋白质的最优提取条件是：提取温度为 50 ℃，料液比为 1∶90，提取时间为 2.5 h，碱液浓度为 0.07 mol/L。在这种最优的条件下，黑木耳蛋白质的提取率达到 4.52%。刘静波、王振宇等人采用酶法与传统热水浸提法对黑木耳中的蛋白质进行提取，其提取率分别为 2.6%、1.07%，表明采用碱溶酸沉的方法对黑木耳中的蛋白质进行提取能够提高其提取率，是提取黑木耳蛋白质的比较合适的方法。

张莉等人用黑木耳作为原料，采用碱溶酸沉法对黑木耳中的蛋白质进行提取，将蛋白质得率当作参考的指标，考察提取温度、pH 值、提取时间、料液比对其蛋白质得率的影响。通过单因素试验可以明确最优工艺条件是：提取温度为 35 ℃，pH = 10.5，提取时间为 2.0 h，料液比为 1∶80。在此基础上，通过多种因素的重复试验优化相关的提取条件，明确多种影响因素的最佳组合方式是：提取时间为 2.0 h，pH = 10.0，提取温度为 40 ℃，料液比为 1∶90。在这种工艺下,黑木耳蛋白质的得率能够达到64.80%。

张莲姬等人研究了黑木耳内黑色素的提取方法,即把干黑木耳粉碎之后用盐酸进行浸提,之后通过过滤、溶解、沉淀、离心、干燥等将黑木耳中的黑色素提取出来。经过试验可以明确浸提盐酸的最适浓度为3 mol/L,经正交试验进一步明确黑色素的最优提取条件为:提取时间为1 h,料液比为1∶25,提取温度为60 ℃。其得率达到2.70%。他们还对黑木耳中的黑色素进行相关的稳定性试验,其结果显示它对金属离子、光、葡萄糖、热、蔗糖有较好的稳定性,但是对还原剂与氧化剂的稳定性较差。

第二节 超声波辅助提取法

一、超声波的概念及特点

声学研究的频率范围为10^{-4}~10^{14} Hz,但是只有频率在20~20 000 Hz的声音才能引起人的听觉,频率大于20 000 Hz的声波称为超声波。

二、超声波应用于药物提取、分离

(一)超声波应用于药物提取、分离的理论基础

超声空化为强超声于液体内进行传播的时候导致的特殊的物理现象。其实空化就是指在液体内因为相关原因形成负压,而其负压达到临界值的时候,可以使液体断裂,进而于液体内产生蒸汽空腔或局部气体的现象。此种可以使液体断裂的临界的负压值就叫作空化阈。

对纯净液体(不含杂质颗粒或气体等)而言,空化阈需要可以抵抗分子之间的内聚力。以水为例,用热力学的统计物理进行计算,于常温的条件下,其空化阈应高于-100 Pa。但是,试验显示,几乎全部实际液体(包括经由过滤、去离子、除气等经过处理后的液体)的空化阈都比这种理论值低很多。例如,江河湖海中的水实际上的空化阈只能达到约-1 MPa。

试验与理论都可以证明,实际的气体内由于经常有大量细小的气泡组成液体的“薄弱环节”,所以在较低的负压之下,能够于这些地方把液体拉断进而形成空化。这类微小的气泡可以称为“空化核”。普遍的空化核可以是液体内的半径小于0.1 mm的蒸汽泡或气泡(半径大于0.1 mm的气泡便会由于浮力上升到液面导致破灭),也可以是固态粒子(主要为动植物药材及其粉料)表面或裂缝处的微小气泡等。

声学理论已经表明,液体内具有半径是 R_0 的空化核的时候,其空化阈值可以用下式进行表示:

$$P_B = P_0 - P_V + \frac{2}{3\sqrt{3}}\left[\frac{\left(\frac{2\sigma}{R_0}\right)^3}{\left(P_0 - P_V + \frac{2\sigma}{R_0}\right)}\right]^{\frac{1}{2}} \tag{1}$$

式中 P_0 为液体的静压力;P_V 为气泡内的蒸汽压;σ 为表面张力系数;P_B 为空化阈值。

当 $P_V \ll P_0$,且 $\frac{2\sigma}{R_0} \ll P_0$ 时,上式可近似为

$$P_B = P_0 + 0.38\left[\frac{\left(\frac{2\sigma}{R_0}\right)^3}{P_0}\right]^{\frac{1}{2}} \tag{2}$$

由此能够得出,式(2)右侧的第二项的数值与 R_0 呈反比,R_0 越小,其值便会越大,所对应的 P_B 的值也会越大。

例如,对于水,取 $R_0 = 0.01$ mm,$\sigma = 0.076$ N/m, $P_0 = 0.101\ 3$ MPa时,可以算出 $P_B = 0.103\ 6$ MPa;而在同样的条件下,改取 $R_0 = 0.1$ mm,则算出的 $P_B = 0.101\ 4$ MPa。这也可以说明,存在较大的空化核的时候,一旦声压的复值略比液体内的静压值大便能够形成空化。

(二)超声空化的物理过程

下面分析超声波的物理过程。超声波在液体内以纵波的方式进行传播。这种交变声压于液体内可以形成周期性的压缩与拉伸。对于微弱的超声,在声压是负压的时候,气泡(空化核)便会拉大,但是在声压是正压的时候,气泡又会

被压缩而变小,即气泡的大小会伴随声波的频率产生脉动改变。这个过程就叫作“稳态空化”(steady cavitation)。但是,较强超声的声压幅值比空化阈高的时候,气泡声压会在负压的时候进行快速的膨胀,进而能够达到最大的半径,紧接着于正压时期又会进行强烈的压缩,一直到“崩溃”(或“内爆”,implosive collapse),空化泡生长示意图如图 5 -2 所示。

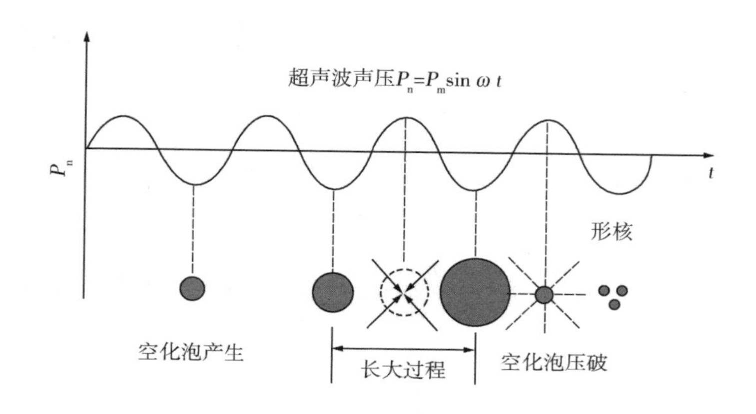

图 5 -2　空化泡生长示意图

因为临近崩溃的时候,其泡壁的压缩很迅速,可能会比泡中气体的声速还要快很多,这时能量密度会较为密集地聚集,所以于其崩溃的时候会导致高压、放电、高温、冲击波、发光、高速射流等一连串的物理效应。这个过程可以叫作“瞬间空化”(transient cavitation)。

依据声学理论,液体内的单独的气泡于声场的作用下行为的数学公式为 Rayleigh - Plesset 方程,即

$$\rho va + \frac{3}{2}\rho a^2 = P_{io}\left(\frac{R_0}{R}\right)^{3\gamma} + P_V - P_0 - \frac{2\sigma}{R} - \frac{4\mu}{V}a - P_A\sin\omega t \qquad (3)$$

式中 R 为气泡的半径变量,也就是气泡于某个时刻的半径;ν、a 分别为泡壁径向运动的速度与加速度;ρ、μ 分别为液体的密度与粘滞系数;γ 为泡中气体的比热比(C_p/C_v),对空气常取 $\gamma = 1.4$; P_A 代表声压幅值;$\omega = 2\pi f$ 代表声波的圆频率,其中 f 为声波的波频率;$P_{io} = (2\sigma/R_0) + P_0 - P_V$,代表静态时泡内气体压力。

由式(3)于一定的近似条件下导出气泡运动的一些关键参数。

假设声辐较小,也就是 $P_A \ll P_0$,并且忽略液体的黏性,即 $\mu=0$,将式(3)简化为一个二阶常微分方程,从而能够推出半径为 R_0 的气泡的共振频率,即

$$f_r = \frac{1}{2\pi R_0}\sqrt{\frac{3\gamma}{\rho}\left(P_0+\frac{2\delta}{R_0}\right)-\frac{2\delta}{R_0}} \tag{4}$$

因为普通气体的比热比 $\gamma>1$,空气和其他双原子气体的 $\gamma=1.4$,所以常有 $\frac{2\delta}{R_0} \ll \frac{3\gamma}{\rho}\left(P_0+\frac{2\delta}{R_0}\right)$,故式(4)可简化为

$$f_r \approx \frac{1}{2\pi R_0}\sqrt{\frac{2\gamma}{\rho}\left(P_0+\frac{2\delta}{R_0}\right)} \tag{5}$$

或变为气泡共振半径的公式:

$$R_r \approx \frac{1}{2\pi f_r}\sqrt{\frac{3\gamma}{\rho}\left(P_0+\frac{2\delta}{R_0}\right)} \tag{6}$$

例如,水中气泡 $R_0=0.1$ mm,算出其共振频率 $f_r \approx 33$ kHz。

同理,于其他相似假设条件下,能够推算出单泡超声空化效应的其他参数。

(1) 气泡压缩至最小半径 R_{min} 时泡中气体的温度为

$$T_{max} = T_0\frac{P(1-\gamma)}{Q}$$

式中 T_0 为泡内初始温度;P 为气泡的外界压力;Q 为气泡半径为 R_0 时的泡内压力。

对于水中气泡,当 $T_0=300$ K,$P=0.1$ MPa,并取 $Q=0.001$ MPa 时,$T_{max}=10\ 000$ K。

(2) 气泡崩溃时,高速运动的液体忽然进行制动,积累于泡中的能量会瞬间成为往外辐射的冲击波。依据声学理论,气泡崩溃时的最大压力近似为

$$P'_{max} \approx 4^{-\frac{4}{3}}p\left(\frac{R_{max}}{R_{min}}\right)^3$$

有研究证明,这种最大压力存在于距离气泡中心 $R=1.587R_{min}$ 处,比如在水内,当 $R_{max}=20R_{min}$,$P=0.1$ MPa 时,可得 $P'_{max} \approx 126$ MPa。

(三)超声空化的分类

按照空化泡的动力学行为与对超声的响应强度,把超声空化分成稳态空化

与瞬态空化。

1. 稳态空化

超声波在液体内以纵波的形式进行传播，这种交变声压于液体内形成周期性的压缩与拉伸。稍弱的超声在声压的负压时期会拉大气泡（空化核），但是在正压时期会压缩气泡使其变小，即气泡的大小会伴随声波的频率引起脉动变化。这个过程叫作“稳态空化”（steady cavitation）。

通常在声强小于1 W/cm^{2}的条件下便会造成稳态空化。空化气泡的寿命往往超出几个声波的周期。在声场内可以振动的气泡，因为膨胀相气泡的表面积要比压缩相的大很多，所以在膨胀时扩散至气泡中的气体比压缩时扩散至气泡之外的更多，而使气泡在振动过程中增大，当达到共振半径之后便会使气泡从稳态空化变成瞬态空化，进一步便会引起崩溃，如图5－3所示。

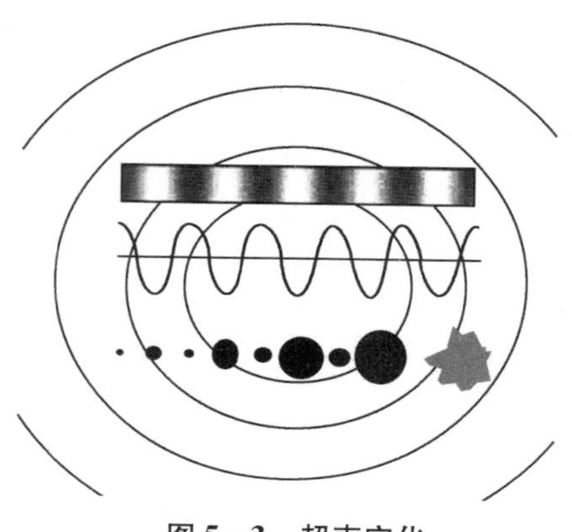

图5－3　超声空化

2. 瞬态空化

瞬态空化为气泡压缩崩溃的过程，通常在声强大于1 W/cm^{2}时便能够形成，空化泡的寿命通常在一个声波周期之中。在声场内振动的气泡，当声场较高、声压是负半周的时候，液体便会受到较大的拉力，气泡便会快速膨胀（能够达到原有的几倍），进一步在声压是正半周的时候受到压缩，瞬间崩溃分裂，形成大量的小气泡，便会产生全新的空化核。

在气泡快速收缩的时候，气泡中的蒸汽或气体受到压缩，在空化泡崩溃的时候，泡中便会形成 5000 K 的高温，在局部会形成 500 atm 左右的高压，其带来的温度变化率能够达到 109 K/s，也会形成激烈的冲击波，以及时速能够达到 400 km/h 的射流，出现发光现象，也可听到小的爆破声，如图 5 - 4 所示。

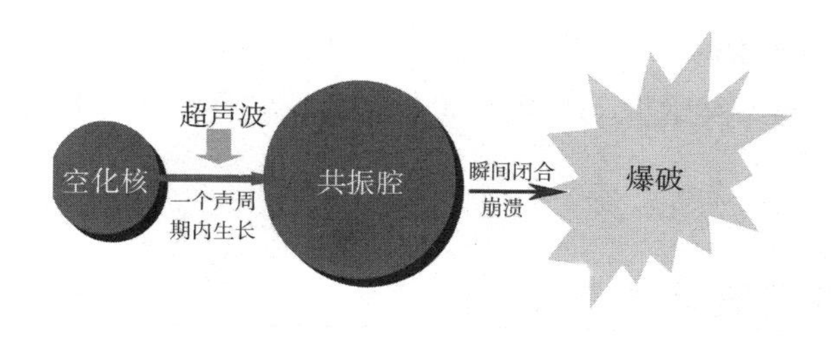

图 5 - 4　瞬态空化

秦炜等人利用超声对液固萃取分离进行强化，将超声空化的过程中气泡的巨大改变造成的其余效应分成界面效应、湍动效应与聚能效应。超声空化形成的冲击波导致体系的宏观湍动与固体颗粒的剧烈冲撞，将边界变得更薄，提高传质的速率，叫作湍动效应；超声空化形成的微射流使固体表面剥离产生全新的活性表面，扩增传质面积，叫作界面效应；超声空化产生的能量聚结形成局部位置的高压高温能够将分离的物质分子和固体表面存在的分子键断开而进行活化，完成传质，叫作聚能效应。

伴随着超声空化还形成了热效应、机械效应等不同的声能和物质互相作用的结果。

超声波在液体内进行传播的过程中，超声的辐射压力和高频振动能够在气体、液体内产生有效的搅动与流动，能够让媒介质点于传播的空间中达到振动的状态，进而可以促进细胞中物质的释放、扩散和溶解。空化泡的振动会使固体表面形成剧烈的射流和局部的微冲流，明显降低液体表面的摩擦力与张力，而且会导致固 - 液界面的附面层的破坏，所以能够达到一般低频机械搅动无法达到的效果，从而能够加强介质的传质、扩散，叫作机械效应。

在超声波传播的过程中，机械能持续地被介质吸收，而且能够大量或完全变成热能，造成原料组织与介质自身的温度升高，加快有效成分的溶解，即为超声波的热效应。

由此可知,不论是什么效应,均为超声波在液-固传质过程中的空化作用形成之后形成的,若未空化便不会产生其他效应,因此空化效应为液-固提取过程中物质和超声作用的关键效应。空化效应包括上述效应内的大多数,并且在所有效应内的作用最显著。存在于空化效应内的微射流能够于液-固界面或液体内部产生剧烈的冲击作用,此作用不但可以让传质作用不断增加,而且可以让固体的表面粉碎。所以,超声波的空化效应具有使液-固提取、液-液萃取等分离工艺强化的作用,这便是超声波能够与黑木耳功效成分提取相结合的原因。

三、超声波提取的优缺点

(一)超声波提取的优点

①提取效率高。超声波独特的物理性质可以让植物细胞组织变形或者破壁,让黑木耳的有效成分能够更完整地被提取出来,其提取率相较于传统的提取工艺具有明显的增强效果。

②提取时间短。经过超声波强化的提取方法一般于 24~40 min 就能够取得最好的提取率,其提取时间比传统的方法缩短了至少 2/3,所用原材料的量较多。

③提取温度低。超声波提取的最适温度为 0~60 ℃,对于那些容易氧化或水解、具有热不稳定性的有效成分还有保护功能,也可以降低相关的能耗。

④适应性广。超声波提取没有分子量、成分性质的限制,适合大部分有效成分的提取,杂质较少,利于分离与纯化有效成分。

⑤节省提取成本,明显增加相关的经济效益,维护设备简单、操作容易。

(二)超声波提取的缺点

首先,设备的稳定性无法保证。如今进行超声波提取的设备均利用水把超声波间接作用在样品上,所以以后需不断对相关的超声提取设备进行探索,解决相关的技术难题。

其次,无法选择最适宜的超声频率。因为超声提取的原理并没有被彻底解释清楚,很多不明确的因素仍旧与超声提取的效率相关。为了更好地提升提取的效率,可以尝试把微波提取技术与超声提取技术相结合。

另外,经过超声提取而获得的产物的生物学效应仍然需要得到进一步的研究。

四、超声提取技术的设备

提取设备是物质成分分离提取前期操作需要的设备,而超声提取设备是将电能转化成声能在物质上进行作用的,从而使物质成分快速到达溶剂内,是实现成分转移的系统与容器。如今市面上常见的超声提取设备有超声提取罐、超声波多功能提取设备。

连续化管道式多功能超声波提取设备、循环超声提取设备等具有小型与大型之分。小型的设备通常在实验室内使用,大型的设备往往在工业生产线中使用。超声提取设备通常由超声波电源、提取容器、超声换能系统三个主要部分构成。超声波电源就是声功率发生器,是给超声换能器进行能源供给的;提取容器用于放置提取液和提取物;超声换能系统把电能转换为超声波,主要用于提取药物或发挥其他功能。根据换能器的位置可以把超声提取设备分成外置式与内置式。

(一)外置式超声提取设备

外置式超声提取设备把电压换能器放置到物料提取容器的外侧,这样便可让其形成的超声波经由容器的外层射到提取物的上面,进而满足提取物质的要求。根据换能器黏附的方式可以把超声提取器分成管式、罐式、多面体式和槽式。

1. 管式超声提取器

它把存有物料的容器做成管道的形状,把换能器放置于管道的外壁上,其形成的超声波经由管道的外壁到达管中溶液内的物料上,经过螺旋搅拌推料器滚动往前推进,可以让物料经受多次均匀的超声作用,进而满足物料提取的要求。

2. 罐式超声提取器

它把存放被提取物的容器做成罐式的形状，可以把具有功率的超声换能器放置于其外壁上，让其形成的超声波可以经由罐的外壁进入容器内部溶液内的物料上，以便从物料中提取化学成分。

3. 多面体式超声提取器

它实际上是槽式换热器的一种。把放射出超声波的大量换能器放置于由不锈钢板构成的多面体槽体的每个面上，让其形成的超声波可以经由槽体的外壁达到槽内溶液内的物料上。它的槽体形状可以为四面体、五面体、六面体等，之后把换能器进行密封，从外部看是个提取罐，从内部看是个多面体。

4. 槽式超声提取器

它是把超声换能器放置于槽的两侧或底部而打开上部的一种简易的超声提取器。它的换能系统是由大量的喇叭形夹心式换能器构成的。

外置式超声提取设备均具有一种特征：将超声换能器放置于容器的外壁上，于容器中能够安装搅拌装置，进而提高超声提取的效率。它的缺陷是在工作的时候会产生噪音，需要采取隔绝噪音的措施，还应防止漏电，确保安全操作。

（二）内置式超声提取设备

内置式超声提取设备把换能器系统完全浸入溶剂内，让其形成的超声波可以直接和容器中溶液内的物料进行作用，能够满足提取物料的要求，一般也叫作浸没式超声提取设备。根据换能器不同的组合形式可以分成棒状浸没式、板状浸没式、探头浸没式、多面体浸没式超声提取器。

1. 棒状浸没式超声提取器

于换能器的前盖板一侧放置一个长圆棒状的变幅杆，让换能器形成的超声波顺着棒状变幅杆聚能器进行辐射。把这种具有棒状换能器的提取设备叫作棒状浸没式超声提取器，能够360°进行超声波放射的棒状放射体形成较为均匀的声场，不会有喇叭形换能器所造成的声波重叠的现象，而且在压力或真空的条件下，在一个提取容器中可以安装很多棒状放射体。可以将其应用到实验室提取小物料或在圆筒形提取罐内提取小批量物料中，还可以将其应用到管道除污中。

2. 板状浸没式超声提取器

它把换能器直接放置于条状或板状的不锈钢板上，之后将其进行密封。在使用的时候，把换能器直接放到容器槽中，可以不断进行移动让超声波能够更均匀地进行辐照，有利于被提成分迅速溶到溶剂内。

3. 探头浸没式超声提取器

它是把换能器产生超声波的变幅杆的一头（探头）直接放置到存在提取物的溶剂内，让被提取的物质可以直接受到超声波的影响，加快被提取物内的成分溶入溶剂内的一种浸没式的超声提取器。此超声设备属于内置式，其变幅杆端面的强度较大，发射头较小，经常在提取小样品或破碎细胞试验中进行应用。

4. 多面体浸没式超声提取器

它把形成超声波的大部分换能器直接放置于多面体的不锈钢板内侧，可以是二面体、四面体、五面体、六面体，之后进行密封，也可以把每个面进行连接，构成大功率的浸没式超声提取器，让超声波能够从多个面往外进行发射，进而满足提取物料的要求，也可以叫作多棱超声提取器。在使用的时候把其直接放到存在被提物与溶剂的罐中心，让超声波能够均匀地辐射，有利于提取有效成分。

浸没式超声提取设备不但具备外置式的全部优点，而且因为其直接浸到溶剂内，因此还具备没有容器壁衰减、噪声较弱等优点。

五、超声波辅助提取工艺在黑木耳功效成分提取中的应用

李凡姝等人对黑木耳多糖的超声波辅助提取工艺进行研究并进行正交试验，结果显示，不同因素对于黑木耳多糖得率影响的强弱顺序是水浴温度 < 超

声时间 < 超声温度 < 料液比，最佳提取工艺是超声温度为 65 ℃，水浴温度为 75 ℃，料液比(g/mL)为 1:40，超声时间为 15 min。于这种工艺下，黑木耳多糖得率可达到 10.622%。

张焕丽等人对黑木耳多糖的超声波辅助热水浸提工艺进行研究，于各种单因素试验的基础上，选择响应面法得到优化后的工艺条件为：料液比(g/mL)为 1:60，超声温度为 70 ℃，超声时间为 15 min。在这种条件之下，多糖的最大提取量为 7.78 mg/g，黄酮的最大提取量为 0.56 mg/g。

包鸿慧等人选择 Box – Benhnken 的中心组合试验设计和响应面分析，对超声波辅助热水浸提黑木耳多糖提取工艺条件进行优化研究，结果表明，该工艺的最佳参数为：超声波功率为 325 W，提取时间为 21.4 min，提取温度为 75.3 ℃。在这种工艺条件下，其提取率能够达到 15.28%。

李宁豫等人对黑木耳黄酮的超声辅助提取工艺进行研究，并探索了不同因素对于黑木耳黄酮提取率的影响。结果表明，各因素对其工艺条件影响的强弱顺序为：料液比 < 超声时间 < 乙醇浓度 < 超声功率。最佳提取工艺条件为：乙醇体积分数为 80%，料液比(g/mL)为 1:6，超声功率为 80 W，超声时间为 15 min。在这种提取工艺条件，其提取率为 0.79%。

李琦等人对超声辅助提取黑木耳黑色素的工艺条件进行优化研究，选择单因素试验与正交试验相结合，确定最优的工艺条件为：超声功率为 80 W，将 1.25 mol/L 的氢氧化钠溶液作为提取剂，提取时间为 80 min，料液比(g/mL)为 1:30。在这种提取条件下，其得率能够达到 9.10%。

刁小琴等人在明确超声功率、超声温度、提取剂乙醇浓度、超声时间影响黑木耳多酚提取率的基础上，选择中心组合试验与二次多项式回归进行研究，进而优化黑木耳内多酚的超声辅助提取工艺。结果显示，最优的工艺条件为：超声功率为 180 W，超声温度为 55 ℃，超声时间为 26 min，乙醇体积分数为 55%。在这种提取条件下，其提取率能够达到 0.92%。

张永芳等人选择超声波辅助技术辅助提取黑木耳多糖，研究提取过程中超声波频率、温度、液固比与时间对于提取工艺的影响。经过单因素试验能够得到最优工艺条件为：超声波频率为 50 kHz，温度为 45 ℃，时间为 25 min，液固比为 50:1。其得率为 48.71 mg/g。

王鹏等人选择超声波辅助与结合隔氧的方法对黑木耳类黄酮与多糖进行

提取,研究复配比例、复配液浓度、降温过程以及反应时间,结果显示,通过超声隔氧提取的黑木耳类黄酮与多糖的含量较多,分别是 4.2 mg/100 g 与 3.85 mg/100 g,这两种物质的抗氧化能力都比超声有氧提取方法高得多。

吴小燕等人选择单因素试验与正交试验的方法优化黑木耳超声波提取工艺,得到最优工艺条件为:超声时间为 15 min,超声频率为 70 kHz,超声温度为 70 ℃,料液比为 1∶30。其粗多糖的得率达到 6.15%。

赵梦瑶等人将黑木耳多糖的提取率作为参考指标,选择不同的粉碎和提取工艺,研究粉碎粒度超声处理等对黑木耳多糖溶出量的影响。结果显示:超声和粉碎结合能够在较大程度上影响黑木耳多糖的溶出量;进行超声处理的时候,所用原料的粒度越细,其溶出量便越高,粒度为 300 目、超声 64 min 时,其溶出量能够达到 40 目时的 5.32 倍。

徐秀卉等人选择单因素试验和正交试验的方式优化超声波提取的工艺条件。结果显示,最佳提取工艺为:超声波频率为 25 kHz,料液比为 1∶30,提取时间为 15 min,提取温度为 50 ℃,黑木耳多糖得率为 14.28%。选择超声波法进行黑木耳多糖的提取相较于传统的水提醇沉法更好。

韦汉昌等人通过超声波协同超微粉技术辅助酸法对黑木耳内果胶提取的工艺条件进行优化。结果显示,选择这种方法对黑木耳内果胶进行提取的最佳工艺参数为:液料质量比为 40∶1,温度为 70 ℃, pH 值为 3.0,提取时间为 60 mim,超声波辐射强度为 70 W/kg。在这种工艺条件下,其果胶的提取率能够达到 35.45%,和其他方法进行比较,其果胶的提取率最高。

王雪等人选择超声波辅助提取黑木耳多糖,优化了传统的提取工艺。结果显示,超声波辅助提取黑木耳多糖的最优工艺参数为:水浴浸提时间为 3.1 h,超声功率为 520 W,超声时间为 13 min,液料比为 1∶32。其多糖的提取率能够达到 16.59%。

娄在祥等人对黑木耳多糖的不同提取方法进行研究。结果显示,超声波协同复合酶法能够明显提高黑木耳多糖的得率,且最优的工艺参数为:料液比为 1∶50,超声波复合酶作用时间为 60 min,浸提时间为 2.5 h,纤维素酶用量为 390 U/g,浸提温度为 80 ℃,中性蛋白酶用量为 650 U/g,超声波功率为 125 W,作用温度为 50 ℃。其多糖得率为 10.41%。

王振宇等人对超声波法提取黑木耳蛋白质的工艺进行研究。结果显示,最优的工艺参数为:提取时间为25 min,料液比为1∶50,提取3次。在这种工艺条件下,其蛋白质的提取率能够达到2.60%,和传统的工艺相比,可以缩短所用的提取时间,明显提高提取率。

第三节　生物酶法

一、生物酶法提取的基本原理

真菌和植物中的有效成分大多数存在于细胞的细胞质内,在提取植物有效成分的过程中,必须消除源于细胞间质和细胞壁的传质阻力。其中,细胞壁是由纤维素、果胶质、半纤维素等物质组成的紧实的结构,选择适宜的酶(如纤维素酶、果胶酶、半纤维素酶)进行预处理,可以将细胞壁内的纤维素、果胶、半纤维素进行分解,进一步将细胞壁的结构损坏,形成局部的溶解、坍塌、疏松,减少溶剂提取时源于细胞间质与细胞壁的阻力,促进有效成分的溶出,提高提取的效率,缩短提取时间。

生物酶法能够对目标产物进行作用,可以将目标产物的理化性质进行优化,提高其于提取溶剂内的溶解度,减少溶剂的用量,节约成本,也能够优化目标产物的相关功能,进一步增强其效用。

二、生物酶法提取的特点

1. 反应条件温和,产物不易变性

生物酶法提取的关键是选择合适的酶对细胞壁的结构进行破坏,具有选择性较高、反应条件比较温和等特点,而且酶具有的专一性能够防止其对底物外物质的损伤。对于含量少或热稳定性较差的化学成分进行提取的时候,这种优点更为显著。

2. 提高提取效率,缩短提取时间

生物酶法预处理能够使提取时和植物内有效成分溶出时的传质阻力减小,节省提取时间,提高提取效率,具有良好的应用价值。

3. 降低成本,环保节能

生物酶法属于一种高效绿色的植物提取技术,可以充分利用其使提取物的极性增强的性质,进一步节省有机溶剂,节约成本。

4. 优化有效成分

生物酶法不但可以用于植物有效成分的提取过程,也可以选择酶解处理的方法对植物提取物进行处理,对其有效成分进行优化,增强产物的实用效益。

5. 工艺简单可行

生物酶法就是在原有的工艺条件上只添加一个操作单元,具有提取容易与反应条件温和等特点,不需过多地改变原来的工艺设备,操作容易,不需过于精良的设备。

三、生物酶法提取影响因素

1. 酶解物料的粒度

物料的颗粒越小,便越容易悬浮于酶解液内,扩大有效面积,使其容易被酶水解,提高水解的速度,但是粉碎得太细时具有太大的吸附作用,会不利于其扩散,所以在酶解的时候,需要对物料采取合适的粉碎处理,以提高酶解效率。

2. 提取溶剂

生物酶法提取的重点就是采用适合的溶剂,更好地溶解有效成分,更好地把存在于物料内的有效成分提取出来。

选择溶剂时需要注意下面几点:①溶剂需容易取得、使用安全、成本较低等;②溶剂不可以和提取的物料发生相关的反应;③溶剂需要具有较小的杂质溶解度、较大的有效成分溶解度。

3. 酶解温度及 pH 值

随着温度的升高,分子的运动也会加速,扩散与溶解也会加速,更有助于溶出其中的有效成分,因此热提与冷提相比往往具有更高的效率。不过若温度太高,便会损坏很多有效的成分,导致酶的活性减弱,严重的便会失去活性,而且也会导致溶出更多的杂质。因此,一般加热不超过 60 ℃。太低或太高的 pH 值均会引起酶的活性丧失,pH 值的变化不仅会引起酶的立体构象的变化,也会对底物的解离状态产生影响,选择最合适的 pH 值进行提取效果最好。

4. 酶解时间

所提取的有效成分往往随提取时间的增加而增多,一直到细胞内外的有效成分的浓度为平衡状态。所以不必无限制地延长提取时间,选取最佳的酶解时间可以使有效成分浓度最高。

5. 酶的用量

伴随酶浓度的增加,和物料的接触面积增大,所引起的酶解反应的速率也会提高。一旦酶浓度过于饱和,而且底物浓度比较低的时候,底物和酶会互相竞争,对酶造成抑制作用,因此酶无法得到充分利用,导致浪费的情况发生。

四、生物酶的种类

根据酶作用目标的不同,所采用酶的种类也不同。作用在细胞壁上的酶通常是果胶酶、纤维素酶、半纤维素酶等;作用于目标产物的酶一般是转苷酶、葡萄糖苷酶等。纤维素酶是以 β-D-葡萄糖使用 1,4-β 葡萄糖苷键进行连接的,选择纤维素酶进行酶解能够使 β-D-葡萄糖苷键造成破坏,导致细胞壁的损伤,有助于提取其中的有效成分。果胶酶为用于分解果胶复合物的酶的统称。果胶酶一般分成两种:多聚半乳糖醛酸酶与果胶甲酯酶。

五、生物酶法在黑木耳功效成分提取中的应用

李晶等人选择酶促热水浸提的方法提取黑木耳多糖，采用果胶酶、纤维素酶、酸性蛋白酶、糖化酶、木瓜蛋白酶、淀粉酶六种酶对其提高提取率的效果进行验证。结果显示，使用纤维素酶协助热水提取黑木耳多糖的效果最佳，但是糖化酶在效果较好的情况下更加节约成本。

杨春瑜等人用黑木耳的超微粉当作原料，选择蜗牛酶酶解的方法，选择单因素试验与响应曲面的方法优化黑木耳多糖的酶提工艺。结果表明，最优工艺参数为：酶解时间为2.5 h，pH =6.8，酶的添加量为1.3%，酶解温度为55.0 ℃。在此条件下，多糖得率为31.1%。

吴琼等人选择超声波协同果胶酶进行黑木耳中粗多糖的提取，确定超声波辅助提取黑木耳粗多糖的最优工艺参数为：超声波功率为400 W，浸提温度为90 ℃，超声波时间为7 min，浸提时间为2 h，料液比为1∶80。于这种工艺下可以确定黑木耳粗多糖得率是19.84%。在一样的条件下，这个得率比超声波辅助热水提取方法与热水直接浸提方法的多糖得率要高很多。

唐旋等人选择高压均质和酶法进行联合的工艺，凭借Minitab统计软件，选择中心组合试验法来优化黑木耳多糖提取的工艺。结果显示，将黑木耳于8～10 MPa的均质压力下进行10～12 min的均质，在这种预处理之后，选择0.05 mol/L的柠檬酸钠缓冲溶液当作溶剂，在80 ℃的温度条件下进行2 h的提取，之后冷却到45 ℃，加入纤维素酶355 U/g，在料液比为1∶48、pH =5.0的条件下提取1.2 h，加入NaOH将溶液调节到中性之后将温度快速提高到85 ℃进行1 h的灭菌，其多糖的提取率为15.37%。

付娆等人选择纤维素酶的方法将存在于残渣内的可溶性与不溶性的膳食纤维提取出来，研究酶底比、提取时间、料液比、pH值、提取温度对于膳食纤维提取率的影响。经过试验最后得到提取膳食纤维的最佳工艺参数为：酶底比为100 U/g，料液比为1∶30，提取温度为55 ℃，提取时间为90 min，酶解pH =5。在这种工艺条件下，可溶性与不溶性膳食纤维的得率分别是9.28%和40.32%，IF/SF比值是4.34。

何伟峰等人通过试验选择纤维素酶法作为最佳提取方法，其最优工艺是，

在 pH =4.5 的条件下，以 1∶50 的料液比，添加 2%（加酶量/木耳干重）的纤维素酶到 0.05 mol/L 的柠檬酸－柠檬酸钠缓冲溶液内，在温度为 50 ℃的条件下进行 90 min 的作用之后加入 NaOH 将其调至中性，快速将温度提高到 85 ℃，之后进行 2 h 的反应。在这种工艺下其提取率为 10.06%。

刘静波等人为提高黑木耳内胶原蛋白的提取率，对黑木耳内胶原蛋白提取的工艺进行优化，其酶法提取的最佳工艺是：胰蛋白酶添加量为 8%，酶解 pH 值为 8.0，酶解时间为 2 h，液料比为 52.5∶1。在这种工艺下，其胶原蛋白的提取率为 1.091%。

姜红等人对酶法提取黑木耳多糖的最优工艺条件进行探究，试验明确了选择果胶酶进行酶解的最优工艺参数：浸提剂倍数为 50，pH =5.0，温度为 55 ℃，时间为 80 min，酶加量为 1.1%。在此条件下，黑木耳多糖的提取率为 4.15%。选择纤维素酶进行酶解的最优工艺参数：温度为 50 ℃，酶加量为 1.3%，浸提剂倍数为 50，时间为 80 min，pH =5.0。其提取率达到 4.71%。

张立娟等人研究了不同条件下黑木耳多糖酶法提取的影响因素，结果显示，选择酶法与热水浸提法进行结合对黑木耳多糖进行提取，其得率为17.2%。酶解最适作用条件为：复合酶的最适 pH 值是 5，反应 100 min，添加量为 1.5%；蛋白酶的最适 pH 值是 6，反应 60 min，添加量为 2%，在 80 ℃的温度下进行 90 min的浸提。

张彧等人对酶解温度、浸提剂倍数、加酶量、酶解 pH 值、酶配比、酶解时间的条件进行研究，经过正交试验，确定最优的水解条件是：温度为 50 ℃，浸提剂倍数为 50，酶加量为 1.8%，pH 值为 5.0，纤维素酶与果胶酶的配比为 2∶1，时间为 60 min。其多糖的得率能够达到 5.34%。

娄在祥等人对黑木耳多糖的不同提取方法进行研究发现，超声波协同复合酶法能够明显提高黑木耳多糖的得率，进一步优化工艺，最优的工艺参数是：纤维素酶的用量为 390 U/g，作用温度为 50 ℃，料液比为 1∶50，超声波的功率为 125 W，浸提时间为 2.5 h，中性蛋白酶的用量为 650 U/g，浸提温度为 80 ℃，超声波复合酶的作用时间为 60 min，其多糖得率为 10.41%。

第四节　微波辅助提取法

微波辅助提取技术为采用微波提高有效成分提取效率的新型技术。微波辅助提取法采取微波加热的方法选择性地提取存在于物料内的目标成分,对微波参数进行调节,能够将目标成分进行加热,有助于提取和分离相关的目标成分。微波辅助提取法将存在于植物内的成分进行提取的机理为,植物样品在微波场内能够将许多能量吸收,但是对溶剂的吸收比较少,会于细胞中形成热应力,植物细胞由于内部形成的热应力造成破裂,能够让细胞中的物质和比较冷的提取溶剂直接进行接触,从而使目标产物从细胞中转到溶剂内的速度加快,有利于提取。微波辅助提取法的技术与浸泡、过滤相同,都是利用热能的机理,然而其提取的速度相较于传统的方法要快很多,尽量缩短提取时间可以防止功效良好植物提取物遭到降解与破坏。

如今,微波辅助提取法因为良好的提取物质量与较高的提取速率成为提取植物内活性成分的重要的方法,然而微波辅助提取法需要物质具备较好的吸水性,并且要有选择地进行加热,换句话说需要分离产物所在的地方易吸水,不然细胞不能够吸取充足的微波把自身击破,也很难快速将产物放出。和液体的提取体系进行比较,这种方法需要溶剂是极性物质,非极性的溶剂对微波不敏感。

一、微波辅助提取原理

微波为频率在 300 MHz～300 GHz 的一种电磁波,一般具备高频性、非热特性、波动性与热特性四个基本的特点。常用的微波频率为 2 450 MHz。微波加热就是让存在于被加热物质中的极性分子(如 CH_2Cl_2、H_2O 等)于微波的电磁场内迅速转向进一步进行定向排列,导致互相摩擦与撕裂而引起发热的情况。传统加热方法的热传递公式是热源→器皿→样品,所以导致能量的传递效率受到限制。微波加热可以让能量与被加热物质直接进行反应,它的模式是热源→样品→器皿。容器与空气一般不会反射、吸收微波,在很大程度上确保了能量的迅速传递与完全利用。

二、微波辅助提取的特点

①微波具有相对选择性，对于极性分子进行选择性地加热进而促进其溶出。

②可以在很大程度上缩短萃取的时间，提高萃取的速度。传统的方法一般需几小时到十几小时，选择超声提取的方法也要30分钟至一小时，而选择微波进行提取仅需几秒至几分钟，可以将提取速率增大几十到几百倍，甚至几千倍。

③微波萃取因为受到溶剂亲和力的局限比较弱，因此能够采用的溶剂种类比较多，也可以减少溶剂的使用。此外，选择微波提取的方法若应用在大规模生产中，则可以做到没有污染，安全可靠，即为绿色工程，其生产线的构成不复杂，而且可以节约成本。

三、微波辅助提取方法

微波萃取的方法通常有三种：常压法、高压法、连续流动法。微波加热体系有敞开式与密闭式两种。

（一）常压法

常压法通常为于敞开的容器内进行微波萃取的一类方法，主要的设备有两种。第一种为将微波炉改装为微波萃取的设备，或者利用一般家里使用的微波炉，对脉冲间断的时间进行调节，进而使微波输出能量发生变化。如今我国大多数的研究均是选择这种设备。第二种为意大利Milestone公司与美国CEM公司生产的，适合进行萃取、溶解与有机合成的一种密闭的微波萃取设备。我国上海新科微波技术应用研究所与深圳市南方大恒光电技术有限公司联合生产的MKⅢ型光纤自动控压微波制样系统与WK2000微波快速反应系统都是这类产品。

（二）高压法

高压法为选择密闭萃取罐进行提取的一种微波萃取法，使用的试剂量较少，萃取时间较短，此方法为如今使用最多的方法。

微波协助萃取使用的设备主要有两种：一种是微波萃取罐；另一种是连续微波萃取器。两者的主要区别是：微波萃取罐为分批进行物料处理的设备，和多功能的提取罐相似；连续微波萃取器为采用连续工作的方式进行萃取的设备，详细的参数通常由生产厂家按照使用者的要求进行合理安排，使用的微波频率通常是 915 MHz 或 2 450 MHz。

（三）连续流动法

连续流动法为样品伴随萃取溶剂的流动而维持不变或者随之流动的微波萃取体系。如今我国对连续流动法的相关报道比较少，但是国外进行的相关研究很多。

四、微波辅助法在黑木耳功效成分提取中的应用

林花等人优化提取长白山有机黑木耳多糖的相关条件，通过单因素试验与正交试验而确定的最优工艺是：浸提温度为 95 ℃，用水作为提取剂，料液比为 1∶40，水浴萃取浸提 2 次，微波功率为 800 W，微波辐射时间为 40 min，提取时间分别为 1.5 h，加水量分别为 400 mL、500 mL。在此条件下，多糖提取率为 19.30%。使用鞣酸沉淀的方法将蛋白质除去之后，对黑木耳中的多糖含量进行测定，结果是 44.5%。

宋力等人以黑木耳作为原料考察微波辅助提取法、水浴提取法、超声波提取法、回流提取法等的提取效果，结果显示选择微波辅助提取法进行提取的效果最佳。

何彩梅等人选择微波辅助水浸提的方法，选取 4 因素 3 水平的正交试验方法，对广西贺州黑木耳多糖提取的最优条件进行研究。结果表明，用多糖提取率作为指标确定微波辅助水浸提的最佳工艺条件是：微波处理的时间为 3 min，液料比为 1∶30，水浴浸提的时间为 2.0 h，水浴浸提的温度为 80 ℃，于这种工艺下其提取率达到 3.972%。

李超等人选择微波辅助法对存在于野生黑木耳中的多糖进行提取，对传统的浸提工艺进行优化，选择单因素试验与正交试验的方法，得到了微波辅助提

取的最优工艺参数：选择水为提取剂，萃取时间为 4 h，微波功率为 560 W，料液比为 1∶130，微波提取时间为 40 s。

赵希艳等人以黑木耳作为原料，采用微波间断加热的方法对存在于黑木耳内的多糖进行提取。选择单因素试验与正交试验的方法优化黑木耳多糖的提取工艺，最终确定最佳的提取工艺是：微波辐射的时间为 40 min，筛孔尺寸为 0.250 mm，固液质量比为 1∶110。时间对于提取黑木耳多糖的工艺有最为重要的影响，然而固液质量比的影响最小。于最优的工艺下，其提取率是 15.25%，提取物为灰白色丝的状态。

曾维才等人选择响应面法对微波辅助提取黑木耳多糖的工艺进行优化，把提取温度、微波功率、提取剂 pH 值和提取时间作为变量，以多糖的提取率作为响应值，通过 SAS 软件建立数学模型，得到最优的工艺参数为：提取剂 pH = 7.0，温度为 95 ℃，微波功率为 860 W，时间为 25 min。在这个工艺条件下，其提取率能够达到 16.53%。

王晓军等人选择微波辅助萃取的技术对黑木耳子实体内的多糖进行提取，将黑木耳子实体作为原料，把水当成提取的溶剂，探究浸提时间、微波辐射功率、浸提剂用量、微波辐射时间对于多糖得率的影响，得到的最优工艺参数为：水浴浸提时间为 4.5 h，微波功率为 700 W，浸提剂用量为 40 mg，微波辐射时间为 40 s。微波辅助萃取的方法是一种比较有效的黑木耳多糖提取方法。

朱磊等人选择响应面法研究微波辅助提取黑木耳多糖的工艺条件，经过单因素试验确定了水浴浸提时间、料液比、微波时间、微波功率 4 个因素，之后对这 4 个单因素采用中心复合设计的方法进行研究，通过响应曲面法进行分析，得到最佳工艺参数为：浸提时间为 7.1 h，料液比为 1∶49，微波时间为 11 s，微波功率为 538 W。其提取率为 28.94%。

张钟等人选择微波的方法辅助提取存在于野生黑木耳中的多糖，将传统的浸提工艺进行优化，经过单因素试验与正交试验的方法研究微波辅助提取的最优工艺参数：萃取时间为 3 h，以水为提取剂，微波功率为 560 W，料液比为 1∶40，提取时间为 35 s。多糖的得率能够达到 98.55%。和传统的浸提法进行比较，该方法的提取时间从 24 h 减少到 30 s ~ 3 h，其多糖的得率为 7.12%。

樊黎生等人选择微波辅助萃取的技术对存在于黑木耳子实体内的黑木耳多糖进行提取，用无菌的过滤水作为溶剂，把微波辐射处理当成辅助的条件，对存在于黑木耳子实体内的多糖进行提取，并与常规水提法（WE）、超声波萃取法（USE）、超临界萃取法（SFE）进行对比试验，探究浸提级数、微波辐射功率、浸提时间、微波辐射时间、固液比对多糖提取率的影响。他们得到最优的工艺参数是：微波辐射时间为 40 min，水浴浸提时间为 3 h，固液比为 1∶32，微波功率为 800 W，提取级数达到 2 级。

陈钢等人选择正交试验对黑木耳内多酚的微波辅助提取工艺进行研究，确定各因素对黑木耳多酚提取的影响强弱顺序是：微波时间 < 微波功率 < 料液比 < 乙醇体积分数。他们得到微波辅助提取黑木耳多酚的最优工艺参数是：微波时间为 120 s，以体积分数为 75% 的乙醇溶液作提取剂，料液比为 1∶25，微波功率为 450 W。在这种工艺下，其得率为 0.72%。

第五节　分子印迹提取技术

分子印迹技术（molecular imprinting technology，MIT）源于 20 世纪 40 年代 Paulin 提出的抗体形成学说，该学说为分子印迹理论打下了坚实的基础。1993 年，瑞典大学的 Mosbach 等人将茶碱分子印迹聚合物的研究公布，进一步加快了 MIT 技术的进步。因为 MIT 具有预定性、实用性、识别性等特征，并且分子印迹聚合物（molecularly - imprinted polymer，MIP）具有寿命较长与稳定性较高等优势，使得 MIT 可以应用在分离和纯化天然产物内功效成分等领域。

一、MIT 的基本原理

MIT 通过制造分子印迹的聚合物，从而具有高度的选择性和良好的目标分子的结合力，进而分离与纯化化合物。MIT 的原理如图 5 - 5 所示。特定的溶剂内有合适的官能团单体，使其可以和模板分子通过非共价或共价的形式连接成为单体 - 模板分子复合物，之后再添加适宜的交联剂，引起相关的反应让复合物通过自由基的作用与交联剂相互聚合产生共聚物，让位于功能单体的官能团进行固定，最终用适合的洗脱剂对存在于聚合物内的印迹分子进行洗脱，进而让其在高分子共聚物内产生和模板分子于三维空间中特别匹配的、而且可以和模板分子完全符合的官能团三维空穴，此空穴能够选择性地识别模板分子和类似物。在这之中的高分子聚合物便为 MIP。这种技术具备锁与钥匙相似的选择性，与生物识别系统相似，具有较强的目标产物生物的选择性。MIP 的制备是 MIT 的核心。

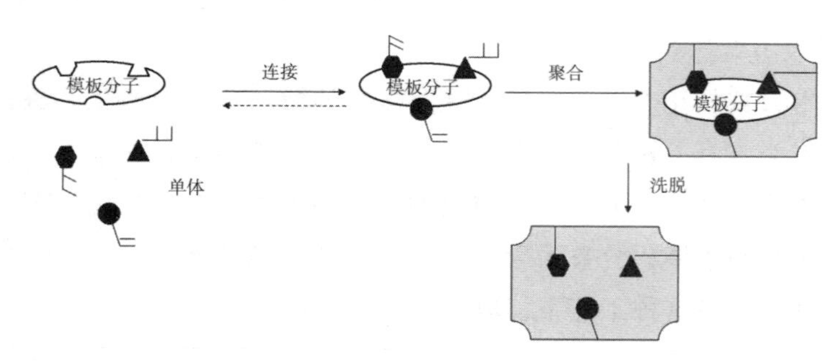

图 5-5 MIT 原理

MIT 通常拥有三个特征：一为预定性，也就是能够按照目的与需求研制不同的 MIP；二为识别专一性，也就是按照模板分子进行 MIP 的定制，能够专一进行印迹分子的识别；三为实用性，也就是比酶和底物、抗原和抗体等生物分子的识别系统更好，能够抵御恶劣环境，拥有较长的使用寿命与较好的稳定性。

二、MIP 的制备方法

制备 MIP 的方法和正常聚合的方法相同，然而在设计 MIP 的时候需采用适宜的溶剂和交联剂，以及符合印迹分子特异性的相关单体。MIP 的制备技术逐渐完善，一般聚合的方法主要有悬浮聚合法、本体聚合法、表面印迹法、沉淀聚合法等。MIP 有各种形态，如球形、膜、整体柱与无定型粉末等。

（一）本体聚合法

本体聚合法是研究 MIP 方面的比较典型的方法，就是把引发剂、印迹分子、交联剂与功能单体根据特定的比例在适合的惰性溶剂内进行溶解，放置到安培瓶内，充氮除氧，超声脱气，于真空的条件下进行密封处理，在一定的时间内经过光聚合与热聚合形成块状的聚合物，通过粉碎与过筛获取大小适中的微粒，经由索氏抽提的方法把印迹分子进行洗脱，真空干燥后备用。这种方法制备的

MIP对于印迹分子有高度的识别特性与选择性，装置简单，操作方便，有利于大范围地使用，然而后续的处理耗费时间与人工，过程复杂，难以大量生产，产量较少，需要的成本较大。

（二）沉淀聚合法

沉淀聚合法在分子印迹微球的合成方面应用比较多。在引发剂的影响下，均相状态的印迹分子、交联剂、功能单体能够互相作用，产生分支与线性的低聚物，之后低聚物能够经由交联成核，于介质内析出，而且这些物质能够进行聚集产生聚合物粒子，最后经过持续的积累，单体与低聚物产生交联度较大的微球状聚合物。

（三）悬浮聚合法

悬浮聚合法是Mayes等人发现的一种研制球形MIP方法。它的反应体系由单体、分散剂、水与引发剂构成，也就是以和普通有机溶剂完全不相溶的全氟烃当成分散的介质，添加特殊的聚合物表面活性剂，再在高速的搅拌条件下得到乳浊液，之后添加引发剂，进行聚合之后便会形成形态统一、粒度范围较小的MIP微球。

（四）表面印迹法

表面印迹法是在硅胶表面进行处理与衍生，于固体的表面进行分子印迹聚合的一种技术。该方法先使存在于有机溶剂内的功能单体和模板分子进行作用产生加合物，之后把它和在表面进行火化之后的聚三羟甲基丙烷三丙烯酸酯（TRIM）粒子、玻璃介质与硅胶相互作用嫁接之后产生聚合物。这种方法克服了模板分子包埋得太紧或太深造成的不能洗脱的困难。

三、MIT在黑木耳功效成分分离中的应用

（一）黑木耳中生物碱类功效成分的分离

生物碱为一种在自然界中存在的含有氮的碱性化合物，被证实可预防肿

瘤。在黑木耳内还存在许多生物碱,具有改善泌尿道与消化道腺体的分泌功能的作用。目前,运用联合分子印迹技术对存在于各种物质中的生物碱类的活性分子进行提取逐渐成为研究热点。

李小燕等人以改性松香作为交联剂,以丙烯酸作为功能单体,以从川穹内提取得到的活性生物碱川穹嗪作为模板分子,选择水溶液聚合的方法合成含有松香骨架的盐酸川穹嗪 MIP。结果显示,这种 MIP 对于盐酸川穹嗪具有较高的选择吸附性与特征吸收。卢彦兵等人以生物碱奎宁作为模板分子,将二甲基丙烯酸乙二醇酯作为交联剂,将 α－甲基丙烯酸作为功能单体,合成 MIP,结果显示奎宁 MIP 具有良好选择识别与吸附能力,奎宁分子和奎宁 MIP 的离解常数为 1.08×10^{-3} mol/L,表观最大吸附量为 131.8 μmol/g,为理论值的 56.4%。Dong 等人通过该方法将(−)－麻黄碱作为模板分子合成 MIP,应用于分子印迹进行固相萃取的研究中,在麻黄内提取(−)－麻黄碱,通过 HPLC 验证它具有良好的回收率与纯度。

可以以在黑木耳内提取得到的生物碱作为模板分子,选择适宜的交联剂与功能单体进行黑木耳生物碱 MIP 的合成,再经由分子印迹固相萃取的方法,在黑木耳内直接提取得到相关的功能性生物碱。

(二)黑木耳中腺苷类功效成分的分离

黑木耳内含有一种水溶性的腺苷类物质,能够降低血小板聚集的程度,有预防血栓产生、减少血黏度与血脂、预防中风、缓解动脉硬化等诸多功效。徐云等人以环腺苷酸作为模板,以偶氮二异丁腈作为引发剂,以三甲氧基丙烷三甲基丙烯酸酯作为交联剂,依照相关的比例进行超声混合,造成聚合,进一步得到 MIP,经过试验验证它具备模板的选择性的吸附作用。Hattori 等人将肌腺苷作为模板分子研制分子印迹复合膜,观察到这种膜对于肌腺苷的传递速度能够达到咖啡因的 1.25 倍。Piletsky 等人成功研制了针对腺苷酸的分子印迹膜,合成了腺苷酸 MIP。

(三)黑木耳中麦角甾醇类功效成分的分离

甾醇为一种由 3 个己烷环与 1 个环戊烷稠合之后形成的环戊烷多氢菲衍生物,存在于黑木耳内的甾醇名为麦角甾醇,它是可以形成维生素 D_2 前体的一种甾醇。大部分的甾醇分子都含有羟基取代基与一个刚性骨架,所以可以根据其羟基与功能单体产生酯键或氢键形成 MIP,让其可以进行高效的分离。张圣祖等人把 3 - 胆固醇酰氧基丙酸(COPA)当成相应的模板分子形成了分子印迹聚合有机凝胶,这种凝胶对于胆固醇的吸附效率能够达到 64%。Kugimiya 等人选择了共价的方法,将存在于油菜素甾醇内的两组顺式羟基与 p - 2 - 乙烯基苯硼酸进行酯化作用,经研究得到了相应的 MIP。韩永萍等人选择悬浮聚合的方法进行豆甾醇的 MIP 研究,结果显示,通过优化试验可形成对于豆甾醇具有特异性的、稳定迅速的吸附作用的 MIP,其分离因子超过 1.65,吸附容量约为 1.2 mg/g。Wei 等人选择沉淀聚合的方法经过研究得到了 17 - β - 雌二醇 MIP,而且采用 HPLC 方法对于其吸附效率进行了相关的测定,结果显示,沉淀聚合法比本体聚合法要好很多。

(四)黑木耳中磷脂类功效成分的分离

磷脂为含有磷酸的一种脂类,它由通过磷酸进行连接的取代基因(醇类或含氨碱)形成的亲水头与通过脂肪酸链进行连接的疏水尾所构成。磷脂对于活化细胞的作用主要就是提高免疫作用与确保新陈代谢。存在于黑木耳内的磷脂往往是卵磷脂、鞘磷脂与脑磷脂这三种。任科采取 MIT 研究得到了可以特异性地对磷脂酰乙醇胺进行识别区分的 MIP,结果显示,进行 9 h 的 MIP 吸附可以使其变成饱和吸附量的状态,可以对磷脂酰乙醇胺进行特异性的吸附。

(五)黑木耳中黄酮类功效成分的分离

黄酮类化合物为两个含酚羟基的苯环经由中央三碳原子进行互相连接组成的一种化合物,黄酮属于一种较强的抗氧剂,能够预防衰老,而且对人体的血液循环有积极的影响,也能够预防心脑血管疾病。张丕奇等人通过研究在黑木耳内提取了黄酮类化合物,其提取出的总黄酮含量的平均值能够达到 4.83%。郑细鸣等人选择单步溶胀聚合的方法经过研究得到了单分散柚皮素的 MIP 微球,其具有较强的吸附模板分子的作用,分离因子能够达到 1.96。颜流水等人充分利用 MIT,选择热聚法,把槲皮素当成一种模板分子,把乙二醇二甲基丙烯酸酯作为交联剂,把丙烯酰胺作为功能单体,合成了槲皮素的 MIP,它具有良好的槲皮素亲和力。Trotta 等人选择相转移的方法,将二氢黄酮柚皮苷作为模板分子，经过研究得到了丙烯腈－丙烯酸的共聚物膜，这种膜对于柚皮苷的吸附量能够达到0.13 μmol/g。

（六）黑木耳中多酚类功效成分的分离

多酚为含有许多酚基团的一种化学物质，其具有较强的抗氧化功能。于黑木耳内存在多酚类的化合物，但相关学者对其研究比较少。刁小琴等人选择超声辅助提取的方法对存在于黑木耳内的多酚进行提取，提取率为0.92%。陈钢等人把微波条件进行优化研究，对存在于黑木耳内的多酚类化合物进行提取，其得率为0.72%。钟世安等人选择在光冷引发的环境条件下，把表没食子儿茶素没食子酸（EGCG）作为模板分子，进行 EGCG 的 MIP 的合成研究，结果显示，对于 EGCG 的回收率可以达到69.3%，在进行重复使用之后，它具有的选择性识别效果依然可以维持良好的状态。

（七）黑木耳中大分子功效成分的分离

有研究表明，存在于黑木耳内的蛋白质、多糖、木耳黑色素、多肽等大分子成分，具有良好的生物活性，具有降低血压、血脂与血糖，提高机体免疫力，预防肿瘤等作用。迄今为止，能够研制生物大分子印迹聚合物的方法主要有包埋法、抗原决定基法与表面印迹法。Hjerten 等人选择包埋法，把丙烯酰胺作为单体，进行低交联度凝胶的合成研究，通过对肌红蛋白、血红蛋白等采用分子印迹技术，得到具有较好选择性的 MIP。Kempe 等人把三甲氧基丙烷三甲基丙烯酸酯与乙二醇二甲基丙烯酸酯作为交联剂，把4－乙烯基吡啶与甲基丙烯酸作为功能单体，把偶氮二异丁腈作为引发剂，采用低温光引发法进行了使用不同多肽作为模板分子的印迹聚合物的合成研究。

总而言之，黑木耳内存在很多功效成分，将存在于黑木耳内的功效成分进行分离提取的关键点就是：采用适宜的交联剂、聚合方法与功能单体，选择适合的洗脱剂，充分理解识别与印迹过程的原理，形成具有均匀颗粒的 MIP。

第六节　仿生学提取技术

从1995年开始，我国就有对半仿生提取法（SBE 法）的相关报道。其作为一种将分子药物研究法和整体药物研究法进行结合的方法，从生物药剂学的观点出发，对口服用药和胃肠道转运药物的机制进行模拟试验，为通过消化道用药的中药制剂提供了一种全新的提取手段。其详细的方法就是调整提取液的酸碱度使其能够更好地模拟生理的环境，选择和胃、肠道环境相似的酸碱水溶液进行2~3次煎煮，从而提取中药成分。这种方法既满足把活性成分混合的需求，又能够把单体成分作为参考的指标，不但能够将混合物的综合功效进行充分的发挥，又可以选择单体成分的参数进行制剂质量的把控，选择这种方法进行的很多复方的研究结果显示，SBE法最好。但是这种方法也有缺点，如需要高温煎煮，会对中药内的有效成分造成损害。在1998年的时候，有人对半仿生提取法提出了进一步仿生化的设想，这种设想的观点是需要添加酶。

于之前的研究和设想的基础上，显然能够创建进行中药提取的一种仿生方法，也就是充分利用医学仿生（酶的应用）和化学仿生（人工肠、人工胃）的机制，把分子药物的研究方法（将某一单体作为参照的指标）和整体药物的研究方法（采用仿生提取方法所提取到的物质和药物于体内维持平衡状态后的有效成分群更加相似）进行结合研究。它是一种把生物技术手段与中药研究进行结合研究的探索，主要在中医药基础理论的系统观、整体观上有所体现，和知名生物学家贝培朗菲提取的定律“整体作用大于各孤立部分作用的总和”相吻合。

仿生提取法就是将人工肠与人工胃当成基本，按照正交设计法、比例分割法与均匀设计法，确定最优条件（如pH值、酶/底物浓度、时间、温度等），而且需要选择进行搅拌的设备（类似于胃肠道的蠕动）。在植物药与生物药方面应用这种方法的时候需要按照实际的条件进行相关因素的调整。例如，在生物药方面，因为酸性的中胃蛋白酶在进行水解之后会有大量的H^+产生，对之后选择的工艺带来困难：有腥味，制成的药物口感也不好。但是胃蛋白酶的水解反应不算是必须进行的操作，可使用木瓜酶来替代胃蛋白酶，这样既能够除去胃蛋白酶带来的腥味，又能够由于木瓜酶的非专一性进行更多的小分子与肽氨基酸的水解作用。在植物药方面，可以使用纤维素酶来替换胃蛋白酶，更加有助于植物纤维的水解作用。存在于食物内的大部分蛋白质进行水解作用的最终产物是氨基酸，而氨基酸才能够被人体利用。二肽与三肽的水解作用具有额外的吸收方式，而且还可能有另外的水解产物。

仿生提取法大部分用于口服药的提取。该方法通过对原料药进行模拟试验,创造类似于人体中胃肠道的环境,改善半仿生提取方法的缺点,而且还具有酶解的特点。大部分的药物为弱有机碱或弱有机酸,于体液内呈离子型与分子型。按照人体消化道的生理结构,在血管和消化管之间存在的生物膜属于类脂质膜的一种,可以让脂溶性成分通过,因此分子型的药物具有易被人体利用的特点。

小肠为吸收利用药物的主要位置,仿生提取法最关键的就是提高药物的溶解度。这和药物进行酸碱提取的方法具有根本性的差异,酸碱法只能将一个有效单体的溶解度进行提高,但是仿生提取的方法可以将全部有效群体的溶解度都提高。药物通过模拟胃与肠液的环境之后,便会进行酸(碱)性环境的酶解作用,药物就会进行水解作用产生容易被人体吸收的小分子群,这样既能够将有效成分群保存下来,又能够将之前把单体成分作为参考的“唯成分论”打破,这种变化主要是指在中药方面将混合成分的复合作用与单体成分(或合适的药效指标)作为参考质变进行结合统一,与中医临床用药的综合作用的特征相吻合。进行精制分离能够与相关的药效指标进行结合,便可追踪进而获得药效更良好的小群体。

黑龙江省菌物药工程技术研究中心陈喜君等人开发了一种仿生法联合酶法提取黑木耳多糖的技术(CN106188331 B),把仿生提取法与酶解法进行结合,提取存在于黑木耳内的多糖,综合二者的优点,绿色环保,提取条件温和,提取率高,保证多糖结构与活性完整性且工艺过程耗时短, 降低了提取成本。

总而言之,仿生提取法是在植物提取方面的一个关键的发现,不但能够改善植物提取物具有的杂质多、大、粗、黑、易霉变、易吸潮等状态,而且反应条件温和,能够较多地减少能耗,并且没有其他的特殊条件,不使用有机溶媒,不存在破坏环境、易爆、易燃等危害,更适合进行工业生产,拥有良好的应用前景与学术价值。

第七节　协同提取法

协同提取法是采用两种及两种以上的提取方法协同作用,提高目标产物提取效果的一种方法,比如超声波协同生物酶法、微波协同超声波法、超声波协同碱法等提取方法。

一、微波协同超声波法

微波为非电离的一种电磁辐射，进行辐射的物质内极性分子会于微波电磁场内进行快速转向与定向排列，进而便会形成互相摩擦与撕裂作用造成发热，这能够确保能量迅速进行传递与被充分利用，具有节约能源、没有污染、效率较高等优点，但是微波具有较为局限的穿透深度（和其波长属于同一个数量级），并且其于强化提取的过程内具有不明显的传质作用。超声波属于一种高频的机械波，拥有界面效应、湍动效应、聚能效应、微扰效应等，但是超声波并不能形成较强的热效应，而且局限于空化泡四周的微小范围内。把二者进行结合，利用他们的协同作用会对破壁组分的释放产生积极的影响，也就是采用微波－超声波协同提取技术能够得到节省成本、没有污染、效率较高的生物活性成分的提取方法。

谷绒采用微波法与超声波法提取黑木耳多糖，将两种方法进行比较，以苯酚－硫酸法作为相关的参考指标，得到了采用微波法进行黑木耳多糖提取的效果最好，其最优的工艺参数为：料液比为1∶8，微波作用时间为20 min，微波功率为550 W，提取量为8.90 mg/g。

刘春延等人选取超声－微波对存在于富硒黑木耳内的硒多糖进行提取，在料液比为1∶58、超声时间为26 min、微波功率为350 W、微波时间为22 min的工艺条件下，其最优的硒多糖得率为11.79%，和传统的水提法进行比较，增加了近4.1%，提取时间缩短了56.67%。

二、超声波协同生物酶法

王辰龙等人采用超声波提取法、热水提取法、超声波协同复合酶提取法、碱提取法等提取黑木耳多糖，获得的粗多糖提取液需要经历脱蛋白、脱色、DEAE－纤维素柱层析等相关的纯化操作。结果显示，选择超声波协同复合酶法进行提取的效率最佳，其提取率为19.14%，纯化后的纯度可达到83.23%。

吴琼等人选择超声波协同果胶酶的方法对存在于黑木耳内的粗多糖进行提取，添加底物质量分数为1%的果胶酶，于温度为50 ℃、pH值为5.0的条件下进行 2 h 的酶解反应,需要进行相关的预处理。之后再选择正交设计的方法,对超声波辅助提取粗多糖的工艺进行优化,其最优工艺参数为:浸提时间为 2 h,超声波功率为 400 W,料液比为 1∶80,超声波时间为 7 min,浸提温度为 90 ℃。在这种工艺下,其多糖得率能够达到 19.84%。在一样的条件下,和超声波辅助热水提取法与热水直接浸提法进行比较,其多糖的得率较高。

范金波等人选择超声波辅助酶法提取存在于野生黑木耳内的多糖。利用单因素试验对复合酶酶解 pH 值、超声波功率、复合酶酶解温度、复合酶酶解时间、液料比等因素对其提取的影响进行研究,再选择响应面分析的方法优化其提取的工艺参数。采用 SAS 对得到的结果进行回归分析与模型拟合,经过研究得到液料比与酶解时间是影响多糖提取率的关键因素,其最佳的工艺参数为:复合酶酶解时间为 66 min,复合酶酶解 pH 值为 5.0,液料比为 54∶1,复合酶酶解温度为 55 ℃,超声波功率为 130 W。在此工艺下,其提取率能够达到 22.25%。

娄在祥等人对不同的黑木耳多糖的提取方法进行研究。结果显示,超声波协同复合酶的方法能够明显增加黑木耳多糖的得率。对工艺条件进行优化研究,最优的工艺参数为:作用温度为 50 ℃,料液比为 1∶50,中性蛋白酶用量为 650 U/g,浸提时间为 2.5 h,纤维素酶用量为 390 U/g,浸提温度为 80 ℃,超声波复合酶作用时间为 60 min,超声波功率为 125 W。其得率为 10.41%。

三、超声波协同碱法

李福利等人选择超声波辅助碱法对干黑木耳中的蛋白质进行提取,得到最优的工艺参数为:提取为 pH 值为 11.0,超声功率为 200 W,超声时间为 20 min。其得率为 66.32%。

四、超声波协同超微粉技术辅助酸法

韦汉昌等人采用超声波协同超微粉技术辅助酸法对黑木耳果胶提取的工艺条件进行优化研究,采用单因素试验的方法对超声波辐射强度、提取时间、液料比、pH 值与温度等因素进行研究,并选择正交设计对黑木耳果胶的提取工艺进行优化。结果显示,其最佳的工艺参数为:超声波辐射的强度为 70 W/kg,提取时间为 60 min,液料质量比为 40:1,pH 值为 3.0,温度为 70 ℃。在此工艺条件下,其提取率为 35.45%,和其他的方法进行比较,这种方法的果胶提取率最高。

第八节 其他提取法

一、脉冲放电等离子体提取法

马凤鸣等人为寻求一种新型的活性成分提取方法,使用脉冲放电等离子体对黑木耳多糖进行提取,对脉冲放电电压、处理时间、料液比进行研究,进一步选择响应面法优化工艺。结果显示,脉冲放电等离子体能够增加活性成分的提取效率,最优的工艺条件为:脉冲放电电压为 40.3 kV,处理时间为 4.1 min,料液比为 1:40.5。其多糖提取率为 8.80%。在影响因素中,处理时间具有最显著的影响。和传统的提取方法进行比较,脉冲放电等离子体技术的主要优势为:节省时间、降低耗能、增加得率。此研究能够说明脉冲放电等离子体技术是能够应用到提取黑木耳多糖的方法中的,而且能够给脉冲放电等离子体技术在提取其他活性成分的应用方面奠定基础。

二、高剪切分散乳化法

赵玉红等人选择酶法与高剪切分散乳化法对存在于黑木耳内的多糖进行提取,而且比较了两种方法的提取效果。结果表明:选择高剪切分散乳化法进行提取的工艺参数是转速为 21 000 r/min,时间为 6 min,温度为 80 ℃,料液比为 1:110;选择酶法进行提取的工艺参数是酶添加量为 1.2%,酶解温度为 55 ℃,pH = 5.5,酶解时间为 60 min。二者的得率分别为 24.43%、9.29%。与酶法相比,采用高剪切分散乳化法的得率高,提取时间短,操作简单,故高剪切分散乳化法是提取黑木耳多糖的一种适宜方法。

三、亚临界水萃取法

包怡红等人选择响应面的方法优化了亚临界水萃取法对黑木耳多糖的提取工艺。在单因素的基础上，选择 Box - Behnken 试验的方法，采用响应面的方法进行优化，其最优的工艺参数为：提取压力为 1.0 MPa，温度为 152 ℃，时间为 26 min，液料比为 131∶1。在此工艺下，其得率能够达到 24.51%。选择亚临界水萃取法，能够明显增加黑木耳多糖的得率，和传统的热水浸提法进行比较，增加 3.82 倍，可以说是工业化提取黑木耳多糖的一种卓效技术。

第六章　黑木耳精深加工产品开发

黑木耳是黑龙江省产量非常大的一种药食两用资源,但目前在省内和国内都缺少高端黑木耳产品,黑木耳仅作为农副产品进行销售和初加工所创造的经济效益十分有限。国务院《关于促进健康服务业发展的若干意见》提出“到2025年健康服务业要达到万亿元以上”,当前中医药保健品和“治未病”产品的开发前景大好。企业要升级中医药保健品与保健食品,重视保健品的应用与基础研究,努力提高新产品的科技含量和质量水平,使富有高科技含量的新产品成为主流。黑木耳在各个品类食品中的应用情况和黑木耳在保健食品中的应用情况分别如图6-1、图6-2所示。

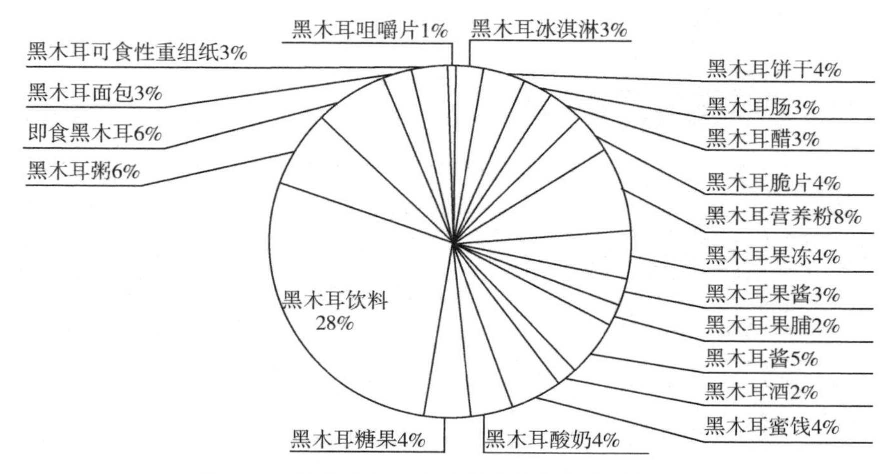

图6-1　黑木耳在各个品类食品中的应用情况

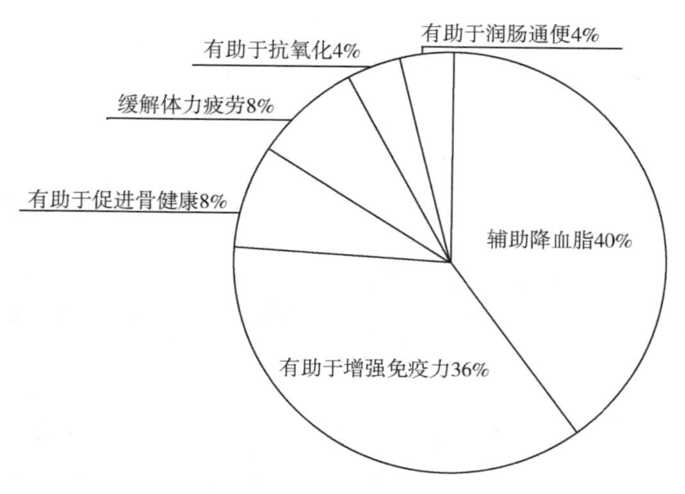

图 6-2　黑木耳在保健食品中的应用情况

第一节　黑木耳饮料

利用黑木耳的生物特性开发的饮料剂型是最常见的黑木耳食品之一，通常根据组织状态，黑木耳饮料分为澄清、悬浮颗粒、固体饮料等。黑木耳饮料是以黑木耳为原料，辅以其他既食又药的食材，添加一些调味剂研发的黑木耳饮品。

一、调味黑木耳饮料

孔祥辉等人以黑木耳为原料，在温度为 50 ℃、pH 值为 5.0 的条件下，加入含量为 100 U/g 的纤维素酶，调整底物浓度至 2.5%，经 1.5 h 反应后，得到黑木耳的浸提得率为 9.5%。将 4% 的柠檬酸（0.01 mol/L）、6% 的蔗糖、0.02% 的冰糖雪梨香精、0.4% 的羧甲基纤维素钠（CMC - Na）与 70% 的黑木耳提取液混合，经热灌装和巴氏杀菌等工艺制备出一种具有口感好、营养丰富等特点的调味黑木耳饮料。

1. 工艺流程

干黑木耳→挑选(除杂)→粉碎→酶水解→过滤→调配→热灌装→杀菌→冷却→成品

2. 操作要点

(1)挑选(除杂):取无虫害的干黑木耳,去除杂质,如尘土、木屑等,备用。

(2)粉碎:将干黑木耳经粉碎机粉碎,过100目筛,备用。

(3)酶水解:将黑木耳粉溶于水中,调节pH值后加入纤维素酶,经50 ℃反应一定时间后,得到酶解提取活性物质。

(4)过滤:将提取的黑木耳汁经260目纱布过滤后得到澄清液体,冷却备用。

(5)调配:向制得的澄清黑木耳汁中加入柠檬酸、香精、蔗糖和羧甲基纤维素钠。

(6)热灌装:将黑木耳饮料在60 ℃以上的条件下加热,灌装至灭菌玻璃瓶后封口。

(7)杀菌:进行巴氏杀菌,冷却至室温即可。

二、双耳悬浮饮料

孔祥辉等人开发了双耳悬浮饮料,该产品以黑木耳和银耳为主要原料,配方如下:黑木耳0.4%,银耳0.6%,白砂糖6%,柠檬酸0.07%,蜂蜜4%,复合胶黏剂,加蒸馏水至100%。所得双耳悬浮饮料无色透明,颗粒呈悬浮状态,质地均匀,微甜,具有蜂蜜的自然香气,口感清凉。

1. 工艺流程

黑木耳、银耳→挑选→清洗→浸泡→造粒→调配→灌装→杀菌→冷却→成品

2. 操作要点

(1)浸泡:将除杂后的黑木耳、银耳在35 ℃热水中浸泡2 h,备用。

(2)造粒:将浸泡后的黑木耳、银耳剪成2 mm×4 mm左右的颗粒。

(3)调配:将蜂蜜、复合胶黏剂、柠檬酸和白砂糖溶于水中,加热,搅拌20 min后,加入黑木耳和银耳颗粒,搅拌。

(4)灌装:在双耳果肉饮料大于60 ℃时,将其热灌装入无菌玻璃罐中。注意:迅速封盖,少留顶隙,防止饮料沾在罐口及罐外壁。

(5)杀菌:灌装后在75 ℃水浴下进行杀菌,首先将瓶盖缝隙杀菌5 min,而后将瓶盖封严杀菌30 min,冷却即可。

三、黑木耳枸杞悬浮饮料

刘明华等人以黑木耳、枸杞为主要原料,通过正交试验得到黑木耳枸杞悬浮饮料最佳配方为:30%黑木耳片,6%木糖醇,5%枸杞,0.05%魔芋粉,0.05%黄原胶,0.05%氯化钠,0.05%卡拉胶,0.01%磷酸二氢钾,0.01%CMC－Na,溶于RO水中。经泡发、清理、切片、预煮、混合、调配、灭菌、灌装等步骤即可制得黑木耳枸杞悬浮饮料。

1. 工艺流程

β－环糊精、复合稳定剂

黑木耳→浸泡→分选→切片→预煮→混合→调配→灭菌→灌装→二次灭菌→冷却→成品

↑

木糖醇、柠檬酸、柠檬酸钠

2. 操作要点

(1)黑木耳预处理:选取大小均匀、形状完好、未变质的优质黑木耳,经RO水浸泡1 h,待其发好后,除去根部及表面的木屑等杂质,清洗干净后用切片机将其切成0.5 cm的方块或三角形块,之后在适当的温度下用RO水预煮一定时间。

(2)稳定剂的选择:黑木耳饮料口感制备的关键是选择合适的稳定剂,将黑木耳片悬浮在其中,根据单因素试验考查黄原胶、CMC－Na、卡拉胶、琼脂的稳定性，最后通过复配的方法确定黄原胶、CMC－Na、卡拉胶、琼脂达到稳定性的比例（以1 000 r/min离心5 min后看分层高度H）。

（3）配方的确定：根据合适的比例称取黄原胶、CMC－Na、卡拉胶、琼脂复合稳定剂，将其与0.1%的β－环糊精、适量的柠檬酸、木糖醇共同混合在RO水中，加热溶解后向其中加入已处理的黑木耳片、枸杞等，通过调香调色、定容、灭菌、热灌装、二次灭菌和冷却即可得到黑木耳饮料，而后进行品尝评价。评分标准为①感官评价：组织状态20分，色泽10分，香味20分，口味20分。②稳定性评价：30分。通过感官标准正交试验最终确定黑木耳悬浮饮料中黑木耳片、复合稳定剂、柠檬酸、木糖醇添加量的最佳比例。

四、黑木耳复合露

马玉侠等人将黑木耳泡发，浸煮之后打浆离心得到黑木耳汁，再将红枣、山楂破碎，打浆离心，将三种原浆按照配方调配，添加调味剂，均质、灭菌、灌装，制得口感柔和滑爽、酸甜适口、保持了天然木耳及相应果品清香协调的气味且具有一定保健功能的黑木耳复合露，使产品达到了口味和营养、品质与保健的协调统一。

1. 工艺流程

黑木耳浸泡→揉洗净选→煮沸

↓

红枣、山楂清洗→破碎→软化浸提→打浆→离心→混合浊汁→调配→均质→瞬时高温灭菌→灌装→成品

↑

白糖、酸味剂→溶化→过滤

2. 操作要点

（1）黑木耳汁的提取：将黑木耳在15～20倍的水中浸泡，使其泡胀，之后去除杂质，清洗干净之后在开水中煮沸3～5 min，打浆离心得汁，备用。

（2）红枣山楂汁的提取：将红枣和山楂去核破碎，泡软浸提后打浆离心得

汁,备用。

(3)调配:按配方比例将黑木耳汁、红枣山楂汁进行调配,将糖、酸溶化后过滤,与黑木耳汁、红枣山楂汁混合、定容。

(4)高压均质:将调配汁加热到60~70 ℃后,用高压均质机均质2遍(压力为60 MPa),使果肉汁细化呈乳浊状。

(5)灭菌灌装:对物料进行瞬时高温灭菌(温度为110 ℃,时间3~5 s),而后迅速冷却到60 ℃以下,在无菌条件下进行灌装、封口、冷却、验质,即可。

五、花生、红枣、黑木耳饮料

吴琼等人以花生、红枣、黑木耳为原料制备饮料,配料如下(以500 mL饮料计):花生∶红枣=1.0∶1.5,料液比为1∶14,4%白砂糖,3%黑木耳多糖提取液。最佳稳定剂的配比为:单甘酯0.2%,海藻酸钠0.2%,CMC 0.3%,卡拉胶0.2%。制得的黑木耳饮料口感良好、细腻,稳定性优良,可为之后的生产提供参考。

1. 工艺流程

花生、红枣、黑木耳多糖提取液→调配→均质→杀菌→无菌灌装→成品

2. 操作要点

(1)原料预处理。花生:取花生仁200 g,炒熟后去掉外皮,在50倍的水中浸泡2 h,打磨成浆,过滤备用。红枣:取红枣200 g,去核,剪成小块,在50倍、90 ℃的水中浸泡2 h过滤,得汁备用。黑木耳:打磨粉碎后过20目筛,在50倍的水中浸泡2 h,在热水中浸提2 h,得到黑木耳多糖提取液。各种辅料按要求称好后在水中浸泡,其中卡拉胶要浸泡24 h。泡好后的辅料用胶体磨磨浆,过滤备用。

(2)调配:将原辅料按照配方的比例调配。

(3)均质:在20 MPa压力下均质。

(4)杀菌:在145 ℃下瞬时杀菌3 s。

(5)灌装:无菌灌装。

六、桂圆、红枣、黑木耳饮料

陈峰等人以黑木耳为主料，以桂圆和红枣为辅料，添加调味剂和稳定剂，研发了一款专为女性设计的，具有养血驻颜、静心安神等保健功能的黑木耳饮品，为之后的开发生产提供依据。其配方如下：黑木耳汁 20%，红枣汁 50%，桂圆汁 10%，赤砂糖 5%，卡拉胶 0.08%，黄原胶 0.02%，结冷胶 0.02%。

1. 工艺流程

稳定剂、赤砂糖粉、柠檬酸钠

↓

黑木耳汁、桂圆汁、红枣汁→混合→熬煮→搅拌→定容→灌装→封盖→灭菌→冷却→摇匀→成品

2. 操作要点

(1)桂圆汁生产工艺流程：将桂圆肉清洗后，在 100 ℃提取 0.5 h，所得提取液用 150 目纱布过滤，滤液在 100 ℃提取 0.5 h，经 150 目滤布过滤，合并两次滤液，定容至一定体积，即可。

(2)红枣汁生产工艺流程：将红枣清洗后，在 100 ℃提取 0.5 h，所得提取液用 150 目纱布过滤，滤液在 100 ℃提取 0.5 h，经 150 目滤布过滤，合并两次滤液，定容至一定体积，即可。

(3)黑木耳汁生产工艺流程：黑木耳精粉过 100 目筛，熬煮 10 min 后定容，即可。

七、黑木耳、决明子、辣木叶复合饮料

李旺等人研制出一种以黑木耳、决明子、辣木叶为原料的复合饮料，结果表明，该产品中原料体积比为黑木耳浸提液∶决明子浸提液∶辣木叶浸提液 = 2∶2∶1，配方为复合浸提液(30 mL/100 mL)、结晶果糖(2.3 g/100 mL)、甜菊糖苷(0.05 g/100 mL)、有机酸(柠檬酸∶苹果酸 = 2∶1，0.075 g/100 mL)、黄原胶

(0.03 g/100 mL)、CMC - Na(0.1 g/100 mL)。

所得到的复合饮料口感细腻,稳定性优良,并且具有丰富的营养价值,可为今后黑木耳等天然资源的精深加工、开发提供基础。

(一)黑木耳浸提液的制备

1. 工艺流程

β - 环糊精
↓
黑木耳浸泡→清洗→切分打浆→胶磨→预煮→浸提→过滤→调配→黑木耳浸提液

2. 操作要点

(1)浸泡、清洗:取适量未霉变的黑木耳,在 40 ℃的水中浸泡,使其泡发,复鲜 50 ~60 min 后,去除表面杂质,如泥沙、木屑等。

(2)破碎、胶磨:加入适量浸泡好的黑木耳,先将组织捣碎,再用胶体磨细磨。

(3)浸提:将磨好的黑木耳在料液比为 1:60、温度为 70 ℃的条件下浸提 60 min,滤液用 4 层 140 目纱布过滤,滤渣中加入干木耳质量 20 倍的水,在温度为 70 ℃的条件下浸提 30 min,共提 2 次,2 次滤出的汁液合并后备用。

(二)决明子浸提液的制备

1. 工艺流程

决明子→清洗→烘干→炒制→保温浸提→过滤→决明子浸提液

2. 操作要点

选择品质优良的决明子,清洗后常温干燥,而后生炒 3 ~5 min,注意温度不宜太高以免产生焦味,待决明子变色、出现咖啡味即可停止。冷却后将其粉碎,加入水进行提取(料液比为 1:20),在温度为 55 ℃的条件下提取 2.5 h,而后经

4层180目滤布过滤，即得决明子浸提液。

（三）辣木叶浸提液的制备

1. 工艺流程

辣木叶→清洗→烘干→粉碎→保温浸提→过滤→辣木叶浸提液

2. 操作要点

将干辣木叶超微粉碎后，向其中加入水，使料液比为1∶80，在温度为80 ℃的条件下水浴浸提30 min，将提取液经4层180目滤布过滤，即得辣木叶浸提液。

（四）复合饮料的制备

决明子浸提液　甜菊糖苷、结晶果糖、有机酸
↓　↓
黑木耳浸提液→胶磨→调配→均质→脱气→灌装→封盖→杀菌→冷却→成品
↑　↑
辣木叶浸提液　稳定剂

（五）操作要点

1. 调配

将三种原料液按比例混匀后进行研磨，加入辅料（甜味剂、酸味剂、稳定剂等）制成复合饮料。其中应注意的要点：柠檬酸、苹果酸对甜菊糖苷有消杀作用，会影响其甜味质量，因此有机酸应后加；稳定剂在常温下浸泡20～30 min，或在60～70 ℃温水中浸泡10～20 min会自行溶解，因此加水后不需立即搅拌，待大部分溶解后，再进行搅拌。

2. 均质

均质能够使黑木耳饮料中的微小颗粒细化，使得饮料更加均匀，防止沉淀

及分层。均质条件为温度50~60 ℃,压力20 MPa,共均质2次。

3. 杀菌

灌装封口后对瓶盖等进行20 min以上的巴氏杀菌(料液温度应控制在88 ℃),而后冷却后即得成品,并对相应的指标进行分析。

八、黑木耳核桃复合乳饮料

范春梅等人以黑木耳和核桃仁为原料,制得黑木耳核桃复合乳饮料,根据最佳工艺条件,原汁含量为8%,黑木耳汁与核桃乳的比例为4:6,其他辅料添加量为:10% CMC-Na,0.7%白砂糖,0.2%柠檬酸,0.15%黄原胶,0.20%蔗糖酯,0.05%单甘酯。该饮料为乳白色略带灰色,口感细腻,具有黑木耳和核桃仁的滋味与香气,稳定性优良,并且具有黑木耳和核桃所含的多种营养物质,能够降血糖、健脑,可满足人们的健康需求。

1. 工艺流程

核桃仁→筛选→烘烤→脱皮→浸泡→磨浆→过滤→细磨→调配→均质→脱气→灌装→杀菌→成品

↑

黑木耳→选料→浸泡→清洗→烘干→粉碎→过筛→浸提→过滤

2. 黑木耳汁的制备

(1)选料:选择大小均匀、形状完好、未霉变的优质干黑木耳。

(2)浸泡、清洗:将黑木耳用水浸泡1 h,待其泡发好后,去除表面杂质,清洗干净后备用。

(3)烘干:洗干净的黑木耳于60 ℃烘箱中烘干。

(4)粉碎、过筛:将烘好的黑木耳粉碎后过60目筛,得黑木耳粉备用。

(5)浸提、过滤:按料液比为1:60加入蒸馏水,在70 ℃条件下浸提3 h,所得滤液过4层纱布,滤渣按料液比1:20加入蒸馏水,在70 ℃条件下浸提2 h,合并2次滤液,而后在4 000 r/min离心5 min得上清,即为黑木耳汁,并测定其原汁含量。

3. 核桃乳的制备

(1)选料:将核桃去壳,选取肉质饱满、未损伤和无霉变的核桃仁备用。

(2)烘烤:将核桃仁于 110 ℃烘箱中烘烤 20 min,以减轻腥味。

(3)脱皮、漂洗:将核桃仁加入料液比为 1∶8 的碱水(2% 的 NaOH 溶液),在 90 ℃条件下搅拌 3 min,待脱皮后取出核桃仁,漂洗 3 遍,以除去表面碱液和皮渣。

(4)浸泡:在 30 ℃以下的水中浸泡 2 h,使得核桃仁充分软化,提高蛋白质的浸出率。

(5)磨浆、过滤:取泡好的桃仁,按料液比为 1∶8 加入 80 ℃的热水,磨浆后过 120 目筛,捞出核桃仁,打磨成浆后经 20 目筛网过滤后,经胶体磨磨细即得到核桃乳,并测定其原汁含量。

4. 黑木耳核桃复合乳饮料制备

先将黑木耳汁和核桃乳相混合,再向其中添加白砂糖、柠檬酸及复合乳化稳定剂等,调好后的复合乳饮料经胶体磨细磨后,在 30 MPa 下均质 4 次,使乳浆中的脂肪球充分细化,避免产品中出现蛋白质沉淀。之后,将复合固体饮料加热煮沸,3 min 后在约 80 ℃的条件下进行热灌装。而后,于 121 ℃高温杀菌 15 min,即得黑木耳核桃复合乳饮料成品。

九、黑木耳、红糖和姜汁复合饮料

韩阿火以黑木耳提取液、红糖和姜汁为原料,研究了其复合饮料的配方和生产工艺。取黑木耳提取液、红糖和姜汁,向其中加入适量的黑木耳颗粒,经封口、灭菌等工艺,即制备成复合饮料。他通过单因素试验和正交试验,确定了复合饮料的最佳配方为:80% 黑木耳汁与姜汁(7∶3),7% 红糖,0. 05% 柠檬酸,0. 03% 结冷胶,果粒大小为 3 ~ 5 mm。该产品具有丰富的营养价值,既有黑木耳美容、润肠的功效,又有红糖姜汁补气、补血、散寒的作用,且工艺流程简单,成本低,原料营养丰富,具有广阔的开发前景。

1. 工艺流程

黑木耳清洗→浸泡→修剪及二次清洗→煮制→粉碎→二次熬煮提取→离心过滤→澄清汁→混合调配→均质→灌装(加颗粒、灌注汤汁)→封口→杀菌冷却→包装入库 ↑

姜汁煮制

2. 操作要点

(1)清洗、浸泡:选择大小均匀、形状完好、未霉变的优质干黑木耳,放于纯净水中浸泡 1 h,使其泡发膨胀,而后清洗干净,剪去其中较硬的部位。

(2)煮制:将洗好的黑木耳在料液比为 1:40 的水中进行煎煮,水开后转小火煮 45 min。

(3)木耳碎制备:将 20% 煮好的黑木耳沥干水分后放入组织捣碎机搅 30 s,而后在清水中清洗,并过孔径为 3 mm 的不锈钢网筛,取筛上物,弃去其中细碎糜部分,剩下的过孔径为 5 mm 的不锈钢网筛,筛下部分即为 3~5 mm 见方的木耳碎,滤干水分备用。

(4)汤体制备:剩余 80% 已煮好的黑木耳连汤汁一起在组织捣碎机中搅 1 min,得到混有细小颗粒的汤体。

(5)二次熬煮提取:将(2)中带颗粒的汤体小火煮 90 min,每 15 min 搅拌一次,煮好后汁液呈黏稠液状。

(6)离心过滤:将二次煮好的汁液过 40 目纱网,而后离心过滤,得到质地均匀的澄清汁。

(7)姜汁煮制:取质地良好的姜母洗净,整块用刀背拍碎后置于水中,水量为姜质量的 20 倍,煮沸 1 h 后,得姜汁质量约为姜质量的 10 倍,用 200 目绢布滤网过滤得汁备用。

(8)混合调配、均质:按照配方将黑木耳汁、红糖、姜汁、稳定剂、水混合均匀,加热至 85 ℃后进行均质,得到稳定性良好的调配液。

(9)灌装、封口、杀菌、冷却:向 250 mL 玻璃瓶中加入黑木耳颗粒,趁热加入调配好的汤汁,用真空封口机封口,在 100 ℃条件下灭菌 20 min,而后冷却至室温。

十、黑木耳红枣饮料

贾艳萍等人研发出了黑木耳红枣饮料，其中黑木耳汁与红枣汁的最优比例为4∶6，二者混合后向其中加入0.15%的黄原胶以及CMC－Na复合稳定剂，在20 MPa下均质、在85～90 ℃下杀菌10 min，得到具有丰富营养价值且口感良好的饮料。该工艺成本低，生产周期短，产品营养价值丰富，具有十分广阔的发展前景，可进一步加工生产。

（一）黑木耳汁的制备

1. 工艺流程

黑木耳→水洗→浸泡→破碎→打浆→浸提→过滤→澄清→黑木耳汁

2. 操作要点

（1）水洗、浸泡：取大小均匀、形状完好、未霉变的黑木耳，除去表面杂质，洗干净后加水浸泡50～60 min使其泡发，而后除去黑木耳根部泥沙及木屑。

（2）破碎、打浆：向泡好的黑木耳中按料液比为1∶40加水，而后进行组织破碎、胶体磨细磨。

（3）浸提：将磨好的黑木耳在温度为60～80 ℃下浸提60 min，所得提取液过4层纱布，向滤渣中按干木耳质量的20倍加水，在70 ℃下浸提30 min，共2次，并合并2次滤液。

（4）过滤澄清：将滤液在3 000 r/min下离心5 min，趁热过滤，所得滤液即为黑木耳汁。

（二）红枣汁的制备

1. 工艺流程

红枣→挑选→清洗→烘烤→浸泡→熬煮→打浆→过滤→红枣汁

2. 操作要点

(1)挑选、清洗:选择品种优质的红枣,除去枣核,清洗干净。

(2)烘烤:将干净的红枣于60 ℃下烘烤1 h,在80~90 ℃下继续烘烤1 h,待有红枣焦香味后,取出凉凉,此步的目的是使红枣经烘烤后产生香味。

(3)熬煮打浆:将烘烤后的红枣按料液比为1:2加水,枣肉膨胀后煮至枣肉熟烂,进行2道磨浆。2道打浆筛网孔径分别为0.8 mm和0.4 mm,浆料经80目筛过滤,且枣浆质量分数应控制在20%左右。

(4)过滤:将枣浆在75 ℃下提取2 h,直到可溶性固形物≥7.0%时,将枣浆过250目筛网,即为红枣汁。

(三)复合饮料的制备

1. 工艺流程

黑木耳汁、红枣汁→复合调配→均质→脱气→灌装→封盖→杀菌→成品
↑
稳定剂热溶过滤

2. 操作要点

(1)调配:按配方比例将黑木耳汁和红枣汁混合,于65~70 ℃下加热,在90~93 kPa压力下真空脱气5 min,使得饮料无不良气味。

(2)灌装、杀菌、冷却:料液在80 ℃时进行热灌装,在85~90 ℃下常压灭菌10 min,而后迅速用冷水冷却至常温。

十一、黑木耳决明子复合饮料

游湘淘等人以黑木耳和决明子为原料,配制成口感佳、营养丰富的复合饮料。首先,为除去黑木耳异味,用0.15%的β-环糊精处理黑木耳30 min。然后,通过正交试验确定黑木耳决明子复合饮料内各成分的比例:黑木耳浸提液与决明子浸提液体积比为8:1,复合浸提液为30%,柠檬酸、甜菊糖苷质量浓度

分别为0.025 g/mL和0.02 g/mL。最后,测定该饮料的稳定系数大于95%,说明该产品稳定性优良。研究发现,黑木耳决明子复合饮料是一款口感优良、具有决明子特殊香味的复合保健饮料。

1. 工艺流程

甜菊糖苷、柠檬酸

↓

黑木耳、决明子预处理→浸提→调配→胶磨→均质→灌装→杀菌→成品

2. 操作要点

(1)原料预处理:将干木耳用适量的水泡发后,除去表面杂质,洗净后按料液比为1:20的比例将黑木耳打成浆,备用;将决明子洗净沥干后,在80 ℃的电炒锅炒至气味浓郁,而后粉碎备用。

(2)浸提:取黑木耳浆液,将其放于60 ℃下浸提30 min,而后加入一定量的β-环糊精,混匀后备用。取决明子干粉,在料液比为1:20、温度为60 ℃的条件下浸提10 min,过滤后所得滤液备用。

(3)调配:按配方比例进行调配。

(4)胶磨:将调配好的产品放入胶体磨中进行研磨(磨盘间隙为20 μm)。

(5)均质:均质3次,压力为18 MPa。

(6)灌装:将均质好的溶液装入玻璃瓶。

(7)杀菌:将产品在80 ℃下灭菌30 min,而后迅速冷却。

十二、黑木耳藜麦复合发酵饮料

刘晓艳等人以黑木耳、藜麦为原料,加入复合乳酸菌进行发酵。当温度为37 ℃时,添加5 g/L的复合乳酸菌粉,加入15%的糖,所得的黑木耳藜麦复合发酵饮料气味、口感良好。在35 MPa的压力下均质,加入黄原胶和明胶,二者比例为1:2,加入0.4%的稳定剂后,该饮料无分层现象,沉淀率为0.51%。研究表明,该饮料稳定性好,口感细腻,气味独特,具有丰富的营养价值。

1. 工艺流程

黑木耳→粉碎→酶提→热水浸提→过滤→黑木耳浸提液↘
藜麦→粉碎→预煮→匀浆→酶提→热水浸提→过滤→藜麦浆→混合→发酵→调配→胶体磨→均质→灌装→灭菌→冷却→检验→成品
↑
复合乳酸菌粉

2. 操作要点

(1)黑木耳浸提液制备:取干净的黑木耳,清洗后在 50 ℃下烘干,而后粉碎后过 50 目筛,按料液比为 1∶50 加入纯化水,并用柠檬酸 - 柠檬酸钠调节 pH 值至 4.0,而后加入复合纤维素酶(0.2%),在 45 ℃下酶解 2 h 后进行灭酶,用 NaOH 溶液调节 pH 值至中性。过滤所得滤液即为黑木耳浸提液,放置,备用。

(2)藜麦浆制备:选取优质白藜麦,清洗数次后,除去藜麦上的杂质。将藜麦粉碎后过 50 目筛,按料液比为 1∶20 加入纯化水煎煮 30 min,后用匀浆机将藜麦研磨成糊状,调成一定浓度后用柠檬酸 - 柠檬酸钠缓冲液调节 pH 值至 4.0,而后加入复合纤维素酶(0.2%),在 45 ℃下酶解 2 h 后进行灭酶,用 NaOH 溶液调节 pH 值至中性,过滤。将滤渣在温度为 95 ℃下提取 2 h,共提 2 次,最后合并 2 次滤液,用减压浓缩的方法将滤液浓缩至 30%~40%,所得液体即为藜麦浆。

(3)发酵:将黑木耳浸提液和藜麦浆按质量比为 6∶4 混合,加入复合乳酸菌粉(包括保加利亚乳杆菌、嗜热链球菌、长双歧杆菌、嗜酸乳杆菌、植物乳杆菌)和白砂糖,而后于恒温恒湿培养箱发酵至 pH 值为 3.5 以下。

(4)调配、均质、灌装:向发酵液中加入甜味剂、稳定剂等,而后通过胶体磨研磨,在 50 ℃条件下均质 2 次,测定稳定性后进行灌装。

(5)灭菌:将灌装好的黑木耳藜麦复合发酵饮料于 105 ℃下灭菌 10 min,即得成品。

十三、黑木耳发酵醋酸饮料

靳发彬等人研究了黑木耳发酵醋酸饮料,研究了酒精和醋酸的发酵条件、配比,发现酒精发酵中酒精度最高的条件是:温度为30 ℃,活化酵母接种量为0.02%,发酵时间为5 d。醋酸发酵的最适条件是:温度为35 ℃,活化酵母接种量为10%,起始pH值为5.5。成品果醋的最佳配比:原醋、蜂蜜、苹果汁的比例为8.5%:3%:50%。本产品具有丰富的营养成分和保健功能,而且还具有独特的气味,口感极佳,老少皆宜,具有很广阔的发展前景。

1. 工艺流程

黑木耳→液体发酵液→破壁匀浆↘

苹果→液化→压榨→苹果汁→加热灭菌→调配→酒精发酵→醋酸发酵→过滤→口味调配→灌装杀菌

2. 操作要点

(1)黑木耳发酵破壁:将黑木耳从PDA斜面培养基转接到摇瓶种子培养基(马铃薯20%,葡萄糖2%,KH_2PO_4 0.1%,$MgSO_4 \cdot 7H_2O$ 0.15%),28 ℃、160 r/min培养48 h。以8%的接种量转接到摇瓶发酵培养基[葡萄糖3%,玉米粉3%,蛋白胨0.3%,麸皮5%,KH_2PO_4 0.1%,$MgSO_4 \cdot 7H_2O$ 0.05%,$(NH_4)_2SO_4$ 0.2%],培养温度为28 ℃,摇床转速为180 r/min,摇瓶装量为100 mL/250 mL,培养6 d。

(2)果汁榨制:将苹果洗净、去皮、去核,浸泡于pH=4.0的有机溶液中,沥干后加入果实质量2倍的85~90 ℃热水,用捣碎机捣碎成浆,充分混匀,以有机酸调其pH值,并加入果胶酶,酶解液化6 h后,取出榨汁、过滤。一般采用两次压榨法,压榨结束后将果汁加热至80 ℃杀菌。

(3)酒精发酵:黑木耳发酵菌丝体经破壁匀浆处理后与苹果汁按比例混合均匀,加入砂糖调整可溶性固形物含量到16%。发酵温度控制在30 ℃、活化酵母接种量为0.02%、发酵时间为5 d时,产酒精率最高,此时残糖降至0.5%~0.8%,结束酒精发酵。

(4)醋酸发酵:将上述酒精发酵液的酒精浓度调整到6%,之后接入经过活化的醋酸菌,500 mL三角瓶装液量为100 mL,摇瓶转速为140 r/min,在控温摇床上进行培养,每隔1 d测定发酵液的酸度。

(5)口味调配、灌装杀菌:经过以上步骤发酵,最终获得醋酸含量为5.64 g/100 mL的醋酸发酵液,将发酵液在抽滤机中进行抽滤,灭活,并用新鲜的苹果汁和蜂蜜调整其酸甜度,再经灭菌即为成品。最佳调配比例为原醋、蜂蜜、苹果汁分别占8.5%、3%、50%。

第二节　黑木耳发酵奶

一、黑木耳酸奶

崔福顺等人选用黑木耳和鲜牛奶为主要原料,研制出了口感独特的黑木耳酸奶。他们通过正交试验确定了黑木耳酸奶最佳配方条件为:8%的黑木耳浆,9%的糖,4%的接种量,发酵时间4 h。通过乳酸菌发酵制成的黑木耳酸奶,不仅具有黑木耳的营养成分,还具有益生菌的保健功能,是一种理想的保健食品。

1. 工艺流程

菌种活化→母发酵剂→生产发酵剂↘　　　　　　　　　　黑木耳浆↘
鲜牛乳+糖+稳定剂→均质→杀菌→冷却→接种→发酵→冷却→混合→灌装→后熟→成品

2. 操作要点

(1)黑木耳浆制备:将优质的干黑木耳在水中浸泡50~60 min,吸水膨胀后洗净。将黑木耳沥干水分,按料液比为1∶2的比例加入水后,将组织破碎,所得浆液经90 ℃灭菌,而后冷却至42 ℃加入新鲜脱脂乳,待培养凝固后转移到另一灭菌脱脂乳中,反复培养2~3次,4 h后待其充分凝固,即为母发酵剂。将生产量为2%~3%的脱脂乳装入已杀菌的生产发酵罐中,95~100 ℃灭菌10 min,冷却至42 ℃后放入母发酵剂,混匀后在42 ℃进行保温,达到规定的酸度后将其贮藏在冷库中,备用。

(2)发酵剂的制备:将嗜热链球菌和保加利亚乳杆菌的干粉按1∶1混合后,在120 ℃下高温处理15~20 min。

(3)鲜牛奶的预处理:鲜牛奶用4层纱布过滤,所得滤液在90~95 ℃灭菌10 min,而后冷却到45 ℃左右。

(4)均质:将料液加热至60 ℃,在8.0~10.0 MPa压力下进行均质。

(5)接种:在冷却后的料液中加入生产发酵剂,充分混匀,操作时温度保持在乳温。

(6)发酵:保温发酵,根据试验方案确定的温度、时间、接种量操作,料液凝固后即可。

(7)黑木耳浆的加入:将黑木耳浆加入到凝固的料液中,混匀后在4 ℃条件下后熟12 h。

二、黑木耳发酵豆奶

杨飞芸等人以黑木耳和大豆为主要原料,通过乳酸菌发酵剂发酵。他们通过单因素试验和正交试验确定了黑木耳的最佳提取工艺:温度为70 ℃,提取时间为1 h,黑木耳∶水=1∶40。黑木耳发酵豆奶的最佳配方:制备豆浆的豆与水之比为1∶14,黑木耳浸提液∶豆浆=1∶4,蔗糖为9%,发酵剂接种量为3%,海藻酸钠为0.03%,于38 ℃发酵6 h即可。所得的黑木耳发酵豆奶营养价值极高,可改善人们的膳食结构,同时促进我国食用菌产业的发展。

1.生产工艺

黑木耳→清洗→破碎→浸提→滤液↘

黄豆→浸泡→榨汁→过滤→煮沸→豆浆→调配→灭菌→冷却→接种→发酵→成品

2.操作要点

(1)黑木耳的清洗、浸泡:选择优质的干黑木耳,洗净后放入水中浸泡60 min,直至黑木耳吸水膨胀。

(2)黑木耳破碎细磨:将黑木耳沥干水分,按料液比为1∶40加水,经粉碎机粉碎后,用胶体磨磨细。

(3)黑木耳预煮浸提:将磨好的黑木耳在70 ℃下浸提1 h。

(4)离心:所得浸提液离心。

(5)大豆打浆:用0.5%的$NaHCO_3$浸泡大豆12 h后,按豆水比1∶14进行打浆。

(6)调配:按配方比例将豆浆与黑木耳浸提液混合并过滤,按配方要求将蔗糖溶解过滤,而后加入到黑木耳豆奶中,混匀。

(7)杀菌:进行巴氏杀菌,条件为95 ℃、30 min。

(8)发酵:将产品冷却至42 ℃,按3%的接种量接种,于38 ℃下发酵6 h。

三、黑木耳红枣复合酸奶

崔福顺等人以黑木耳、红枣为主要原料,通过正交试验得出黑木耳红枣复合酸奶的配方工艺为:7%白糖,8%红枣,4%黑木耳。配制的酸奶色泽均匀、组织状态良好,具有黑木耳和红枣的香味。

红枣能够抗衰老、降压、镇静安神、抗肿瘤、抗疲劳,黑木耳能够防治心脑血管疾病、减肥、抗癌、治疗便秘、增强免疫力、补血,因此以黑木耳和红枣为原料制成的酸奶营养价值高。

1. 工艺流程

灭菌鲜乳、白糖、稳定剂↘　　　　菌种活化→发酵剂↘

黑木耳、红枣预处理→调配→均质→杀菌→冷却→接种→发酵→后熟→成品

2. 操作要点

(1)发酵剂的制备:将保加利亚乳杆菌、嗜热链球菌在脱脂牛奶中活化、培养(37 ℃、3~4 h),直到工作发酵剂的液面不流动、凝固时,取出于4 ℃冷藏,备用。

(2)黑木耳、红枣预处理:将干黑木耳在30 ℃左右水中浸泡50~60 min,复水后用清水洗净并去核,将黑木耳和红枣在5倍量的水中捣碎,备用。

(3)均质:将黑木耳、红枣、鲜乳、白糖、稳定剂按配方混合,预热到60 ℃后进行均质,当酸奶的质地细腻、平滑无豆腐渣样时即可,目的是使脂肪球直径减小,有利于酸奶的消化吸收。脂肪球数量增加,酪蛋白会附着于脂肪球表面,可提高产品的黏度。

(4)杀菌及冷却:将配好的料液经 85 ℃灭菌 20 min,而后迅速冷却至 43 ℃进行接种。

(5)接种:在无菌条件下,将培养好的保加利亚乳杆菌和嗜热链球菌发酵剂按 1:1 的比例接种于灭菌的混合料液中。

(6)发酵:将接种好的混合料液在 42 ℃培养至液面不流动、凝固时停止发酵。

(7)冷却、冷藏后熟:接近发酵终点时,需迅速停止发酵,这样可降低乳杆菌的活力及产酸的速度。酸奶制品在 4 ℃的冰箱中冷藏后熟 12 h 左右可产生良好、纯正的风味,提高酸度。

四、黑木耳凝固型酸奶

田宇等人以牛乳为主要原料,以黑木耳为辅料,研制出了黑木耳凝固型酸奶。所得结论如下:当成分含 1.5% 黑木耳粉、9% 蔗糖、25% 发酵剂接种量,发酵时间为 6 h 时,所得的黑木耳凝固型酸奶口感好,状态优良,稳定性好,持水力达 99.8%,并具有口感佳、营养丰富等特点。

1. 工艺流程

黑木耳→冷水浸泡→水浴煮沸→烘干→粉碎→过筛↘

鲜牛乳→预热 50~60 ℃→加糖→巴氏杀菌→冷却 40~45 ℃→接种→发酵→后发酵→成品

2. 操作要点

(1)黑木耳粉的制备:将干黑木耳用冷水浸泡 4 h,和与其质量比为 0.04:1 的生姜混合,从而除去黑木耳的腥味,而后清洗黑木耳,煮好后在热鼓风干燥箱中干燥,干燥后的黑木耳于粉碎机粉碎 5 次,过 200 目筛,保存备用。

(2)发酵剂的制备:将菌种接种于已处理(90 ℃,5 min)牛乳中,在 43 ℃培养箱中培养至凝固,于冰箱中冷藏保存备用,牛乳预热到 50~60 ℃后与蔗糖、羧甲基纤维素钠、黑木耳粉混合均匀,并充分溶解。

(3)灭菌和冷却:预热后进行巴氏杀菌,加热到 90 ℃,保持 5 min,然后冷却到43～45 ℃。

(4)接种与发酵:将20%的发酵剂接种到待发酵牛乳中,在43 ℃的培养箱中发酵5～6 h,并测定酸乳的酸度,达到65 °T时即可终止培养。

(5)冷藏:将凝固的黑木耳酸奶在2～4 ℃的环境下后熟24 h。

五、黑木耳乳酸发酵酸豆奶

隋雨婷等人以鲜牛乳为原料,添加蛹虫草提取液与黑木耳多糖等功能成分制备酸奶,通过单因素及正交试验得到最佳工艺条件为:蛹虫草和黑木耳功能性浓缩液均为15%,发酵剂为3%,蔗糖为6%,在温度为42 ℃下制备。该酸奶感官评分最高,凝固性好,口感适中,并且具有一定保健功能。

1. 工艺流程

蛹虫草、木耳浓缩混合液↘

鲜牛乳→配料→混合→预热→均质→杀菌→冷却→接种→搅拌→培养→成品后冷藏

2. 操作要点

(1)混合液制备:将蛹虫草浓缩液与黑木耳多糖1:1混合,在水浴锅中煮沸,边加热边搅拌,充分混合在一起后将其降至40 ℃,备用。

(2)发酵剂制备:将保加利亚乳杆菌与嗜热链球菌1:1混合,制成混合发酵剂。

(3)配料、杀菌、发酵:按配方将蛹虫草黑木耳多糖混合液、蔗糖、黄原胶混合后加入到鲜牛乳中,预热均质、杀菌后冷却至40 ℃,加入3%发酵剂,进行发酵凝乳。

第三节 黑木耳粉

一、黑木耳黑芝麻粉

白宝兰以黑木耳及黑芝麻为原料，配以其他营养丰富的辅料，研制出了药食兼用食品，而后进行加工及理化指标检测，通过 $L_9(3^3)$ 正交试验确定最佳配方：木耳约 10%，淀粉约 25%，糖约 35%。该产品营养丰富，口感香甜，具有抗衰老、乌发养发、调节血脂的作用，适合老年人食用。

1. 工艺流程

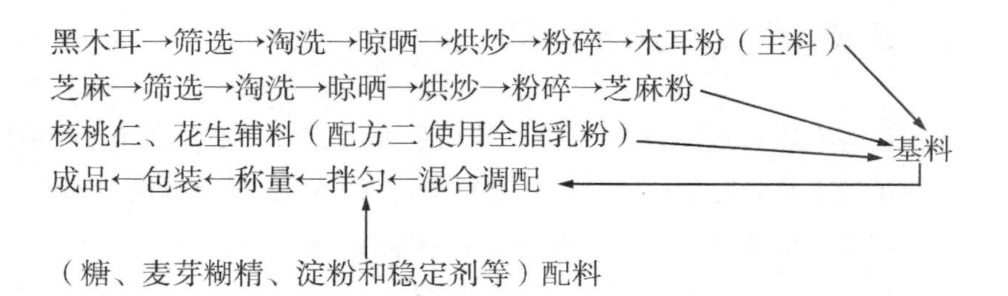

2. 操作要点

（1）黑木耳的预处理：选优质的干黑木耳在适量的水中浸泡 3～4 h，浸泡时加几片生姜减少腥味，待黑木耳吸水膨胀后沥干水分，并加入新鲜的薄荷，二者拌匀后一同放入冷冻干燥机里进行干燥，将干燥后的黑木耳粉碎 3～5 min，粒度至少在 0.64 mm（或 150 目）以下，磨好后将黑木耳粉密封，防止污染，备用。

（2）黑芝麻的预处理：原料除杂水洗后，选择饱满、均匀的黑芝麻为原料，在 150～160 ℃下烘烤 10 min，温度选择应合适，过高会导致有焦煳味，不宜粉碎；将烘烤好的黑芝麻用榨油机榨出 50%～60% 的油，含油量保持在 20%～35%；芝麻渣经高速粉碎机粉碎 2～3 min，粒度要求至少在 0.74 mm 以下，精磨至可通过 150 目细筛。

(3)防腐剂的选择与配比:选择茶多酚为天然防腐剂(添加量为 30 ~ 100 mg/kg),因为其可维持产品的保质期,对植物油制品有较好的抗氧化性,对细菌有较好的抑制作用,并且对人体有很好的保护作用,可消除体内多余的自由基,增强血管壁的厚度,达到降血压的功效,根据 GB 2760—1996,茶多酚用量为 0.48 g/kg。

(4)抗氧化剂的选择与配比:选择没食子酸丙酯为抗氧化剂,最大用量为 0.1 g/kg,本试验用量为 0.005%~0.01%,其能延长食品的贮藏期、货架期,并且具有无毒安全、高效、廉价、使用方便等特点,可用在食用油脂、干制食品等中。

(5)混合调配:按配方比例将黑木耳粉、黑芝麻粉、核桃仁粉、花生仁粉、全脂乳粉等混合均匀,每组配方成品总质量均设计为 10 g,开水冲调时用水量约为 10 mL/10 g,根据不同的配方比例对产品进行感官评价,确定最佳配方。

二、燕麦、薏苡仁黑木耳粉

包怡红等人以黑木耳为主要原料,辅以燕麦、薏苡仁、麦芽糊精、木糖醇、黄原胶制备了黑木耳降脂粉,最终确定了黑木耳煮制时间、烘干温度、粉碎粒度的条件。他们通过单因素和正交试验确定了黑木耳、燕麦、薏苡仁的最佳配比,并通过分散指数、沉淀率、分散时间、感官评价指标及单因素、响应面优化试验确定了麦芽糊精、木糖醇、黄原胶添加量,最佳提取工艺为:黑木耳煮制 20 min,80 ℃干燥,粉碎 80 目。配方比例为:黑木耳 47.6%,薏苡仁 21.6%,燕麦 17.3%,麦芽糊精 7.4%,木糖醇 5.6%,黄原胶 0.5%。所得黑木耳降脂粉感官评价好、营养价值高,体外试验表明,其结合胆酸盐能力为 1.18 μmol/100 mg,胆固醇吸附量为 23.2 mg/g,具有降血脂的功能。

1. 工艺流程

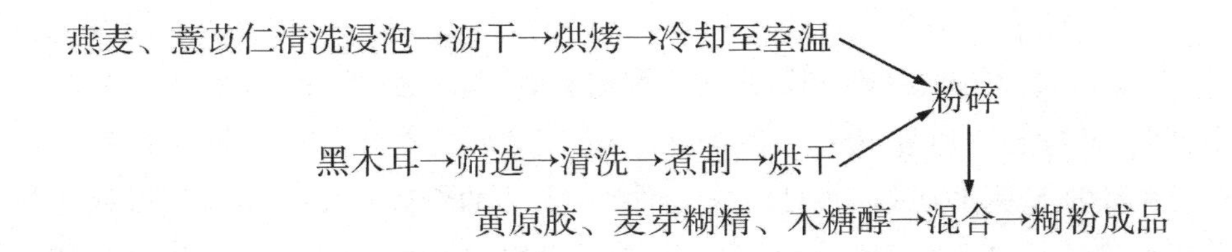

2. 操作要点

(1)煮制时间:按料液比(黑木耳体积比)为1∶1的比例加入水,待黑木耳泡发后分别煮制5、10、15、20、25 min,而后在80 ℃下烘烤4 h,所得的干黑木耳粉碎后过60目筛,并测定其体外胆酸盐结合能力、胆固醇吸附能力,最终确定最佳煮制时间。

(2)烘干温度:将泡发的黑木耳在烘箱中烘烤4 h,温度分别为60、70、80、90、100 ℃,烘干后进行粉碎,粉碎后过60目筛,并测定其体外胆酸盐结合能力、胆固醇吸附能力,最终确定最佳烘干温度。

(3)粉碎粒度:将泡好的黑木耳在80 ℃烘箱中烘烤4 h,所得的干黑木耳分别粉碎后过20、40、60、80、100目筛,并测定其体外胆酸盐结合能力、胆固醇吸附能力,最终确定最佳粉碎粒度。

(4)黑木耳添加量:主要原料燕麦和薏苡仁比例为1∶1,其他原料固定不变,只改变黑木耳粉的添加量,分别为40%、45%、50%、55%、60%,并测定其体外胆酸盐结合能力、胆固醇吸附能力,最终确定黑木耳粉的最佳添加量。

(5)燕麦添加量:主要原料黑木耳和薏苡仁比例为2∶1,其他原料固定不变,只改变燕麦粉的添加量,分别为15%、20%、25%、30%、35%,并测定其体外胆酸盐结合能力、胆固醇吸附能力,最终确定燕麦粉的最佳添加量。

(6)薏苡仁添加量:主要原料黑木耳粉和燕麦添加量2∶1,其他原料固定不变,只改变薏苡仁粉的添加量,分别为15%、20%、25%、30%、35%,并测定其体外胆酸盐结合能力、胆固醇吸附能力,最终确定薏苡仁粉的最佳添加量。

三、黑木耳糯米粉

李次力等人以黑木耳和糯米为主要原料，经过一系列工艺研制出一种富含多种营养的产品，通过正交试验得出最佳配方为：黑木耳与糯米的比例为1∶1，单甘酯添加量为1.0%。最佳工艺条件为：木耳的粉碎粒度为40目，以挤压膨化后的黑木耳为主要原料，50%黑木耳膨化物粉末，40%白砂糖，10%烤熟的黑芝麻，0.75%乙基麦芽酚。

所得的产品不仅具有黑木耳的丰富营养成分，而且口感甜美，为食用菌的开发与深加工提供基础。

1. 工艺流程

干黑木耳→选择→预处理→混料→挤压→黑木耳膨化物→粉碎→配料→黑木耳营养粉

2. 操作要点

(1)原料选择：选择正面为灰黑色或灰褐色、反面为黑色或黑褐色、肉厚无杂质、无霉变的干黑木耳。

(2)预处理：将干黑木耳研磨成粉状，均匀地混在谷物原料中，具体操作为，将干黑木耳研磨打碎成粉，而后和其他原料按比例混合均匀。

(3)挤压：挤压前先将挤压机预热20~30 min，摸头温度在180~200 ℃，转速为150~300 r/min，挤压时喂料速度应适宜，速度过快和过慢都会影响挤压膨化的进行。

(4)粉碎：处理好的黑木耳膨化物经摇摆式粉碎机粉碎后过筛，得到黑木耳营养粉的原料。

(5)调配：将黑芝麻、白砂糖、乙基麦芽酚和黑木耳膨化物粉按比例混合，用干粉研磨杯将其粉碎，使其混匀，并将白砂糖研磨成粉，与之均匀混合。黑芝麻应烘烤后再加入其中，温度为180~200 ℃，时间为6~10 min，当有黑芝麻的香味产生时即可停止。

四、黑木耳营养米粉

潘旭琳等人以黑木耳、大米、大豆为原料，先将黑木耳于180 ℃烘烤6 h，将大豆、大米于180～200 ℃烘烤6～10 h，而后将三者粉碎，通过工艺优化，最终得到黑木耳营养米粉的最佳比例为：大米粉、黑木耳粉、大豆粉、白砂糖的质量比为22∶5∶3∶12。所得到的黑木耳营养米粉外观、质地、口感均良好。

1. 工艺流程

原料→挑选→清洗→烘烤→粉碎→过筛→调配→成品

2. 操作要点

（1）原料处理：选择光泽、无杂质、无霉变的干黑木耳，在温水中浸泡2 h，除去杂质后在180 ℃下烘烤6 h，干燥后进行粉碎、过筛，得到黑木耳营养粉原料，将大豆和大米在180～200 ℃下烘烤6～10 h，待有香味后进行粉碎，粉碎粒度为40目。

（2）调配：将大米粉、大豆粉、白砂糖和黑木耳粉按比例混合均匀。

第四节　黑木耳调味品

一、黑木耳醋

（一）黑木耳糙米醋

于梅等人研究了黑木耳糙米醋的液体发酵工艺条件，并分析了该醋的营养成分。结果表明，醋酸发酵的最佳条件为：接种量为5%，摇床转速为210 r/min，250 mL三角瓶装料50 mL。在上述条件下培养3 d，酸度可达3.572 g/100 mL，该醋氨基酸总量达743.37 μg/mL，Fe、Zn、Mg、Ca、Mn微量元素总量达137.1 μg/mL，多糖含量达8.1 g/100 mL，相应营养成分含量均比市售米醋高,具有较高的营养价值和保健功能。

1. 工艺流程

糙米粉碎→糊化→糖化→灭菌→酒精发酵→醋酸发酵→灭菌→过滤→成品

↑

酵母菌→活化酵母菌

2. 操作要点

(1)糙米糊化、糖化:将糙米粉碎后过 15 目筛,加入适量水在 85 ~ 90 ℃加热 30 min 进行糊化,冷却后用 1 mol/L 的柠檬酸调节 pH 值为 4.0,将 300 U/g 糙米加入糖化酶在 60 ℃糖化约 16 h,将粉碎并吸水后的黑木耳与之混合,使混合液最终糖度达到 14 °Bx。

(2)酵母菌的活化:将 3 g 酵母放入 100 mL 2% 的蔗糖溶液中,于 32 ℃活化 1 h。

(3)酒精发酵:将酵母活化液按 10% 的体积百分比添加到经过灭菌的糖化液中,在 30 ℃发酵约 24 h,酒精含量达到 6% vol 时停止发酵,并在 85 ℃下巴氏灭菌 10 min。

(4)醋酸菌液体种子培养:在醋酸菌液体种子培养基中接入醋酸菌斜面菌种,250 mL 三角瓶装料 50 mL,32 ℃振荡培养 24 h。

(5)醋酸发酵:以温度为 32℃、接种量为 10%、250 mL 三角瓶装料 50 mL、摇床转速为 180 r/min 为基础条件进行醋酸发酵。

(二)黑木耳红枣复合果醋

王磊等人以黑木耳、红枣为主要原料酿造复合果醋,采用响应面法优化果醋的酒精发酵工艺条件。选取酵母接种量、发酵温度、初始糖度为影响因子,以发酵液的酒精度为响应值,在单因素试验基础上,采用 Box - Behnken 设计建立数学模型。结果表明,黑木耳红枣复合果醋酒精发酵的最佳工艺参数为:酵母接种量为 4%,发酵温度为 30 ℃,初始糖度为 12.5%,发酵 7 d。在此优化条件下，发酵液的酒精度为11.7%，与模型预测值基本一致。

1. 工艺流程

酿酒酵母　醋酸菌
↓　↓
黑木耳与红枣混合汁→调整糖度→酒精发酵→醋酸发酵→粗滤→调配→精滤→杀菌、灌装→二次杀菌→冷却→检验→果醋成品

2. 操作要点

（1）黑木耳与红枣混合：将制备好的黑木耳浆液、红枣浆液和水按5∶3∶2混合，-2 ℃保藏。

（2）调整糖度：采用低糖原果汁直接发酵法发酵，混合浆含糖量控制在15%。

（3）酒精发酵：将活化后的酿酒酵母接入黑木耳红枣混合浆汁中发酵，接种量为2%~4%，发酵温度为24~32 ℃，初始糖度为10%~14%，发酵7 d，当酒精度达到10%左右且不再升高时酒精发酵结束。

（4）醋酸发酵：将扩大培养后的醋酸菌直接接入酒精度达到7%左右的发酵液中，调整醋酸菌发酵液最适pH值到4.5，接种量为10%左右，发酵温度为30~35 ℃，发酵时间为5~7 d，当醋酸转化率达到80%左右且不再升高时醋酸发酵结束。

（5）粗滤：用200目的过滤器进行过滤，将发酵后的剩余残渣滤除，使不溶性固形物含量下降到20%以下。

（6）杀菌、灌装：将熟化后的果醋迅速加热到85 ℃以上维持几秒，迅速装入消毒过的玻璃瓶内，趁热（不低于70 ℃）立即封口，密封后迅速冷却至35 ℃以下，得到复合果醋成品。

二、黑木耳酱

（一）海带黑木耳酱

余森艳等人以海带和黑木耳为主要原料，开发、研制低脂且富含矿物质元

素及多种功能性成分的营养酱,通过单因素试验和正交试验确定了海带与黑木耳这两种主要原料的最佳配料比,以及海带黑木耳浆体与调味料的用量。试验结果表明:海带与黑木耳的适宜配比为1∶1;甜酸型风味最佳配方为原料∶辣椒粉∶盐∶糖∶醋=200∶0.5∶3.5∶20∶20;麻辣型风味最佳配方为原料∶辣椒酱∶辣椒粉∶花椒粉∶盐=200∶20∶3∶0.75∶2;最佳工艺条件为原料磨浆加水量15%、熬制时间4 min。

1. 工艺流程

黑木耳→选择→浸泡→清洗→磨浆

↓

海带→选择→清洗→软化→磨浆→原料调配→风味调和→装瓶→杀菌→成品

↑

空瓶→清洗→消毒

2. 操作要点

(1)原料选择:选择优质、深褐色且肥厚的干海带及野生优质黑木耳。

(2)浸泡清洗:将海带浸入清水中5 min即可用手洗掉其表面的泥沙及其他杂质,并除去不可食部分;将黑木耳在清水中浸泡2 h至全部发起后洗去表面杂质得到干净的木耳片。

(3)海带软化:将洗净的海带整理好放入高压灭菌锅内干蒸40 min即可软化完全。

(4)磨浆:将海带、黑木耳分别切成小片后先用组织捣碎机打碎,再用胶体磨进行磨浆,磨浆时适量加水有利于磨浆。

(5)原料配比:海带有特殊的海腥味,黑木耳有怡人的鲜香味,将两者合理配比以减轻海带腥味并体现出黑木耳的鲜香味,经单因素试验确定出两者适宜配比为1∶1。

(6)风味调配:将一定量的优质色拉油加入锅中烧开,加入红辣椒炸制2 min,用纱布将辣椒滤出后制得红油待用,取适量红油加入锅中烧开,加入一定量的海带与黑木耳浆体,按甜酸型和麻辣型2种不同风味分别加入不同的调味料,同时加入适量芝麻、姜汁,中火熬制片刻后起锅。

（7）装瓶杀菌：将制好的酱装入消毒后的玻璃瓶中，再加入少许封口香油，在常压下沸水加热排气 20 min 后立即封瓶，然后在 121 ℃条件下杀菌 20 min 即可。

（8）保藏试验：将成品放在恒温培养箱中于 37 ℃下保藏 10 d 后进行感官测定和微生物检验，确保无胀罐、酸败等变质现象，且酱体均匀、稠度适中，风味保存良好，达到商业灭菌要求。

（二）青椒黑木耳酱

都凤华等人以黑木耳、青椒为主要原料，就青椒黑木耳酱的生产工艺、产品配方及青椒中 VC 的保存进行了试验研究，确定了可行的工艺流程、最佳的配方组合、较好的 VC 保存方法，得到了一种营养强化、风味独特的新型酱。

1. 工艺流程

黑木耳→浸泡→分选、清洗→破碎→打浆
青椒→分选、清洗→破碎→烫漂或酸处理→打浆 }→混合调配→加糖浓缩→
灌装密封→杀菌冷却→成品

2. 操作要点

（1）原料处理：选优质的干木耳浸泡在 50～60 ℃的温水中 40～60 min ，至木耳上浮、变软，择洗干净，选择新鲜、肉厚的绿色青椒，去蒂、籽，清洗干净、掰碎，之后进行烫漂或酸处理以保护 VC。

（2）打浆：将浸泡好的木耳、青椒分别加水打浆，打浆机的转数为 10 000 转，时间为 5 min。

（3）加糖浓缩：加热煮制，一边熬煮，一边搅拌，以防焦化，至含糖量达到要求时，马上灌装。

（4）灌装、密封：采取热灌装方式，灌装温度不得低于 85 ℃，灌装后及时密封。

（5）杀菌、冷却：杀菌温度为 100 ℃，时间为 5～15 min，杀菌后分段冷却至 38 ℃，并对成品检验、贴标签、入库。

（三）香菇、黑木耳、牛肉酱

崔东波等人以香菇、黑木耳、牛肉为主要原料，开发一种具有保健功能的调味品，通过正交试验确定最佳工艺配方为：香菇和黑木耳用量比为2∶1（总量为32.5%），牛肉用量为15%，黄酱量为15%，麻油用量为2%。此产品具有香菇、黑木耳特有的清香，营养丰富，是一种集营养、美味于一身的调味品。

1. 工艺流程

香菇→去泥→清洗→切成小丁→香菇丁 木耳丁←切成小丁←清洗←去跟←浸泡←干黑木耳

色拉油加热→芝麻、辣椒片→圆葱丁、姜末→黄酱爆出香味→炒制→糖、麻油→

↑

味精→搅拌→牛油→清洗→去筋膜→牛肉丁

煮沸→黄酒、装瓶→封顶→杀菌→冷却→成品

↑

消毒←清洗←空瓶

2. 操作要点

（1）香菇丁的制备：选择菇形圆整、菌盖下卷、菌柄短粗鲜嫩、菌肉肥厚、菌褶白色整齐、大小均匀的香菇作为原料，用小刀将菌柄末端的泥除去，削掉香菇根，将香菇放入1%的食盐水中浸泡10 min，然后用清水洗净，沥干水，切成5 mm的小丁，备用。

（2）黑木耳丁的制备：选择优质的秋木耳为原料，秋木耳肉质较厚，能增加产品的口感。将黑木耳浸泡于清水中，木耳充分吸水胀发，清水洗净，去根，去杂物。将洗净的木耳在60 ℃烘箱中烘制1～2 h，使木耳水分减少，增加木耳的韧性，从而使制品有良好的咀嚼口感，然后将木耳切成5 mm的小丁，备用。

（3）其他原料的制备：选新鲜牛肉，以流动水洗去肉表面的血污及其他杂质，剔除筋膜、淋巴，切成5 mm左右的小丁，备用；干辣椒去籽，加工成5 mm左右的小片，备用；姜清洗去皮，切成姜末，备用；圆葱去皮清洗，切成1 mm的小

丁，备用。

（4）炒制：将色拉油倒入锅中，加热，待油温升至 140 ℃时，加入熟芝麻，快速翻炒，当油温再次升至 140 ℃时，加入辣椒片炸出香味，注意不可炸制时间过长，以免产生焦煳味道，继而加入圆葱丁、姜末爆出香味，加入黄酱，炒出酱香味道，加入牛肉丁，炒制 5 min 左右后加入香菇丁、黑木耳丁，加入白糖、麻油调味，沸腾 5 ~ 8 min，起锅前加入黄酒、味精。酱的炒制是制作加工的关键，炒制过程中注意控制油温，掌握炒制程度，油温低、炒制时间短，酱体香味不够丰满，油温高、炒制时间过长，会使酱变焦、味苦，影响成品的颜色和滋味。

（5）装瓶、杀菌：将上述调味好的酱体趁热加入已经消毒好的四旋玻璃瓶中，装入九分满，每罐净重 200 g，用红油封口，趁热将瓶盖拧紧。注意酱体装瓶时，温度不得低于 85 ℃，否则杀菌过程中容易出现胀罐的现象。115 ℃杀菌 15 min，杀菌后分段冷却即为成品。

第五节　黑木耳零食

一、黑木耳脆片

（一）普通黑木耳脆片

苏丽娟等人以黑木耳为原料，确定了黑木耳脆片的加工工艺和技术的关键点，此产品具有丰富的营养价值。他们对黑木耳的营养成分特色、理化特性和加工特性进行优化，确定黑木耳脆片干燥前浸渍液的最佳配方及工艺条件，而后通过感官特性优化黑木耳脆片的微波干燥工艺条件。通过单因素试验和正交试验确定了最佳工艺条件：盐质量分数为 0.25%，煮制 15 min，微波干燥时间为 15 min（功率为 750 W）。所得产品口感适中、咸淡酥脆。他们对此产品进行营养成分分析，结果表明，其多糖含量为 20.54%，脂肪含量为 7.2%，含水量为 16.6%。

1. 工艺流程

黑木耳→浸发→洗净→煮制←盐、白砂糖、水
↓
酱油、植物油→真空微波干燥→包装→产品

2. 操作要点

（1）原料选择和浸发：选择优质的干制黑木耳，60 ℃浸发 24 min，浸发后的黑木耳含水量为90%左右，且黑木耳大小均匀、肉质肥厚、完整。（在煮前浸发可使黑木耳表面干净且煮制过程与液体接触、渗透均匀。）

（2）辅料的调配：通过试验设计盐、糖质量比分别为 1.0∶1.0，1.0∶1.5，1.0∶2.0，1.0∶2.5，1.0∶3.0，确定了调味料、糖、盐的比例，而后确定最优的盐糖质量比。

（3）煮制、沥干：将水烧开沸腾后，加入浸泡后的黑木耳以及盐和糖，边煮边搅拌，煮至适当时间捞出、沥干。

（4）酱油的添加：酱油风味较浓烈，不宜过多，在酱油中加入 1/2 体积的植物油，混匀后在黑木耳的正反面各涂薄薄的一层酱油。

（5）干燥：采用真空微波干燥对黑木耳进行干燥处理，确定适当的微波频率和时间，调控真空度在 -90 kPa，进行微波真空干燥。在相同的含水率条件下，真空微波干燥条件下的黑木耳脆片比热风干燥条件下的口感更酥脆、膨松。

（二）马铃薯糯米黑木耳脆片

程慧敏等人以黑木耳为主料，以马铃薯淀粉和糯米粉及食盐等为辅料，研究了黑木耳膨化脆片的制作工艺，最终确定最佳工艺及配方。结果表明，原料成分中黑木耳、马铃薯淀粉、糯米粉的比例为 3∶3∶1，食盐为 1%，增稠剂为 0.5%，乳化剂为 0.6%，双倍焦糖色素为 5%，切片厚度为 1.0 mm，经 140 ℃油炸后产品呈棕色，膨化效果好，口感香、酥 、脆，可以为东北黑木耳资源的深加工利用奠定基础。

1. 工艺流程

马铃薯淀粉、糯米粉、食盐、添加剂
↓
黑木耳→清理→粉碎→浸泡→搅拌成团→压片→切片→油炸→调味→成品

2. 操作要点

(1)原料预处理:选择优质黑木耳,在粉碎机粉碎后过160目网筛,备用。

(2)配料:将马铃薯淀粉、糯米粉、食盐、乳化剂、增稠剂等按比例均匀混合后,加入黑木耳原料,混匀。

(3)压片、切片:将混合好的原料揉搓成团,在压片机中压成厚度为1 mm的薄片。

(4)油炸:将薄片用棕榈油炸至酥脆。

(5)调味:配制椒盐、孜然粉等混合味的调味料。

二、黑木耳饼干

(一)普通黑木耳饼干

孙立志等人以黑木耳为主要原料,研究了制作黑木耳饼干的生产工艺及技术要点。他们通过正交试验确定黑木耳饼干的最佳配方为:黄油为22.5%,白糖为30%,黑木耳为5%。该工艺所得的黑木耳饼干营养价值高、风味独特。

1. 工艺流程

黄油、白糖、食盐、香兰素、水
↓
黑木耳等原辅料预处理→辅料预混→面团调制→辊压并成型→烘烤→冷却→成品
↑
低筋粉、玉米淀粉、奶粉、小苏打

2. 操作要点

(1)原辅料预处理:选择优质干黑木耳,用50~60 ℃的温水泡发,吸水膨胀后剪去木耳的根部,去除杂质,洗净晾干,脱水干燥。干燥后在粒度100目左右进行粉碎,处理好后密封保存。

(2)辅料预混、面团调制:将融化好后的人造黄油、白糖、食盐、小苏打、香兰素等溶解在适量水中搅拌均匀,再向其中添加粉料和成面团。

(3)辊压:将面团压成2 mm厚均匀的面片,用模具压形后放入烤盘。

(4)烘焙:烤炉预热,在210 ℃左右烘烤10 min左右,烘烤时不断观察,防止烤煳。

(5)冷却、包装:将烘烤后的饼干冷却后再包装,防止表面与中心部的温度差很大导致饼干破裂。

(二)黑木耳苏打饼干

陈红等人以黑木耳、低筋小麦粉为主要原料,以油脂、绵白糖、小苏打、食盐、单甘酯、鸡蛋等为辅料,制备黑木耳饼干。他们采用单因素试验及正交试验方法确定产品配方及最佳工艺为:黑木耳添加量为15%,油脂添加量为35%,绵白糖添加量为35%,单甘酯添加量为0.4%,以低筋小麦粉的添加量为基准,鸡蛋、食盐、泡打粉的添加量分别为5%、1%、1.5%。该工艺所得的黑木耳饼干口感酥松,香甜可口,营养价值高。

1. 工艺流程

低筋小麦粉、绵白糖、油脂等

黑木耳预处理→称量→面团调制→碾压成型→摆盘→焙烤→冷却→成品

2. 操作要点

(1)黑木耳预处理:选择优质干黑木耳,按质量比为1∶10的比例加水浸泡4 h,吸水膨胀后剪去木耳的根部,去除杂质,洗净,将黑木耳用粉碎机粉碎至粒径为1~2 mm的颗粒,备用。

(2)称量:按配方比例称取低筋小麦粉、绵白糖、油脂、蛋液、泡打粉、单甘酯等混合均匀。

(3)面团调制:将黄油打发约30 min至乳白色,均匀后加入绵白糖、蛋液持续搅拌打发至奶油糊状,而后将粉状混合物(低筋小麦粉、食盐、泡打粉、单甘酯)加入搅拌机中,与称好的黑木耳颗粒混合,搅拌均匀,温度不超过40 ℃,待面团回软至有较强的延伸性且光润、柔软时碾压成型。

(4)碾压成型:将面团辊压成2.0~3.0 mm的薄面片,确保面片薄厚均匀、片形整齐、质地细腻,之后用模具制作成型。

(5)摆盘:将成型后的饼干坯放入烤盘中。

(6)焙烤:在上火温度为160~180 ℃、下火温度为180~200 ℃的条件下烤制5~10 min,之后在上火180 ℃、下火220 ℃的条件下继续烤制5~8 min,最后在上火220 ℃、下火220 ℃的条件下烤至饼干表面金黄色,即可。

(7)冷却:烤好后的饼干需冷却,防止其变形,并保证饼干口感酥脆。

(三)黑木耳桃酥

余雄涛等人采用粉碎、烘烤的办法,用黑木耳粉、蛋糕粉、鸡蛋、固体奶油为原料制备了黑木耳桃酥,并探究工艺流程和操作方法。所得产品具有清胃、补血养颜的作用,口感酥脆,气味芬香,符合食品卫生标准,为黑木耳功能食品开发开辟了新途径。

1. 工艺流程

黑木耳粉碎→面团调制→成形→烘烤→冷却→内包装→外包装

2. 操作要点

(1)原料选择:选择品质优良的干黑木耳(有光泽、肉质肥厚、无霉变)和新鲜的鸡蛋,洗净备用。

(2)粉碎:用粉碎机将黑木耳粉碎,而后将黑木耳粉放入塑料袋,密封备用。

(3)面团调制:将原料按比例放入搅拌缸中进行搅拌(面粉除外),搅拌均匀后加入面粉,搅拌均匀即可。

(4)成型及摆盘:面团在曲奇机成型后,均匀摆放在烤炉托盘,之间留有空隙。

(5)烘烤:烘烤前,烤箱进行 185 ~ 195 ℃的预热,而后烘烤 18 ~ 22 min,应严格控制烘烤的温度和时间,保证产品质量。

(6)冷却:烘烤结束后,在冷却间自然冷却。

(7)包装:冷却完毕后进行包装。

(四)黑木耳燕麦饼干

李程程等人以野生黑木耳与燕麦为主要原料制备了黑木耳燕麦饼干,通过单因素试验和正交试验确定了黑木耳燕麦饼干的最佳工艺配方:黄油 25%,白糖 25%,黑木耳 10%,燕麦 15%。

1. 工艺流程

黑木耳等原辅料预处理→辅料预混(黄油、白糖、鸡蛋、水)→面团调制(低筋粉、燕麦片、黄油、小苏打)→辊压成型(蜂蜜)→烘烤→冷却→成品

2. 操作要点

(1)原辅料预处理:将优质干黑木耳用温水浸泡 3 ~ 4 h,洗净干燥,用粒度为 100 目的粉碎机粉碎。

(2)辅料预混、面团调制:先将黄油、白糖、小苏打等充分溶解在适量水中,再加入调匀的低筋面粉、燕麦片,和成面团。

(3)辊压成型:将面团压成 2 mm 厚的均匀薄片,表面蘸取少量蜂蜜刷上一层,用自制的模具成型,放入烤盘。

(4)烘烤:温度设定为 280 ℃,烘烤 10 min 左右,烘烤时要不断观察上色情况,防止烤煳。

(5)冷却、包装:烘烤完毕的饼干表面与中心部的温度差很大,为了防止饼干的破裂与外形收缩,冷却后再包装。

(五)黑木耳酥性饼干

孔祥辉等人以低筋粉、木耳粉为主要原料,以泡打粉、白糖、食盐、油脂等为辅料研制黑木耳酥性饼干,分析了饼干内质结构,测定了产品理化性状指标和

保质期。结果表明最佳配比为:低筋粉 100 g,木耳粉 12.5 g,白糖 25 g,泡打粉 2.5 g,食盐 1.7 g,油脂含量 40 g(其中黄油 8 g,豆油 16 g,棕榈油 16 g),抗氧化剂 TBHQ 添加量为 180 mg/kg(以油脂计)。所制成的黑木耳酥性饼干产品外形饱满,内质结构细密均匀,酥松、细腻,色泽均匀,香味浓。黑木耳酥性饼干成品含水分 2.8 g/100 g,灰分 2.56 g/100 g,脂肪 33.2 g/100 g,酸价(以油脂计)为 0.45 mg/g,过氧化值(以油脂计)为 0.0012 g/100 g,硬度为 27.30 N,产品理化性状指标复合饼干的标准。通过木耳饼干产品的保质期加速试验预测产品保质期为 1 年。

1. 工艺流程

木耳等原料预处理→黄油、白糖、食盐、水等辅料预混→面团调制(低筋粉、木耳粉、泡打粉等)→辊压并成型→烘烤→冷却→成品

2. 操作要点

(1)原料预混及面团调制时的投料顺序是控制面筋形成、让产品更酥的关键环节。将水、糖、盐、油、泡打粉等充分搅拌成均匀乳浊液,加入面粉、木耳粉,形成一层油脂的薄膜,降低蛋白质之间的胀润和水化能力,面团韧性降低。

(2)采用辊印成型方式制作酥性饼干,要求面团相对硬一些,但弹性适中。

(3)高温短时烘烤。饼干入炉时炉内湿度和温度要适宜(150~210 ℃)。随后成形区、发酵区、烘干区和着色区的温度应不同,烘烤时间也很重要。最后自然冷却至 20~25 ℃。

三、黑木耳糖果

(一)黑木耳红枣复合菌糕

范秀芝等人研制了黑木耳红枣复合菌糕,该产品以黑木耳和红枣为主要原料,添加木糖醇、复合胶和柠檬酸制备而成。试验得出最佳工艺为:黑木耳与红枣的配比为 1:4,木糖醇为 15%,复合胶凝剂为 2%(卡拉胶:琼脂:瓜尔胶 = 10:5:1),沸水煮 10 min,在 60 ℃烘制到水分含量为 18%~20%,即得黑木耳红

枣复合菌糕。

1. 工艺流程

原料→清洗→处理(去蒂/去核)→粉碎/打浆→添加辅料→煮制调味→倒盘→冷却→烘制→切块→包装→成品

2. 操作要点

(1)黑木耳粉的制备:选取优质的干黑木耳在40 ℃水中浸泡10 min,吸水膨胀后,去除根部,洗净后沥干水分,在50 ℃烘箱中烘干,用粉碎机粉碎,备用。

(2)红枣的选择、处理:选取优质红枣,清洗去核后在80 ℃热水中浸泡30 min,泡好后的红枣用闪式提取器提取,转速为5 000 r/min,每次时间为1 min,间隔1 min,共3次,收集浆液备用。

(3)煮制调味:向粉碎后黑木耳粉中加适量水,静置30 min,同时将卡拉胶、琼脂和瓜尔胶加水打浆混匀得混合胶凝剂,在红枣浆料中加入溶胀的黑木耳粉、木糖醇和混合胶凝剂进行煮制,边煮边搅拌,时间为10 min,而后待温度降到70 ℃时加入柠檬酸,混匀。

(4)倒盘、烘制:将煮制调味后的黑木耳红枣浆趁热倒入盘中,凝冻之后,置热风干燥箱中烘制至水分含量在18%~20%即可,期间每1 h翻动一次。

(5)切块、包装:将烘制好的菌糕切成合适大小进行包装。

(二)黑木耳软糖

王蕾等人研制出了黑木耳软糖,该产品具有低甜度、低热量等特点,得到最佳工艺为:15%明胶,15%麦芽糖浆,15% β-环糊精,在115~120 ℃下熬煮糖浆,待其黏稠即可停止,而后在70 ℃左右拌和,在成胶时温度应低于60 ℃,pH值为6.5~7.0,静置一定时间,待糖浆中的气泡集聚到糖浆表面即可自然烘干,直到模具中的浆液成型可停止干燥。该产品口感独特,满足大众的需求。

1. 工艺流程

明胶→过滤→浸泡
↓

白砂糖、麦芽糖浆、β－环糊精、水→溶糖→熬糖→静置降温→熬和→木耳洗净、煮熟→静置→切块→置于模中→浇模成型→干燥→分筛→精分→挑选→包装→成品

2. 操作要点

（1）制冻胶：干明胶中加水，冷却冻结成冻胶，然后再和其他物料混合；溶胶时用水量约为干明胶质量的2～3倍，充分浸润后，加热即可制得溶胶。

（2）一般溶胶熬糖：将白砂糖、β－环糊精、麦芽糖浆全部溶化后开始熬糖，由于明胶受热极易分解，所以需等糖浆熬成后，再加入冻胶。待糖浆出现黏稠现象时停止熬糖，其中水分不宜过多，防止入明胶后需蒸发时间过长；冷却后再加入明胶。

（3）拌和静置：糖浆冷却到70 ℃左右时，加入冻胶和酸度调节剂进行拌和，而后加入香精，慢慢混匀，搅拌速度应适中，防止速度过快或过慢而产生影响。糖浆放置一定时间，使气泡集聚到糖浆表面，然后撇除。

（4）浇模成型：采用浇模成型的方法，用淀粉作模盘，首先在果冻壳印模涂一层淀粉，将糖浆浇在粉模中，浇前先将已制作好的木耳块放在壳底，若糖浆浓度较高，则浇模成型后不需另外再进行干燥，若糖浆浓度较低，则浇模成型后，表面再覆盖一层干燥淀粉放在烘箱进行低温干燥，在低于40 ℃下干燥30～40 min。当模粉的水分与糖粒水分近于平衡时，即可把被干燥的糖粒取出。

（5）分筛包装：从淀粉中分筛出来的已浇模成型的明胶软糖，清除表面模粉后进行包装。为防止外界水汽、细菌侵入以及增加美观性和方便性，软糖包装选择透明的塑料袋。

（三）黑木耳砂糖糖块

苏晓涵制备了以黑木耳和砂糖为原料的糖块。黑木耳中含有丰富的铁且易被机体吸收，具有安神润燥、和胃健脾、活血去瘀等功效，对缺铁性贫血患者

十分有益。

1. 工艺流程

砂糖入锅→加水→熬煮→加黑木耳粉→加香精→调匀→压坯→切块→冷却→包装→成品

2. 操作要点

(1)将精密称取的砂糖溶于水,过滤后用文火熬煮。

(2)选用优质黑木耳,浸泡后除去杂质洗净、烘干,之后用粉碎机打磨,粉末过筛备用。

(3)熬制糖液,待其黏稠时加入黑木耳细粉和香精,边加边搅拌,使之充分均匀。

(4)在搪瓷盘表面涂抹熟芝麻油或花生油,将糖液趁热倒入搪瓷盘中,冷却后将糖液压平。

(5)用刀趁热将糖坯切成4 cm×3 cm×2 cm的条状糖块,冷却后进行密封包装、检验、出售。

(四)黑木耳赤砂糖糖块

薛志成研究了以黑木耳和赤砂糖为原料的糖块。

1. 工艺流程

赤砂糖入锅→加水→熬煮→加黑木耳粉→加香精→调匀→压坯→切块→冷却→包装→成品

2. 操作要点

(1)称取赤砂糖溶于水后,过滤,在锅中用文火熬煮。

(2)选用优质黑木耳,浸泡后除去杂质洗净、烘干,之后用粉碎机打磨,粉末过筛备用。

(3)熬制糖液,待其黏稠时加入黑木耳细粉和香精,边加边搅拌,使之充分均匀。

(4)在搪瓷盘表面涂抹熟芝麻油或花生油,将糖液趁热倒入搪瓷盘中,冷却后将糖液压平。

(5)用刀趁热将糖坯切成4 cm×3 cm×2 cm的条状糖块,冷却后进行密封包装、检验、出售。

四、黑木耳果冻

(一)保健型黑木耳果冻

崔福顺等人以黑木耳汁、赤砂糖为主要原料,运用正交试验设计对黑木耳果冻的加工工艺进行了研究。结果表明,30%黑木耳汁、15%糖(赤砂糖与白砂糖质量比=2∶1)、0.2%柠檬酸、6%凝胶剂(明胶与琼脂质量比=5∶1)的工艺参数,可研制出色泽均匀、组织状态良好、口感细腻、酸甜适宜、香气协调的营养保健型黑木耳果冻。

1. 工艺流程

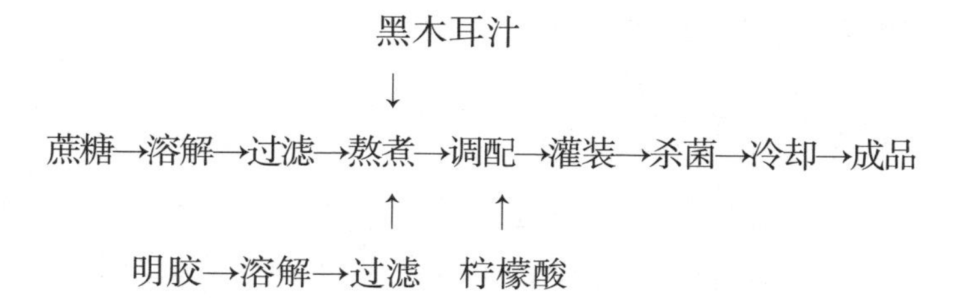

2. 操作要点

(1)黑木耳汁的制备:以干黑木耳为原料,用粉碎机粉碎,20目过筛。以干黑木耳粉∶水=1∶50的比例在90 ℃恒温水浴中浸提3.5 h,用4层纱布过滤,得黑木耳汁备用。在这种条件下,黑木耳浸提的多糖含量最高。

(2)蔗糖、明胶的预处理:向蔗糖中加适量水使之溶解,过滤;明胶加适量水浸泡,待充分吸水膨胀后,加热溶解,放入70 ℃水浴中备用。

(3)熬煮糖胶：将过滤后的蔗糖和黑木耳汁一起混合加热搅拌 20 min 后，将明胶过滤倒入，继续熬煮 10 min。

(4)柠檬酸的加入：将柠檬酸先用少量水溶解，它会使糖胶的 pH 值降低，易发生水解，使之由稠变稀，影响果冻胶体的成型，为尽量减少其对胶体的影响，在操作时应在黑木耳汁糖胶液冷却至 70 ℃左右时再加入，搅拌均匀，以免造成局部酸度偏高。

(5)灌装灭菌：将调配好的糖胶液灌装入果冻杯中并封口，要防止粘污杯口，放入 85 ℃热水中灭菌 5~10 min。

(6)冷却：自然冷却或喷淋冷却，使之凝冻即得成品。

(二)黑木耳、蓝莓果冻

吴洪军等人以黑木耳、蓝莓果汁、复合凝胶、蔗糖、柠檬酸为主要原料，经过优化工艺条件、正交试验，得到最佳配方为：黑木耳汁 10%，蓝莓汁 10%，蔗糖 28%，复合凝胶 0.6%，柠檬酸 0.1%。

1. 工艺流程

黑木耳→挑选、清洗→干燥→粉碎→浸提→黑木耳汁
蓝莓果→榨汁→离心过滤→蓝莓原汁
复配果胶→浸泡→溶化

白糖、柠檬酸
↓
混合调配→灌装→杀菌→成品

2. 操作要点

(1)原料处理：原料经挑选，剔除黑木耳杂质，洗净干燥后，超微粉碎得黑木耳粉。将黑木耳粉与水按 1∶50 的比例在 90 ℃恒温水浴中浸提 3.5 h，用 4 层纱布过滤得黑木耳汁，在此条件下黑木耳汁中多糖的含量最高。

(2)蓝莓汁的制备：取适量蓝莓果，经挑选、漂洗后榨汁，再经过滤、浓缩、灭菌制成蓝莓果原汁。

(3)果冻胶凝剂的制备：将混合好的复配胶加入 40~50 ℃的热水中，搅拌 15 min，使其混合均匀充分溶胀；将上述胶液加热煮沸 5 min，使胶充分溶解，并达到杀菌的目的，煮沸的时间不能过长；在加热溶胶过程中，胶液产生许多小泡，必须静置一段时间，静置中小泡不断上浮消失，静置时间以胶液温度下降至

40 ℃为好。

（4）混合调配：先将白糖加入果汁中，加热杀菌，冷却至 50 ℃左右，再加入柠檬酸、防腐剂等，最后将混合液加入正在搅拌的溶胶液中，并将 pH 值调至 3.5 左右。

（5）灌装：将上述配好的混合液趁热分装至果冻杯中，加盖封口。

（6）灭菌：85 ℃灭菌 10 min，然后迅速冷却。

（三）黑木耳沙果复合果冻

杜明华等人以黑木耳浸提液、沙果汁为主要原料，运用正交试验设计对黑木耳沙果复合果冻加工工艺进行了研究。结果表明，25% 黑木耳汁、30% 沙果汁、15% 甜味剂（蜂蜜∶白砂糖 =1∶2）、0.2% 柠檬酸、6% 凝胶剂（卡拉胶）的工艺参数，可研制出色泽均匀、组织状态良好、口感细腻、酸甜适宜、颜色明快的保健型黑木耳沙果复合果冻。

1. 工艺流程

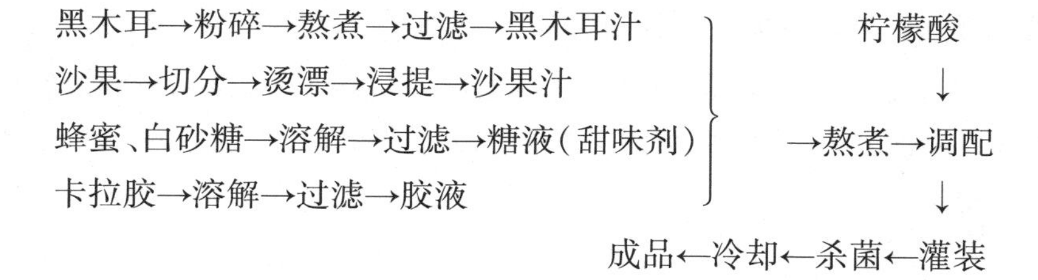

2. 操作要点

（1）黑木耳浸提液的制备：选用朵形周正、色黑、肉厚的高品质干黑木耳，用温水浸泡 4 ~ 5 h，至其复水软化膨胀达到一定弹性后，清洗干净捞出，人工去杂沥干水分备用。将沥干水分的黑木耳用组织粉碎机粉碎，20 目筛网过滤得大约 4 mm ×4 mm 的黑木耳颗粒，将黑木耳颗粒与水按 1∶50（质量比）的比例熬煮 20 ~ 30 min，煮至黑木耳颗粒软烂、液汁变黏稠时，将料液过 100 目筛网过滤，得到黑木耳浸提液。

（2）沙果汁的制备：选用色泽艳丽、含糖量在 12% 左右的沙果，清洗干净控干水分后，用磨碎机将沙果破碎成 4 mm ×5 mm 大小的果块，为防止褐变，破碎时加入0.2%果重的抗坏血酸和食盐，然后用榨汁机压榨并粗滤得沙果混浊汁，再将沙果混浊汁细滤得沙果澄清汁，放置冰箱备用。

(3)甜味剂的制备：将蜂蜜和白砂糖按1∶2的比例混合并加入适量水使之溶解，过滤备用。

(4)凝胶剂的制备：将卡拉胶慢慢加入温度为90～95 ℃的热水中，高速搅拌至无结块后于95 ℃下保温15 min，配制成1%卡拉胶溶液。

(5)原料混合：将糖液和凝胶剂混合均匀后加入黑木耳浸提液、沙果汁、柠檬酸进行调配，趁热用100目筛网进行过滤，以消除气泡，将消除气泡后的混合液趁热灌注入果冻模具中并封口，并放入90 ℃热水中灭菌10 min，流水冷却即得成品。

五、黑木耳冰淇淋

(一)普通黑木耳冰淇淋

李官浩等人以黑木耳为主要原料，研究了冰淇淋的制作工艺，通过$L_9(3^4)$正交试验确定了黑木耳冰淇淋的最佳配方为：14%的奶粉，12%的白糖，5%的黑木耳浆，0.4%的CMC。所得的产品口感良好，具有丰富的营养功能，为黑木耳的深加工提供了基础。

1. 工艺流程

奶粉、白糖、稳定剂等

↓

黑木耳浆→混合配料→均质→杀菌→冷却→

老化→凝冻→灌装成型→硬化→成品

2. 操作要点

(1)黑木耳浆的制作：将优质干黑木耳浸泡在温水中50～60 min，待其泡发后剪去木耳根部等杂物，清洗后沥干水分，加入料液比为1∶5的水，捣碎后得到黑木耳浆。注意：加水量应适当，水多会影响口感，加水量少会使得粉碎较难。

（2）混合配料：将乳化稳定剂与白糖混合加入热水中，不断搅拌，使之溶化，备用；向奶粉、甜味剂、鸡蛋、奶油等冰淇淋的其他原料中加入适量的水混匀，然后与乳化稳定剂混合，制成混合料液。

（3）均质：由于冰淇淋混合料液脂肪易上浮，故采用均质法使冰淇淋更加细腻，膨胀率更高，将混合料液加热至65 ℃左右，于20 MPa压力下进行均质。

（4）杀菌、冷却：将混合料液在80 ℃下巴氏杀菌15～20 min，而后冷却至室温。

（5）老化：将冷却的冰淇淋混合料液在4 ℃下老化10～24 h，使其中的蛋白质、脂肪及乳化稳定剂进一步混合，这不仅可以提高料液的黏度、稳定性和冷冻时的膨胀率，还能改善冰淇淋的组织结构，防止冷冻时形成较大的冰晶。

（6）凝冻：将混合料液用凝冻机搅拌均匀，在冷冻搅拌时，料液中会进入空气，产生气泡，使得混合料液的体积逐渐膨胀，成为半固体的状态，从而使产品的组织更加细腻、滑润，膨胀率达到70%以上时即可灌装。

（7）灌装成型、硬化、贮藏：将半固体状的冰淇淋灌装至模具中，成型后于28 ℃硬化，而后放入冷库中贮藏。

（二）黑木耳红枣冰淇淋

崔福顺等人以黑木耳、红枣为主要原料，通过正交试验设计确定了黑木耳红枣冰淇淋的最佳配方工艺为：奶粉5 kg，红枣泥0.22 kg，黑木耳泥0.18 kg，CMC 0.14 kg。所得的产品外观形态良好，并具有黑木耳和红枣的香气。

1. 工艺流程

干黑木耳→浸泡→清洗→捣碎→黑木耳泥

↓

冰淇淋基本配料→混合→杀菌

↑

红枣→清洗→去核→捣碎→红枣泥→均质→冷却→老化→凝冻→灌装→硬化→冷藏

2. 操作要点

（1）黑木耳的处理：将优质黑木耳在60 ℃水中浸泡50～60 min，泡发膨胀后去除根部,洗净沥水,沥干水分后按料液比为 1∶5 加入水,用组织捣碎机捣碎成红枣泥,备用。

(2)红枣的处理:将红枣洗净去核,按料液比为 1∶5 的比例加入水,而后开始冰淇淋的加工。

(3)冰淇淋基本配料的制作:称取适量 CMC,加入比例为 1∶5 的水,加热使 CMC 完全溶解。按配方比例称取奶粉、白砂糖、香兰素、甜味剂、单甘酯混合均匀,加入 65 ℃的水,搅拌使其完全溶解,之后向其中加入已溶解的 CMC,混合均匀后经 4 层纱布过滤。将已处理的黑木耳泥和红枣泥加入到冰淇淋的配料中。

(4)灭菌:在 85 ℃的条件下进行巴氏杀菌 15 min。

(5)均质:为将冰淇淋中的黑木耳泥和红枣泥混合均匀,需进行均质处理,在 15~20 MPa、60 ℃条件下进行。

(6)老化:将冷却至室温的冰淇淋混合料在 4 ℃冰箱中老化 10~12 h。

(7)凝冻:将老化后的冰淇淋混合料放入冰淇淋凝冻机中搅拌 20 min,使其成型。

(8)硬化、冷藏:将凝冻后的冰淇淋进行灌装,在 -18 ℃冷藏室中硬化 6 h,即为成品。

(9)检验:抽样检验成品的各项指标。

(三)南瓜黑木耳无蔗糖冰淇淋

沈珺等人以南瓜和黑木耳为辅料,探究南瓜黑木耳无蔗糖冰淇淋工艺中的一级均质法及老化对其品质的影响。通过正交试验得到最佳工艺参数为:均质压力为 17 MPa,老化温度为 4 ℃,老化时间为 10 h。在该条件下所得的冰淇淋抗融性较好,膨胀率较佳。

1. 工艺流程

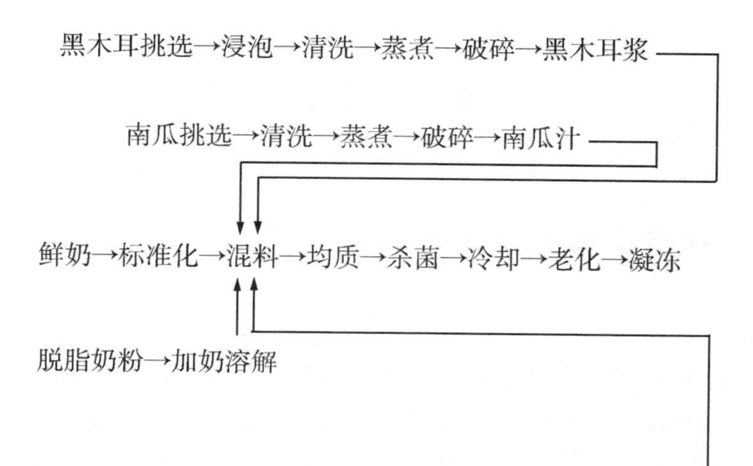

2. 操作要点

(1)南瓜的处理:选择新鲜的南瓜,清洗干净后切块,放入蒸锅中蒸煮0.5 h,待南瓜块用筷子一碰就穿透即熟透,去皮后放入打浆机中打浆,备用。

(2)黑木耳的处理:选择优质干黑木耳,用50~60 ℃的温水泡发,吸水膨胀后剪去木耳的根部,去除杂质,洗净,蒸熟,而后加入5倍的开水,用打浆机进行打浆,备用。

(3)原辅料混匀:按配方比例将全脂奶粉、白砂糖、鸡蛋、棕榈油和复合乳化稳定剂等混合均匀,加入到热牛奶中,混合后向其中加入一定量的南瓜黑木耳浆液充分搅匀。

(4)均质:将混匀的原辅料液在温度为55 ℃下进行均质,压力按照试验设计进行。

(5)杀菌:在75 ℃下杀菌30 min。

(6)冷却:将杀菌后的料液冷却至18 ℃,防止料液在板式热交换器中的粘黏。

(7)老化:老化温度和老化时间按照试验设计进行。

(8)凝冻:将老化后的料液在冰淇淋机中凝冻,凝冻温度为 -4~ -2 ℃,然后进行灌装。

第六节 即食黑木耳

一、袋装即食调味黑木耳

张丕奇等人以干黑木耳为原料,以感官评分为评价指标,通过单因素试验和正交试验,研究袋装即食调味黑木耳的制备,确定最佳泡发温度及时间、预煮时间、调味料配方及浸渍时间、灭菌时间等指标。结果表明,袋装即食调味黑木耳制备的最佳工艺为:40 ℃温水泡发干黑木耳60 min,100 ℃沸水中预煮25 s,调味料浸渍45 min,包装真空度为 -0.1 MPa,最后75 ℃巴氏灭菌30 min。

1. 工艺流程

黑木耳→整理去杂→泡发→洗净→切丝→预煮→沥水→浸渍→包装→杀菌→成品

2. 操作要点

(1)整理:将黑木耳中的残留泥土等杂质去除,留下完整度较好的干黑木耳。

(2)泡发:将选好的黑木耳用清水泡发一定时间,泡发后将黑木耳捞出。

(3)洗净:将捞出的黑木耳进行清洗,去除根基处和表面的杂质。

(4)切丝:将成片的黑木耳切成丝状。

(5)预煮:将经过处理的黑木耳用100 ℃沸水预煮一定时间。

(6)沥水:将预煮后黑木耳表面残留的水分去掉。

(7)浸渍:将经前期处理后的黑木耳在调味料中浸渍一定时间。

(8)包装:将加工完的黑木耳进行真空包装,包装真空度为 -0.1 MPa。

(9)杀菌:采用巴氏杀菌。

二、黑木耳发酵泡菜

胡盼盼等人以黑木耳为原料，以感官评价得分为标准，利用正交试验对乳酸菌发酵液浓度、食盐蔗糖添加比例、发酵温度、发酵时间 4 个因素进行优化，以确定黑木耳发酵泡菜最佳加工工艺。结果表明，发酵时间对黑木耳发酵泡菜品质的影响最为明显，且当乳酸菌发酵液浓度为 0.06%、食盐和蔗糖的添加量分别为 10 g 与 10 g、发酵温度为 30 ℃、发酵时间为 6 d 时品质最佳。

1. 工艺流程

乳酸菌发酵液盐、糖（称量→开水煮沸→冷却）
↓
原料选择→整理→清洗→沥干→切分→装坛→水封→发酵→成品
↓
辅料（大料、花椒、桂皮、辣椒）

2. 操作要点

（1）原料选择：选择鲜嫩清脆、肉质肥厚的黑木耳作为原料。

（2）预处理：挑选黑木耳，将干木耳放在冷水中泡 3～4 h，用自来水将其冲洗干净，剔除病虫害等不可食用部分，然后将洗净后的黑木耳放于电磁炉上加热煮熟，煮沸后将黑木耳捞出，放于冷水中冲凉，沥干水分，按食用习惯切分。

（3）装坛：将沥干后的黑木耳平铺在泡菜坛中，加入冷却后按照一定比例配好的盐卤、乳酸菌发酵液和各种辅料以增进泡菜的品质，然后加盖密封。

（4）发酵：将黑木耳泡菜坛放于预定条件下发酵。

三、黑木耳即食菜

张学义等人研究的黑木耳即食菜是以优质单片黑木耳为原料，经过精选、清洗、拌料、预煮、包装、杀菌等工艺加工而成的软包装风味即食产品，解决了保鲜黑木耳自流现象，方便储存、包装、运输和食用，不使用任何化学添加剂，极大限度地保存了黑木耳的营养物质。

1. 工艺流程

原料选择→清洗→预煮→赋味→称量→真空包装→杀菌→冷却→保温→质检→装箱→入库→销售

2. 操作要点

(1)原料选择及处理方法:建立黑木耳栽培基地,栽培适合即食菜加工的优质单片黑木耳,采摘后即刻清洗,之后摊在晒网上晒干或烘干,挑出杂质、拳耳或流耳等不合格木耳,装袋放置在干燥处备用(或直接由市场选择购买)。

(2)清洗复水:称量一定数量的原料进行清洗,采用喷淋式清洗方法,主要是清洗掉原料表面的灰尘,要求清洗的时间在10 min之内,之后将清洗后的原料进行称量,经过清洗后的黑木耳原料吸收了一定量的水分,清洗后的质量减去清洗前的质量,即为吸入的水分。

(3)拌料预煮:将清洗后的原料放入拌料加热锅中,将干燥杀菌后的各种调味料及水按配方比例投入拌料锅中,之后间歇式搅拌加热30 min,使原料完全吸足调料并预杀菌。

(4)称量、包装:包装材料为13.5 cm×20.5 cm,底部热合7 cm、两侧热合0.8 cm的尼龙/聚乙烯复合真空水煮包装袋,手工称量包装,每袋45 g黑木耳。

(5)真空、杀菌:黑木耳称量装袋后,擦干袋口置于真空包装机上,进行真空热合封口,之后置于杀菌锅内95~100 ℃杀菌20~25 min,之后捞入凉水迅速冷却至37 ℃以下。

(6)质检入库:将杀菌冷却后的袋装黑木耳即食菜放入恒温库中保温5~7 d后,检查是否有涨袋、破损等不合格产品,将合格产品装箱入库。

四、黑木耳膨化食品

韦汉昌等人以黑木耳和玉米粉为主要原料研制即食黑木耳膨化食品,考察原料含水率、膨化温度、螺杆转速和玉米粉掺入量等因素对膨化效果的影响,并采用正交试验优化加工工艺条件。试验表明最佳工艺条件为:膨化辅料玉米粉掺入量为30%,原料含水率为18%,膨化温度为130 ℃,螺杆转速为275 r/min,挤压后烘烤温度为100~110 ℃,烘烧时间为10 min。所得产品质量符合国家食品安全标准。

1. 工艺流程

原料→粉碎(过60目筛)→调配→着水调质→挤压膨化→调味→烘干→包装

2. 操作要点

首先考察含水率、温度和转速等因素对纯木耳粉膨化效果的影响,并采用正交试验优化纯木耳粉的膨化条件(极差分析、方差分析用正交试验助手计算);然后在此基础上,掺入膨化效果良好的玉米粉作为膨化辅料,改善产品的酥脆性。

(1)水分含量的测定方法

将一定质量试样加入称量瓶,准确称其质量,然后在98~100 ℃下恒温烘干至前后2次质量差不超过2 mg,在干燥器中冷却至室温后称其质量。水分含量的计算公式如下:

$$水分含量=\frac{烘干前样品质量-烘干后样品质量}{烘干前样品质量}\times 100\%$$

(2)膨化度的测定方法

随机取样品10段,分别用游标卡尺量出每段样品的厚度与宽度,计算各段挤压物横截面积,求平均值,依照下式计算膨化度。

$$膨化度=\frac{挤压物横截面积平均值}{模具横截面积}$$

(3)产品质量分析方法

蛋白质含量测定采用凯氏定氮法;脂肪含量测定采用索氏提取法;钙、铁含量测定采用火焰原子吸收法;微生物检测执行GB 4789.2—2010和GB 4789.3—2010食品安全国家标准。

五、黑木耳风味制品

崔东波等人以海带、木耳为主要原料，开发一种具有保健功能的风味制品。他们通过正交试验确定了海带脱腥软化的工艺是5%的醋酸溶液中浸泡时间为20 min，蒸煮压力为0.15 MPa，蒸煮时间为40 min；最佳工艺配方是辣椒用量为1%，木耳、海带用量比为2∶1，酱油用量为10%，杀菌时间为10 min。此产品风味独特，耐咀嚼，营养丰富，具有保健功能。

1. 工艺流程

干海带→清洗→浸泡→蒸煮→漂洗→切成小丁
↓
干木耳→浸泡→清洗→切成小丁→调味→装瓶→排气→杀菌→成品
↑
空瓶→清洗→消毒

2. 操作要点

（1）海带丁制备：选用符合国家标准的淡干一、二级海带，水分含量在20%以下，无霉烂变质。用流动的水将干海带清洗干净。将清洗好的海带浸泡于5%的醋酸溶液中。为了使制品具有良好的咀嚼感，严格控制浸泡的时间和浸泡程度，控制浸泡后吸水率约为70%，浸泡时间约为20 min。将浸泡后的海带放入高压锅中（0.15 MPa），蒸煮40 min，使海带充分软化，将软化后的海带切成0.5 mm的小丁，备用。

（2）木耳丁制备：选用野生优质的秋木耳为原料，秋木耳肉质较厚，能提高产品的品质。将木耳浸泡于清水中，为了使制品有良好的咀嚼口感，注意木耳泡发的程度，控制吸水率为80%，不可过度浸泡。将泡发好的木耳用清水洗净，去蒂，去杂物，切成0.5 mm的小丁，备用。

（3）调味：将一定量的优质色拉油倒入锅中，加热，待油温升至八成时，加入适量八角、花椒、干辣椒，炸出香味，注意不可炸制时间过长，以免产生焦煳味道，迅速过滤，制得红油待用。取适量红油，加热后加入一定量干辣椒爆出香味，加入酱油，继而倒入海带丁、木耳丁，翻炒入味，起锅前加入熟芝麻、味精。

（4）装瓶、排气、杀菌：将上述调好味的制品趁热加入已经消毒好的玻璃瓶中，装入九分满，用红油封口，预封，放入蒸汽中排气，当中心温度达到 85 ℃时立即密封，在 115 ℃下杀菌 10 min，分段冷却后即为成品。

六、黑木耳咸菜

曲勃等人以长白山黑木耳为主要原料，经过发制调配，对黑木耳咸菜的加工工艺进行研究，结果表明，250 g 沥干的黑木耳最优配方是：盐 5 g，糖 6 g，麻油 2.5 mL，醋 3 mL，蒜末 4 g，姜末 5 g，味精 5 g，I + G 0.5 g，乙基麦芽酚 0.025 g，山梨酸钾 0.25 g，酱油 15 mL。用此配方可使该产品具有菌类特有的香气，并且酸甜可口，麻辣适中。

1. 工艺流程

原料→挑选→发制→清洗→沥水→调配→拌料→装袋→封袋→灭菌→冷却→二次灭菌→冷却→风干→包装成品

2. 操作要点

（1）挑选原料：以优质长白山野生黑木耳干品为原料，去除污物备用。

（2）发制：将选好的干木耳投入 40 ℃温水中浸泡 4 h，使木耳充分吸水，发好的木耳以手感柔软并富有弹性为佳，泡发比为 1∶16。

（3）清洗：去除根部，并清洗杂物。

（4）沥水：将泡发好的木耳捞出放于筛网上沥干。

（5）调配：以 250 g 沥干的木耳计，加入盐、醋、糖、麻油（这 4 种主要调料通过正交试验得到最优配方），以及捣碎的蒜末 4 g 和姜末 5 g 加以搅拌，再用味精 5 g、I + G 0.5 g、乙基麦芽酚 0.025 g、山梨酸钾 0.25 g 放入 15 mL 酱油中，使之溶解后一并加入，最后对其充分搅拌使之混匀。

（6）封袋灭菌：按计量真空封袋，并在 90 ~ 100 ℃下对产品进行 30 min 的灭菌，灭菌后将产品冷却至常温，进行第 2 次灭菌，条件同第 1 次灭菌。

（7）将产品冷却：风干包装袋上的水分，然后包装成品。

第七节　黑木耳羹/粥

一、“双耳羹”速溶食品

陈冉静等人研究的“双耳羹”速溶食品以银耳和黑木耳作为主要原料，经浸泡、修剪、熬煮、料液分离、叶片干燥、汤汁趁热真空包装和灭菌制得。他们采用真空低温干燥和真空冷冻干燥2种干燥工艺对“双耳羹”叶片干燥工艺进行研究，以感官指标、复水性能、理化指标和微生物指标作为评价标准，确定最佳工艺条件。相较于真空低温干燥，真空冷冻干燥的“双耳羹”叶片感官指标更好，复水性能更好，总糖和多糖保存率更大，且产品微生物指标符合相应的食品卫生标准，保存期长，具有一定的市场前景。

1. 工艺流程

原料→浸泡→清洗、修剪→熬煮→料液分离

料液分离→叶片低温冷藏→干燥→叶片包装→成品

料液分离→汤汁趁热真空包装→灭菌→成品

2. 操作要点

（1）原料筛选及浸泡：银耳宜选择足干、无杂质、无蹄头、整朵的银耳干品；木耳宜选择色黑且均匀、无杂质、整朵的黑木耳干品。称取通江银耳30 g、通江黑木耳8 g于干净的盆中用自来水浸泡2～3 h。

（2）清洗、修剪：将浸泡好的银耳和木耳用清水冲洗干净，除去品质差的叶片。

（3）熬煮：加入65倍纯净水、170 g冰糖，用电磁炉小火熬煮4 h，其标准为不出现焦糖化反应，熬煮后银耳叶片柔软可口，但要保持叶片几乎完整。

（4）料液分离：将熬煮好的双耳羹叶片和汤汁分离，叶片平铺在医用托盘中待冷藏，汤汁待包装。

（5）汤汁包装及灭菌：将分离出来的双耳羹汤汁用真空铝箔袋包装，每袋 50 mL，将干燥好的双耳羹叶片用蒸煮袋包装，每袋 5 g。将包装好的双耳羹汤汁放入 100 ℃沸水中加热灭菌 1 h。

二、黑木耳强化营养粥

吴洪军等人以黑木耳超微粉、黑米、糯米、蓝莓果干、榛仁、松仁、红豆、芸豆、莲子、枸杞、蜜枣和银耳为原料，通过单因素试验、PB 设计、响应面优化得到最佳黑木耳强化营养粥配方，并通过建立小鼠模型进行降脂效果试验。强化营养粥配方为：黑木耳超微粉 1 g，黑木耳浸发时间为 1.5 h，大米添加量 19.84 g（黑米 8 g，糯米 11.84 g），大米浸发时间为 60.340 9 min，稳定剂 0.2 g，安赛蜜 0.1 g，木糖醇 0.2 g，主辅料最佳配比为 3∶1，辅料约 7.5 g（红豆 2 g、蜜枣 1 g、桂圆 1 g、绿豆 1 g、莲子 0.5 g、银耳 0.5 g、枸杞 0.5 g、松仁 0.5 g 和榛仁 0.5 g），高压蒸煮 15.38 min。模型验证了黑木耳强化营养粥能显著降低小鼠血清总胆固醇及甘油三酯的含量，并提高其高密度脂蛋白含量。

1. 工艺流程

黑木耳粉、黑米等浸发→添加辅料、增稠剂、稳定剂、增香剂→浸泡→混合→灌装→高温蒸煮→杀菌→感官评价

2. 操作要点

（1）黑木耳超微粉制备及浸发：挑选，除杂，洗净干燥后，超微粉碎得黑木耳粉。按 1∶20 比例加水，在 50 ℃恒温水浴中浸发。

（2）黑米等浸发：挑选，除杂，洗净干燥后，称取一定量黑米、糯米、红豆和绿豆等，加一定量的水，在 50 ℃恒温水浴中浸发。

（3）辅料添加：挑选，除杂，洗净干燥后，称取一定量桂圆、莲子、枸杞、蜜枣、银耳、松仁和榛仁，与主料混合浸发。

（4）混合灌装：按一定比例，将原辅料等混合灌装到 250 mL 带盖玻璃瓶中，加水至 200 mL，混匀。

（5）蒸煮：将灌装后的瓶子倒置于灭菌锅中，115 ℃高压蒸煮灭菌 20 min。

三、黑木耳多糖速食羹

申世斌等人以黑龙江产黑木耳提取的黑木耳多糖和红豆为原料、以琼脂为凝胶剂，制备黑木耳多糖速食羹，以感官评分作为评价指标，通过单因素和正交试验，对影响黑木耳多糖速食羹感官品质的加工条件进行探究。试验结果表明，黑木耳多糖速食羹的最佳配方为：黑木耳多糖添加量为2.0%，红豆沙添加量为30%，琼脂添加量为1.0%，白砂糖添加量为2.0%。

1. 工艺流程

黑木耳多糖提取物→干燥→粉碎
红小豆→煮豆→分离豆沙
琼脂→浸泡→溶解
→熬煮→注模→包装

2. 操作要点

（1）黑木耳多糖制备：将黑木耳多糖提取物置于烘箱中，在105 ℃下烘干，然后用粉碎机粉碎。

（2）豆沙制备：红豆洗净，水煮片刻后加碱，倾去碱液（除去黏液）后用清水洗净，加水煮2 h至开花无硬心，于20目不锈钢筛网中用力擦揉，将豆沙抹压于筛下，装进纱布袋压去水分，至豆沙呈手握成团、离手即散的程度。

（3）琼脂溶化：琼脂放入20倍水中浸泡10 h，于90～95 ℃水中加热至溶解。

（4）熬煮：按质量比10（白砂糖）∶7（水）将糖加热溶解，然后加入化开的琼脂，当混合溶液的温度达到120 ℃时，加入豆沙、黑木耳多糖及剩余水，搅拌均匀，当温度达到105 ℃时，便可离火注模。

四、黑木耳蓝莓果羹

吴洪军等人以黑木耳、蓝莓果、红小豆为主要原料，经过优化工艺条件、正交试验，研制出黑木耳蓝莓果羹。试验确定的最佳原料配方为：黑木耳粉

2.0 g,蓝莓果原汁 10 mL,琼脂 1.8 g,糖 28 g。

1. 工艺流程

黑木耳多糖提取物→干燥→粉碎
红小豆→煮豆→分离豆沙
琼脂→浸泡→溶解
蓝莓果→榨汁→离心过滤→蓝莓果原汁
}→熬煮→注模→成型→脱模→切割→包装

2. 操作要点

(1)黑木耳粉制备:原料经挑选,剔除黑木耳杂质,洗净干燥后,超微粉碎得黑木耳粉,按 1:10 的的比例加水,在室温条件下浸泡 8 h。

(2)豆沙制备:红小豆洗净,水煮片刻后加碱,倾去碱液(除去黏液)后用清水洗净,加水用汽浴锅煮 2 h 至开花无硬心,于 20 目不锈钢筛网中用力擦揉,将豆沙抹压于筛下,装进纱布袋压去水分,至豆沙呈手握成团、离手即散的程度。

(3)蓝莓果汁制备:取适量蓝莓果,经挑选、漂洗后榨汁,再经过滤、浓缩、灭菌制成蓝莓果原汁。

(4)琼脂溶化:琼脂放入 20 倍水中浸泡 10 h,然后 90~95 ℃加热至溶解。

(5)熬制:按 10(白砂糖):7(水)的比例将糖水加热溶解,然后加入化开的琼脂,当琼脂和糖溶液的温度达到 120 ℃时,加入豆沙,熬至可溶性固形物含量为 60%时加入已制备好的蓝莓果原汁,搅拌均匀,待可溶性固形物含量为 55%时,便可离火注模。

五、黑木耳八宝粥

程春芝等人研究的黑木耳八宝粥是以黑木耳子实体为主要原料,配以红枣、黑米、花生、绿豆、赤小豆、桂圆、糯米制成的营养保健食品,风味甘美,营养丰富,滋补身体,防治心脑血管等疾病,是一种适合中老年人的保健食品。

1. 工艺流程

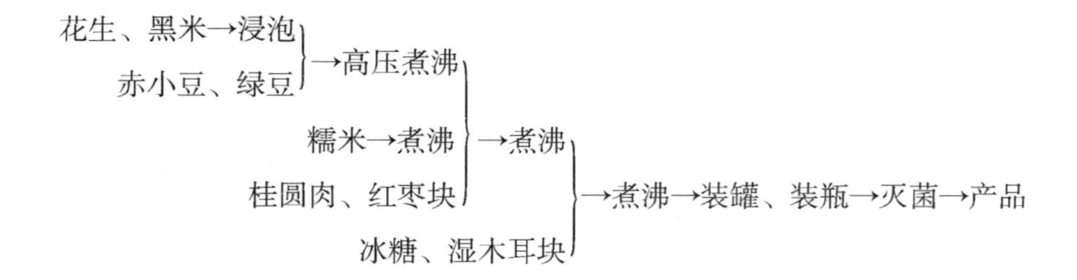

2. 操作要点

(1)黑木耳:选用优质东北黑木耳,将无杂质、无霉点的干制品用清水浸泡,充分吸水膨胀,洗净切块。

(2)红枣:将色泽鲜艳、肉质厚、核小、无霉变、无虫蛀的一等干制品洗净、去核、切块。

(3)桂圆:鲜果选用果大肉厚者,干制品应选用无霉变、无虫蛀、色泽正常的桂圆干,去壳,去核,切块。

(4)黑米、赤小豆、绿豆、花生、糯米:均选用当年新生产的、无霉变、无杂质、无虫蛀、无农药及其他有害物质污染的,黑米和花生要浸泡 12 ~ 24 h,洗净,花生去皮,破半,其他均洗净备用。

六、银耳黑木耳复合保健羹

陈峰等人研究了银耳黑木耳复合保健羹的生产工艺,采用正交试验设计确定了复合保健羹的最佳配方,并运用了改进的模糊数学评判方法对三种不同配方保健羹进行比较。结果表明,银耳黑木耳复合保健羹的最佳配方为:银耳12%,黑木耳 5%,冰糖 8%,柠檬酸 0.05%,柠檬酸钠 0.05%,海藻酸钠 0.15%,黄原胶 0.15%。模糊综合评判结果与正交试验结果一致。

1. 工艺流程

柠檬酸、柠檬酸钠、冰糖、稳定剂、香料→加水溶解

银耳、黑木耳→浸泡→熬煮→打浆→混合→均质→脱气→灌装→封盖→灭菌→冷却→成品

2. 操作要点

(1)银耳、黑木耳干品分别加水浸泡1~2 h,去除杂质,洗净,加水小火熬煮0.5 h,捞起打浆,备用。

(2)调配缸中依次加入水、冰糖、柠檬酸、柠檬酸钠、稳定剂、蜂蜜,加热溶解,定容,待糖液冷却至60 ℃以下,加入乙基麦芽酚、香兰素,搅拌均匀,备用。

(3)将银耳浆、黑木耳浆以及上述糖液混合,高速均质3 min,并进行脱气。

(4)用灌装机将复合保健羹分装于玻璃瓶中,封盖,置于高压蒸汽灭菌锅中于121 ℃灭菌20 min,然后静置冷却即为成品。

第八节 黑木耳可食性重组纸

一、即食黑木耳纸

杨春瑜等人应用细胞生物学和物理学研究方法,通过大量试验研究了即食黑木耳纸加工工艺,结合正交试验研究了即食黑木耳纸热压参数,同时研究了黑木耳压缩干燥后细胞结构的变化。研究结果表明最佳热压工艺参数为:原料含水率为40%,温度为60 ℃,压力为0.5 kg/m^2,时间为75 s。黑木耳压缩干燥后细胞结构更紧密,在一定的压力范围内,组织结构不会被破坏。

1. 工艺流程

原料挑选→淋水→摘选去杂→灭菌→干燥失水→压缩成形→固形干燥→杀菌→包装→成品入库

2. 操作要点

(1)选料:原料的优质是商品质量的保证,在采购原料时一定要选购优质的干黑木耳,好的原料既可提高商品质量,又可降低损耗。一定要认真挑选,除去杂质,以及虫蛀、变色、变味、破碎的原料。

(2)淋水:淋水试验一定要准确称量水分和原料的量,保证含水率大于40%,并要保持10~15 min,以保证水分分布均匀。

(3)灭菌:在电热压力蒸汽灭菌器中进行。灭菌温度不能过高,要低于85 ℃,防止温度过高黑木耳变性。时间不能太长(15 min 左右),防止在后续的压缩工序中影响木耳纸的成型。

(4)干燥失水:在恒温箱中进行。通过压片试验,根据黑木耳纸的效果确定原料的含水率为40%时压缩效果最好。干燥后应保证含水量为40%。

(5)压缩成型:在热压机上完成试验。在不改变黑木耳微观结构的压力下进行,达到黑木耳成型的目的,参数为:原料含水率为40%,温度为60 ℃,压力为0.5 kg/m^2,时间为75 s,产品厚度为1 mm左右。

(6)固型干燥:把压缩成型后的产品用固型夹夹住,压力一定要够,以防反弹,送入干燥箱进行干燥,至产品含水率达到15%左右为止。

(7)杀菌:在微波炉中完成,满足最终含水率为10%和即食要求。

(8)包装入库:包装时选择纸形完整、表面光洁的黑木耳纸进行包装。将有凹陷的塑料包装纸置于底层,放入黑木耳纸后,将上层塑料排好后进行区域热封。装箱入库,库内要通风良好,防潮,不得与有毒有害物品同放。

二、黑木耳碎片及其根部重组纸

刘勇等人为充分利用黑木耳碎片及其根部,同时研究多种多糖胶体复配在特定条件下凝胶的特性及效果,使黑木耳碎片或其根部重新组合,形成不同形状、强度的产品,改变其原有口味,易于进食,并更加富于营养,节省了大量黑木耳,减少资源浪费。

1. 工艺流程

木耳碎片→干燥捣碎→加水浸泡→捣碎→离心→取澄清液
分别取一定量复配胶体，用水在一定温度下溶解混合
成分←在室温下冷却←高温杀菌←注模←混合←

2. 操作要点

(1)将木耳根去除杂质。

(2)称量一定量的木耳根,先干燥捣碎,然后加水浸泡 30 min,待木耳充分吸水后,用组织捣碎机捣碎,可得到粒度较小、均匀细腻的木耳浆液。

(3)海藻酸钠溶解速度慢,若发料时间不足,则凝胶内部出现硬块,而且成型周期长,凝胶不均匀,若发料时间太长,则凝胶持水性降低,向外大量渗水,体积变小,口感变坏,因此最佳发料时间为 1.5~2 h。

(4)将黄原胶与魔芋胶分别在一定温度下溶解,不断搅拌,防止其结块,待充分溶解后趁热将两者混合,加入一定量的食盐。

(5)卡拉胶重组木耳片工艺中电解质添加量不能超过 0.5%,否则凝胶强度会下降。

(6)海藻酸钠胶体中 Ca^{2+} 置换率越高,硬度越大;相反,凝胶越柔软,最后甚至变成粥状。但浓度太大,会使木耳胶体表面形成坚硬的凝胶,而内部却无法凝胶。试验表明氯化钙溶液浓度以 5%~7% 最为适宜。

(7)在氯化钙溶液中添加少量柠檬酸可使 Ca^{2+} 容易分离出,也可调整口味。

(8)凝胶后需用蒸馏水反复冲去表面的 Ca^{2+},直至没有苦味。

三、黑木耳可食性特种纸

范春艳等人以黑木耳为原料,辅以玉米淀粉等为增稠剂,采用平板成膜的方法研究了制备黑木耳可食性特种纸的最佳工艺条件,通过正交试验获得制备黑木耳可食性特种纸的最佳配方为:0.3% CMC-Na,0.3% 琼脂,4% 玉米淀粉。

所得产品平整,易揭片,咀嚼时不粘牙。

1. 工艺流程(实验室模拟)

配料溶液

↓

木耳浸泡→分选→清洗→打浆→调配→磨细→均质→脱气→涂膜→干燥→揭膜→切分→包装→成品

2. 操作要点

(1)原料选择:去掉杂质,并除去虫蛀、变味、变色、破碎的原料。

(2)浸泡和清洗:将挑选好的优质木耳浸入清水中泡发2~3 h,然后进行漂洗,清洗过程中可加入适量淀粉,之后再进行搅拌,清水冲洗干净,沥干备用。

(3)打浆:将黑木耳放入搅拌机中搅拌均匀,加适量水,破碎打浆。

(4)调配:按比例在木耳浆液中加入预备好的增稠剂和调味料,搅拌混匀。

(5)均质:将调配好的料浆倒入均质机中,均质转速为1 200 r/min,时间为2 min。

(6)脱气:将均质好的料浆放入真空脱气机中进行脱气,直至气体全部抽出为止,避免制品表面不平整并利于涂膜成型。

(7)涂膜:将准备好的料浆均匀倒入烘烤托板上,摊平,厚度为2~3 mm,然后放入烘箱中。

(8)干燥:将涂好的薄膜板放入烘箱中进行干燥,温度控制在60 ℃,烘烤时间为3 h,至含水量为25%左右,用铲子从烘板四周开始铲离,用手轻轻将膜揭起,然后进行第二次烘烤,至含水量在5%左右。

(9)冷却、切片、整形、包装:将木耳纸冷却之后再进行切片整型,用食用膜袋抽真空包装,袋内放入一袋干燥剂。

第九节　黑木耳其他食品

一、黑木耳面包

刘长姣等人以木耳粉为原料之一，制作黑木耳面包。他们将木耳粉添加量、发酵时间和水添加量作为影响因素，通过单因素试验设计确定最优工艺为：木耳粉添加量为3%，发酵时间为2 h，水添加量为45 mL，以花生壳乙醇提取物为木耳粉面包防腐剂，添加量为1%。该产品微生物检测结果满足国家标准。

1. 工艺流程

将面粉、木耳粉、奶粉、酵母、添加剂、水、白砂糖、蛋等原辅料混合→搅拌→整形装盘→醒发→烘焙→冷却

2. 操作要点

(1)原辅料混合：酵母添加量1.5%，糖添加量18%，鸡蛋18%，食盐0.8%，奶粉3%，面包改良剂0.5%，面粉与木耳粉按试验设计用量加入，水按照试验设计量加入。

(2)搅拌：先将水、糖、蛋加入搅拌机中慢速搅拌均匀，溶化和分散（混合所有湿料），然后加入面粉、奶粉、酵母、添加剂搅拌成面团（混合所有干料）。

(3)整形：计量分块，每块40 g，搓圆，均匀摆入烤盘。

(4)醒发：温度为32 ℃，相对湿度为85%，醒发时间按照试验设计。

(5)烘焙：180～200 ℃，12 min。

二、黑木耳果酱

(一)黑木耳草莓果酱

孔祥辉等人以黑木耳和草莓为原料，以感官评分为评价指标，采用打浆、熬

制、热灌装、脱气、杀菌等工艺制备黑木耳草莓果酱。他们通过单因素和正交试验，确定了黑木耳草莓果酱的最佳配方为：黑木耳浆 30 g，草莓果浆 50 g，果胶 2.5 g，柠檬酸 0.3 g，白砂糖 26 g，柠檬酸钠 0.16 g。最佳工艺为：补水至 200 mL，熬制时间为 10 min。经热灌装、脱气和杀菌制备的黑木耳草莓果酱为亮红色，组织状态细腻，口感酸甜适口，适合大众消费群体。

1. 工艺流程

①黑木耳→整理去杂→泡发→洗净→打浆备用；

②草莓→洗净→打浆备用；

①+②→果胶溶解备用→称取白砂糖、柠檬酸、柠檬酸钠备用→电磁炉加水煮沸→加入白砂糖熬制糖浆→倒入黑木耳浆、草莓果浆煮沸→调中火慢熬→加入果胶等添加剂→待水分残留少量时调小火→呈浓稠状时停火灌装→脱气→杀菌→成品。

2. 操作要点

(1)黑木耳清洗和泡发：黑木耳去杂、清洗，清水泡发 24 h，洗净耳片。

(2)黑木耳和草莓打浆：黑木耳和草莓分别由食物料理机打浆处理。

(3)熬糖：将白砂糖倒入沸水中熬至白砂糖完全溶解。

(4)熬制果酱：先大火煮沸，然后中火慢煮，最后小火蒸干多余水分，时间约为 15 min，至果酱状态黏稠且有一定流动性为好。

(5)灌装：热灌装。

(6)脱气：用真空泵将果酱中的气体排出。

(7)杀菌：用高压蒸汽灭菌锅在 105 ℃下湿热灭菌 10 min。

(二)低糖度黑木耳果味酱

吴宪瑞等人以黑木耳为原料，以少量的白砂糖及蛋白糖为甜味剂，以极少量的柠檬酸、香精为调味剂，不加增稠剂，研制加工出色、香、味俱佳的低糖度黑木耳果味酱。研制低糖度黑木耳果味酱对改变和弥补高糖果酱的不足，开发具有营养、医疗保健作用的大众食品具有重要意义。

1. 工艺流程

糖浆、蛋白糖、柠檬酸、香精 }
黑木耳→浸泡→摘洗→漂洗→磨浆→熬制 } →降温→搅拌→升温→灌装→倒置保温→冷却→成品检验→贴签→装箱

2. 操作要点

(1)原料的处理:黑木耳含有大量的胶体物质,需要较长的时间浸泡与发制才能吸饱水分,经测试干湿比为1:13~1:15(室温为17~18 ℃,浸泡8~10 h)。泡发的程度直接影响成品的口感,泡发时间短制出的果味酱口感粗糙,不柔软。

(2)摘洗与漂洗:将木耳根部的杂质摘掉,并多次用清水洗干净,沥水。

(3)磨浆:将洗净的木耳用胶体磨磨浆。

(4)浓糖浆的配制:将白糖配制成浓度为60%~65%的糖浆,并加热煮沸,过滤备用。

(5)熬制:将已磨碎的木耳投入带搅拌器的夹层不锈钢锅,并送蒸汽升温,加入适量糖浆,搅拌加热30 min,温度升至80 ℃左右时加入另一半糖浆搅拌,再加入甜味剂(FT-50蛋白糖)和酸味剂(柠檬酸)的水溶液并不停搅拌,继续升温,加热浓缩至酱体可溶固形物达到25%左右时降温,温度降到40~50 ℃时加入食用果味香精,搅拌均匀后迅速升温到90~95 ℃为止。

(6)灌装:趁热灌装,灌装前将空罐及罐盖洗干净,并用沸水或蒸汽对其灭菌、消毒。灌装时的空罐、罐盖温度应保持在85 ℃以上,以防二次污染。

三、黑木耳肠

(一)黑木耳低脂灌肠

毛迪锐等人以黑木耳粉、鸡蛋和魔芋粉为主要原料,制备了脂肪含量较低、蛋白质含量较高的黑木耳低脂灌肠。他们通过正交试验确定黑木耳低脂灌肠的最佳配方为:黑木耳粉13%,魔芋粉11%,淀粉6%,水25%,鸡蛋40%,油脂2.7%,其他调味料少许。该工艺所得的香肠脂肪含量低,呈深灰色,口感细腻,切面光滑，弹性适宜，其中脂肪含量为11%，蛋白质含量为30%。

1. 工艺流程

魔芋粉、淀粉、食盐、复合磷酸盐、水等

↓

黑木耳粉→调配→灌制→蒸煮→烘烤→冷却→成品

↑

鸡蛋→去壳→打蛋

2. 操作要点

(1)原料预处理：黑木耳由高速粉碎机粉碎后过100目筛。

(2)去壳与打蛋：选取新鲜鸡蛋，去壳打入器皿中，称重后进行适当的搅打。

(3)调配：向打散的鸡蛋中加入魔芋粉、黑木耳粉、鲜香粉、复合磷酸盐、食盐等，不断搅拌使之充分混合均匀(温度10 ℃以下)。

(4)灌制：将混合好的物料放入自动灌肠机中，套上天然肠衣进行灌制。

(5)蒸煮与烘烤：在水温为82～84 ℃下蒸煮30～40 min，而后在65～80 ℃下烘烤45～60 min。

(6)冷却与包装：所得产品在40～60 min内冷却至15～20 ℃，而后包装。

(二)胡萝卜黑木耳灌肠

贾娟等人研究了胡萝卜黑木耳灌肠加工工艺，在灌肠过程中加入胡萝卜和黑木耳既能改善灌肠风味，又能提高肠类的营养价值和保健功能。他们以猪肉、胡萝卜和木耳为主要原辅料，以感官质量作为评价指标，通过正交试验得到胡萝卜黑木耳灌肠的最佳配方组合：猪肉瘦肥比为4∶1，胡萝卜添加量为15%，黑木耳添加量为12%，淀粉添加量为12%。

1. 工艺流程

胡萝卜→清洗去皮→高压蒸煮冷却→打浆
黑木耳→浸泡→蒸煮→切碎→木耳丁
原料肉→切块→腌制→绞碎→斩拌
} 制馅→灌装→捆扎→扎眼→烘烤→煮制→冷却→检验→成品

2. 操作要点

(1)原料肉的选择:选用卫生检验合格、品质优良的新鲜猪肉为原料。

(2)原料肉的处理:将猪肉去皮,瘦肉去掉筋腱、肌膜,切成长宽各约为2 cm的肉块,肥肉切成6 cm宽的肉条,处理过程中环境温度不应超过10 ℃。

(3)腌制:将瘦肉和肥肉分别腌制,瘦肉加精盐、硝酸盐拌和均匀后装入容器进行腌制,肥肉加精盐腌制,置于2~4 ℃的腌制间内,腌制2~3 d。

(4)胡萝卜的处理:选择新鲜、颜色橙红、成熟度高的胡萝卜清洗去皮后,对胡萝卜进行分检、去杂、清洗、削皮、切片后进行蒸煮,将煮制好的胡萝卜与一定比例的水打浆后备用。

(5)黑木耳的处理:选用品质良好的干制品,清洗干净后在开水中热处理2 min后,捞出沥干水分,切成小丁备用。

(6)绞肉、斩拌和拌馅:将腌好的瘦肉、肥肉、姜、蒜和适量冰屑放在绞肉机中,在2~3 mm筛板孔径下绞成肉馅;绞成的肉馅放入斩拌机中,加入适量冰屑高速斩拌4~5 min,然后加入其他辅料斩拌1~2 min,控制温度在10 ℃以下;斩拌好的肉馅连同胡萝卜浆和黑木耳丁放入拌馅机拌匀即可。

(7)灌装、捆扎、扎眼:把制好的肉馅放入灌肠机内进行充填。所选肠衣直径为15~20 mm,松紧要求适中,然后结扎,每节长18~20 cm。灌好的肠用清水冲去表面的油污,并用细针扎肠体排气。

(8)烘烤、煮制:把充填好的灌肠放入烘烤炉内,将温度调至70 ℃,烘烤30 min左右。在常压下用煮锅煮制,水温为92 ℃时下锅,保持恒温80 ℃左右,保持30~40 min,以肠体的中心温度达到70 ℃为准。

(9)冷却:煮制结束后迅速使中心温度降至40 ℃,再放入2 ℃左右的冷库中冷却12 h左右,使香肠的中心温度降至5 ℃左右。

(三)鸡蛋黑木耳素食肠

李志江等人研究了黑木耳提取工艺,通过黑木耳多糖提取液、绿豆淀粉、复合磷酸盐和加水量四因素的正交试验,得出了鸡蛋黑木耳素食肠最佳配方为:鸡蛋38.5%,浓度为0.9%的黑木耳多糖提取液25%,绿豆淀粉5%,复合磷酸盐0.5%,水30%,食盐1.0%。

1. 黑木耳多糖提取工艺及步骤

黑木耳拣选→粉碎→浸泡→捣碎→提取→去粗脂肪→除蛋白质→定容→测总糖

原料黑木耳拣选去杂,准确称取黑木耳,用水洗净,加入木耳质量 10 倍的水,待木耳吸水膨胀后捣碎。用 NaOH 稀碱液浸泡捣碎后的木耳,加入 0.5% 的硼氢化钾防止多糖降解,在 65 ℃水浴中提取木耳多糖 4 h,趁热过滤,向提取液中加入 0.5 mol/L HCl 滴定中和。在提取液中加入乙酸乙酯,强烈振荡,静置过夜,4 000 r/min 转速离心分离 20 min;再向提取液中滴加 3% 的三氯乙酸,直至不再继续产生混浊物为止,4 000 r/min 离心分离 20 min。向提取液中滴加 1 mol/L 的 NaOH 溶液中和,定容至 1 000 mL。

2. 鸡蛋黑木耳素食肠生产工艺及步骤

0.9% 黑木耳多糖提取液　稀定剂、食盐

鸡蛋→去壳→打蛋→搅拌均匀→灌制→结扎→水煮→冷却→成品

鸡蛋去壳,打蛋均匀后,与其他原料混合搅拌,搅拌力度不宜过大,以避免气泡产生,灌入肠衣中,结扎,放入 90 ℃水中加热 30 min,冷却后即为成品。

第七章 黑木耳产业的发展前景展望

黑龙江省的黑木耳生产具有较悠久的历史，然而直至 20 世纪 80 年代之后才开始产业化。如今，黑木耳产业无论是在生产、研究，还是在销售和加工方面，均处在产业上升的重要时期。黑龙江省不断对已有栽培技术稳定、集约，对生产规范、标准，对其精深加工加大投入与创新。2020 年 4 月 20 日，习近平总书记也为木耳点赞——“小木耳，大产业”。随着黑木耳药用价值的不断挖掘，相信将来也会有“小木耳，大健康”的美誉。黑龙江省黑木耳资源利用工程技术研究中心将逐步深入研究黑木耳活性成分和药理作用，加速完成黑木耳科研的精准化和多元化，同时集合国家高等院校、科研院所和民营企业等多方力量，联合业内的专家，建立国家级的研发机构或研究中心，进行重要科研课题的研究，在黑木耳优良菌株选育、产量和品质形成的分子机制、轻简化栽培技术、先进的栽培模式、机械精深加工关键技术及设备工艺研发等方面开展联合攻关。

我国在黑木耳栽培方面的研究是最多的，但产品良莠不齐、菌种管理不规范和农残超标等问题也很突出。所以，优化菌种、有序地规范化管理是必然的发展方向，其中产业化基地种植和“科研企业 + 合作社 + 农户”是目前较为可行的方法。这种模式既可以解决上述粗放型产业模式带来的问题，还可以为新技术、新产品的推广打下基础，让后续的生产更有底气。

我国的黑木耳深加工仍然属于起步阶段，和其他食用菌类（香菇等）的发展相比慢很多，然而黑木耳的市场一直没有达到真正的饱和状态，所以限制其精加工的进步。如今的黑木耳加工技术仍然是初级水平。近年来，黑龙江开发出压块黑木耳，将其体积减小十倍，便于携带，非常适合赠礼，但是对于其质量好坏不易区分。此外，国外对于黑木耳的保鲜进行了探索，因为干黑木耳进行泡发需要的时间较长，不能即食，黑木耳的干品不能满足现代生活的需求。将保鲜的黑木耳置于鲜菜市场中，消费者能够随买随食，可以把黑木耳的消费量增加很多。此外，鲜木耳于国外均为泡发完成进行保存和售卖，国外销售干木耳的商家较少，针对黑木耳的保鲜技术是黑木耳进入国际市场需要解决的难题。

然而，综上所述的精深加工模式其实从未达到真正的“精深”，没有从木耳这层薄薄的外壁中跳出来，亦从未打破黑木耳已有的形态结构。目前，中国是最大的木耳出口国。我国黑木耳行业希望走向更多的国外市场，更希望这个行业永远蓬勃发展。因此，我们必须打破黑木耳的外壁，建立起我们自己的黑木耳的技术壁垒。如何建立壁垒，离不开“创新”二字。如何创新，这是现在大多数科研人员都在思考的问题，也是众多创新企业在思考和解决的问题。按照李玉院士的构想，未来黑木耳产业需要进一步延伸产业链条，提升产品附加值，创新黑木耳精深加工产品，增强市场竞争力，构建黑木耳生产加工全产业链质量安全识别检测技术体系、质量安全追溯技术体系、质量安全控制技术体系和质量安全云数据平台。

参考文献

[1]张介驰. 黑木耳栽培实用技术[M]. 北京:中国农业出版社,2011.

[2]廖浩锋,周振辉,陈东梅,等. 食用菌工厂化栽培中菌种扩繁的质量控制浅析[J]. 中国食用菌,2019,38(1):16－20.

[3]刘远超,梁晓薇,莫伟鹏,等. 食用菌菌种保藏方法的研究进展[J]. 中国食用菌,2018,37(5):1－6.

[4]李亚娇,孙国琴,郭九峰,等. 食用菌菌种退化机制及预防措施的最新研究进展[J]. 黑龙江农业科学,2018(2):136－140.

[5]邓寒. 食用菌菌种引进及管理[J]. 农村科技,2016(12):54－55.

[6]孙磊. 十种常见栽培食用菌菌种保藏及菌种扩大工艺优化[D]. 烟台:鲁东大学,2016.

[7]孔维丽,袁瑞奇,孔维威,等. 食用菌菌种保藏历史、现状及研究进展概述[J]. 中国食用菌,2015,34(5):1－5.

[8]戴肖东,王玉江,张丕奇,等. 木屑长期保藏食用菌菌种活性试验[J]. 黑龙江科学,2013(10):18－19,32.

[9]刘萍,姜晓坤. 食用菌菌种的基本保藏方法[J]. 种子,2013,32(2):120－121.

[10]白鹏. 食用菌菌种退化的原因与相应对策[J]. 农民致富之友,2019(10):81.

[11]张介驰,戴肖东,刘佳宁,等. 关于发展黑木耳工厂化栽培的思考[J]. 食药用菌,2019,27(5):307－311.

[12]宋玉慧. 黑木耳高效栽培技术示范总结[J]. 现代农业科技,2019(12):71,74.

[13]史海军,李德志. 袋料黑木耳栽培关键技术探究[J]. 农家参谋,2019(12):114.

[14]彭传尧. 黑木耳袋料露地栽培提质增效集成关键技术[J]. 东南园艺,2019,7(2):32-34.

[15]吴乃国,王恒,韩顺英,等. 鲁东南沿海地区黑木耳春季高效代料栽培技术[J]. 食用菌,2019,41(2):57-59.

[16]谭伟,李小林,戴怀斌,等. 四川毛木耳栽培模式构建及其技术特点——以什邡市黄背木耳为例[J]. 中国食用菌,2019,38(3):30-35.

[17]胡万金,魏富清. 袋料黑木耳栽培技术[J]. 西北园艺(综合)2019(2):47-48.

[18]阿娜尔古丽·达吾提. 黑木耳栽培技术要点与管理措施[J]. 农业工程技术,2019,39(5):76.

[19]牛刚,杨春梅,张壮飞. 伊春地区黑木耳大棚立体栽培与管理技术[J]. 农民致富之友,2019(1):98.

[20]刘文成,房延生,郝淑杰,等. 春季黑木耳棚室立体挂袋栽培技术[J]. 吉林蔬菜,2018(2):31-32.

[21]磨长寅,黄永津. 黑木耳栽培技术与实施要点探寻[J]. 农民致富之友,2018(8):128.

[22]宋长军. 黑木耳棚室立体挂袋栽培技术[N]. 北大荒日报,2018-01-05(3).

[23]杜宝山,蔡华东. 黑木耳栽培技术要点与管理措施[J]. 吉林农业,2019(22):67.

[24]张会新,刘洪雨,刘畅,等. 黑木耳多糖对小鼠免疫功能的影响[J]. 动物医学进展,2009,30(7):23-25.

[25]YOON S J,PEREIRA M S,PAVAO M S G,et al. The medicinal plant *Porana volubilis* contains polysaccharides with anticoagulant activity mediated by heparin cofactor Ⅱ[J]. Thrombosis research,2002,106(1):50-58.

[26]陈志强,舒融,骆传环. 木耳多糖的制备及辐射防护作用实验研究[J]. 中华放射医学与防护杂志,2001(1):46-47.

[27]YOON S J, YU M A, PYUN Y R, et al. The nontoxic mushroom *Auricularia auricula* contains a polysaccharide with anticoagulant activity mediated by antithrombin[J]. Thrombosis research, 2003, 112(3): 151 – 158.

[28]PEREIRA M S, MELO F R, MOURAO P A S. Is there a correlation between structure and anticoagulant action of sulfated galactans and sulfated fucans? [J]. Glycobiology, 2002, 12(10): 573 – 580.

[29]邹宇,尹冬梅,胡文忠,等. 黑木耳天然黑色素理化性质及其抗氧化活性的研究[J]. 食品工业科技,2013(5):118 – 125.

[30]吴晨霞,陈萍,金晖,等. 木耳黑色素的提取及其抗氧化研究[J]. 食用菌,2013,35(4):73 – 75.

[31]SHEU F, CHIEN P J, CHIEN A L, et al. Islosation and characterization of an immunomodulatory protein (APP) from the Jew's ear mushroom *Auricularia polytricha*[J]. Food chemistry, 2004, 87(4): 593 – 600.

[32]胡国华. 功能性食品胶[M]. 北京:化学工业出版社,2004.

[33]ZHANG Y J, MILLS G L, NAIR M G. Cyclooxygenase inhibitory and antioxidant compounds from the mycelia of the edible mushroom *Grifola frondosa*[J]. Journal of agricultural and food chemistry, 2002, 50(26): 7581 – 7585.

[34]ZHANG Y J, MILLS G L, NAIR M G. Cyclooxygenase inhibitory and antioxidant compounds from the fruiting body of an edible mushroom, *Agrocybe aegerita* [J]. Phytomedicine, 2003, 10(5): 386 – 390.

[35]SUBBIAH M T R, ABPLANALP W. Ergosterol (major sterol of baker's and brewer's yeast extracts) inhibits the growth of human breast cancer cells in vitro and the potential role of its oxidation products[J]. International journal for vitamin and nutrition research, 2003, 73(1): 19 – 23.

[36]高虹,史德芳,杨德,等. 巴西菇麦角甾醇抗肿瘤活性及作用机理初探[J]. 中国食用菌,2011,30(6):35 – 39.

[37]方积年,华家柽,胡玉麟. 新抗真菌抗菌素——黑刺菌素Ⅱ. 黑刺菌素的结构及其化学合成[J]. 微生物学报,1979,19(1):76 – 80.

[38]甘霓,吴小勇,郑传进,等. 黑木耳多糖对 B16 黑色瘤细胞抗肿瘤作用研究[J]. 广东药科大学学报,2017,33(6):758 – 762.

[39]宋广磊. 黑木耳多糖的分离制备及生物活性研究[D]. 杭州:浙江工商大学,2011.

[40]刘荣,栾淑莹,程萍,等. 酸性黑木耳多糖降血脂功能的实验研究[J]. 营养学报,2016,38(4):408 - 410.

[41]胡俊飞,张华,曲航,等. 硫酸化黑木耳多糖的辐射防护作用研究[J]. 食品研究与开发,2017,38(5):6 - 10.

[42]尹红力. 硫酸酯化黑木耳酸性多糖 Cr(Ⅲ)螯合物制备及降血糖功能研究[D]. 哈尔滨:东北林业大学,2015.

[43]孔祥辉,马银鹏,杨国力,等. 木耳提取物和余渣的止咳化痰功效[J]. 食用菌学报,2017,24(3):42 - 45.

[44]王佰灵,谢勇,赵永恒,等. 黑木耳多糖药理作用研究进展[J]. 中国医药导报,2016,13(26):29 - 32.

[45]刘军,王昕. 黑木耳多糖的止咳化痰药理作用研究[J]. 实用药物与临床,2015,18(2):186 - 188.

[46]吴小燕. 黑木耳多糖提取、分离纯化及体外抗凝血活性[D]. 芜湖:安徽工程大学,2016.

[47]宗灿华,于国萍. 黑木耳多糖对糖尿病小鼠降血糖作用[J]. 食用菌,2007,29(4):60 - 61.

[48]于伟. 马鹿茸提取物与黑木耳多糖协同作用对糖尿病小鼠生理功能的影响[D]. 哈尔滨:东北林业大学,2010.

[49]魏媛媛,李潇,阿吉艾克拜尔·艾萨,等. 石榴花多酚对链脲佐菌素诱发 2 型糖尿病大鼠糖代谢的影响[J]. 中国医院药学杂志,2011,31(7):537 - 540.

[50]苏蓉,于德水. 高脂血症的危害及防治[J]. 中国当代医药,2009,16(8):128 - 129.

[51]武红玲. 浅谈血脂异常及其对健康的危害[J]. 中国实用医药,2007(5):67.

[52]沈民. 高血脂比高血压更可怕[J]. 百姓生活,2010(2):48.

[53]CABEZAS M C,ERKELENS D W,VAN DIJK H. Free fatty acids:meditors of insulin resistance and atherosclerosis [J]. Nederlands tijdschrift voor

geneeskunde,2002,146(3):103 -109.

[54]刘永兰,赵喜荣,李燕. 高脂血症的危害及其预防对策[J]. 中国医学创新,2012,9(26):150 -151.

[55]周国华,于国萍. 黑木耳多糖降血脂作用的研究[J]. 现代食品科技,2005,21(1):46 -48.

[56]杨春瑜,姜启兴,夏文水,等. 黑木耳超微粉多糖相对分子质量分布及降血脂功能研究[J]. 中国食品学报,2008,8(6):23 -32.

[57]刘荣,栾淑莹,程萍,等. 酸性黑木耳多糖降血脂功能的实验研究[J]. 营养学报,2016,38(4):408 -410.

[58]王辰龙,张子奇,王曼,等. 黑木耳多糖的提取分离及体外抗凝血作用研究[J]. 食品工业科技,2013(9):238 -241.

[59]张丽娇,董军,陈文祥. 卵磷脂胆固醇酰基转移酶与动脉粥样硬化性心血管病[J]. 中国动脉硬化杂志,2016,24(8):845 -849.

[60]XIE W D, XING D M, SUN H, et al. The effects of *Ananas comosus* L. leaves on diabetic - dyslipidemic rats induced by alloxan and a high - fat/high - cholesterol diet [J]. American journal of Chinese medicine, 2005, 33 (1): 95 -105.

[61]苏德奇. 复方降脂软胶囊的研制及作用机制研究[D]. 乌鲁木齐:新疆医科大学,2013.

[62]李孟婕,范秀萍,吴红棉,等. 翡翠贻贝粗多糖降血脂作用的研究[J]. 食品科学,2012,33(1):257 -261.

[63]王晶,王晴,孙吉叶,等. 血脂康抑制 HMG - CoA 还原酶活性的定量测定研究[J]. 中国新药杂志,2015,24(16):1825 -1830.

[64]谢芳一. 温阳药在干预早期 2 型糖尿病中的作用及其机理研究[D]. 广州:广州中医药大学,2012.

[65]冉琳,何钢,梁立,等. 黑木耳多糖对胰脂肪酶活性的抑制作用[J]. 食品工业科技,2017,38(22):56 -60.

[66]吴小燕,蔡为荣,周迎. 超声波提取黑木耳多糖及其体外抗凝血活性[J]. 食品与发酵工业,2015,41(12):219 -223.

[67]徐美玲,孙黎明,周大勇,等. 皱纹盘鲍性腺多糖体外免疫活性和抗凝血活

性的研究[J]. 水产科学,2009,28(9):498 - 500.
[68]李德海,史锦硕,周聪,等. 黑木耳多糖的制备及其抗凝血功能的研究[J]. 安徽农业科学,2015,43(2):283 - 285.
[69]曾雪瑜,李友娣,何飞,等. 木耳菌丝体及其醇提物的药理作用[J]. 中国中药杂志,1994,19(7):430 - 432,448.
[70]樊黎生. 黑木耳多糖 AAP - Ⅱa 级分的制备及其生物活性的研究[D]武汉:华中农业大学,2006.
[71]樊一桥,武谦虎,盛健惠. 黑木耳多糖抗血栓作用的研究[J]. 中国生化药物杂志,2009,30(6):410 - 412.
[72]ZHANG Z, LIU D M, XU B X, et al. Liquid - state fermentation with Bacillus subtilis Bs - 07 to enhance anticoagulant function of Auricularia auricula polysaccharide[J]. Journal of Southeast University: English edition, 2015, 31(1): 143 - 148.
[73]李德海,顾佳林,孙常雁,等. 提取技术对酸性黑木耳多糖抗凝血活性的影响[J]. 华南理工大学学报:自然科学版,2018,46(6):93 - 102.
[74]VIJG J. Somatic mutations and aging: a re - evaluation[J]. Mutation research, 2000, 447(1):117 - 135.
[75]GORBUNOVA V, SELUANOV A, MAO Z Y, et al. Changes in DNA repair during aging[J]. Nucleic acids research, 2007, 35(22):7466 - 7474.
[76]LINNANE A W, EASTWOOD H. Cellular redox regulation and prooxidant signaling systems: a new perspective on the free radical theory of aging[J]. Annals of the New York Academy of Sciences, 2006, 1067:47 - 55.
[77]PERRY G, RAINA A K, NONOMURA A, et al. How important is oxidative damage? Lessons from Alzheimer's disease[J]. Free radical biology & medicine, 2000, 28(5):831 - 834
[78]王雪. AAP Ⅰ- a 黑木耳多糖的分离纯化及其抗衰老功能的研究[D]. 哈尔滨:哈尔滨工业大学,2009.
[79]史亚丽,姜川,杨立红,等. 黑木耳粗多糖对力竭小鼠抗氧化能力的影响[J]. 现代预防医学,2008,35(24):4845 - 4846,4857.
[80]MASZTALERZ M, WDARCZYK Z, CZUCZEJKO J, et al. Superoxide anion as a

marker of ischemia - reperfusion injury of the transplanted kidney[J]. Transplantation proceedings,2006,38(1):46-48.

[81]YAO D C,SHI W B,GOU Y L,et al. Fatty acid - mediated intracellular iron translocation:a synergistic mechanism of oxidative injury[J]. Free radical biology & medicine,2005,39(10):1385-1398.

[82]LI X M,MA Y L,LIU X J. Effect of the lycium barbarum polysaccharides on age - related oxidative stress in aged mice[J]. Journal of ethnopharmacology,2008,111(3):504-511.

[83]魏红. 黑木耳多糖的羧甲基化修饰及抗氧化活性研究[D]. 镇江:江苏大学,2010.

[84]JACKAMAN C,TOMAY F,DUONG L,et al. Aging and cancer:the role of macrophages and neutrophils[J]. Ageing research reviews,2017,36:105-116.

[85]郑荣寿,顾秀瑛,李雪婷,等. 2000—2014 年中国肿瘤登记地区癌症发病趋势及年龄变化分析[J]. 中华预防医学杂志,2018,52(6):593-600.

[86]FANG E F,SCHEIBYE - KNUDSEN M,JAHN H J,et al. A research agenda for aging in China in the 21st century[J]. Ageing research reviews,2015,24(Pt B):197-205.

[87]KATZKE V A,KAAKS R,KUHN T. Lifestyle and cancer risk[J]. Cancer journal,2015,21(2):104-110.

[88]BUCKLAND G,TRAVIER N,HUERTA J M,et al. Healthy lifestyle index and risk of gastric adenocarcinoma in the EPIC cohort study[J]. International journal of cancer,2015,137(3):598-606.

[89]陈万青. 从肿瘤登记数据看中国恶性肿瘤的发病特点和趋势[J]. 中华健康管理学杂志,2016,10(4):249-252.

[90]HU Y J,CHEN J,ZHONG W S,et al. Trend analysis of betel nut - associated oral cancer and health burden in China[J]. The Chinese journal of dental research,2017,20(2):69-78.

[91]GROSSO G,BELLA F,GODOS J,et al. Possible role of diet in cancer:systematic review and multiple meta - analyses of dietary patterns,lifestyle factors,and cancer risk[J]. Nutrition reviews,2017,75(6):405-419.

[92]冯雅靖,王宁,方利文,等.1990年与2013年中国人群结直肠癌疾病负担分析[J].中华流行病学杂志,2016,37(6):768-772.

[93]HATTORI N,USHIJIMA T. Epigenetic impact of infection on carcinogenesis: mechanisms and applications[J]. Genome medicine,2016,8(1):10.

[94]曾红梅,曹毛毛,郑荣寿,等.2000—2014年中国肿瘤登记地区肝癌发病年龄变化趋势分析[J].中华预防医学杂志,2018,52(6):573-578.

[95]BREWER H R,JONES M E,SCHOEMAKER M J,et al. Family history and risk of breast cancer: an analysis accounting for family structure[J]. Breast cancer research and treatment,2017,165(1):193-200.

[96]CHOI Y J,KIM N. Gastric cancer and family history[J]. Korean journal of internal medicine,2016,31(6):1042-1053.

[97]KARIMI P,ISLAMI F,ANANDASABAPATHY S,et al. Gastric cancer: descriptive epidemiology,risk factors,screening,and prevention[J]. Cancer epidemiology biomarkers and prevention,2014,23(5):700-713.

[98]GHARIBVAND L,SHAVLIK D,GHAMSARY M,et al. The association between ambient fine particulate air pollution and lung cancer incidence: results from the AHSMOG-2 study[J]. Environ health perspect, 2017, 125(3): 378-384.

[99]DE MATTEIS S,CONSONNI D,LUBIN J H,et al. Impact of occupational carcinogens on lung cancer risk in a general population[J]. International journal of epidemiology,2012,41(3):711-721.

[100]刘超,邓智勇.肺癌多药耐药机制及其逆转方法的研究进展[J].标记免疫分析与临床,2016,23(9):1086-1090.

[101]郝阳阳.喜树碱对HaCaT细胞、人原代角质形成细胞自噬及凋亡的影响[D].合肥:安徽医科大学,2017.

[102]DEXHEIMER T S,ANTONY S,MARCHAND C,et al. Tyrosyl-DNA phosphodiesterase as a target for anticancer therapy[J]. Anti-cancer agents in medicinal chemistry (formerly current medicinal chemistry-anti-cancer agents),2008,8(4):381-389.

[103]吴志诚,江柏青.TDP1与肿瘤的靶向治疗关系[J].赣南医学院学报,

2010,30(2):315 – 317.

[104]ZHANG Y,WANG Z,LI D,et al. A polysaccharide from Antrodia cinnamomea mycelia exerts antitumor activity through blocking of TOP1/TDP1 – mediated DNA repair pathway[J]. International journal of biological macromolecules, 2018,120(Pt B):1551 – 1560.

[105]ZOTZMANN J,CHAMPOUX J J,KEHL – FIE T E,et al. SCAN1 mutant TDP1 accumulates the enzyme – DNA intermediate and causes camptothecin hypersensitivity[J]. EMBO journal,2005,24(12):2224 – 2233.

[106]陈漪洁. 末端内酯缺失的番荔枝内酯类似物合成及生物活性研究[D]. 南京:南京大学,2014.

[107]BRUNELLE J K,LETAI A. Control of mitochondrial apoptosis by the Bcl – 2 family[J]. Journal of cell science,2009,122(Pt 4):437 – 441.

[108]王鑫,李玉蕾,宫泽辉,等. 芳香环并咪唑环类凋亡抑制蛋白抑制剂的设计、合成与抗肿瘤活性评价[J]. 中国药物化学杂志,2013,23(5):341 – 352.

[109]BOSSY – WETZEL E,NEWMEYER D D,GREEN D R. Mitochondrial cytochrome c release in apoptosis occurs upstream of DEVD – specific caspase activation and independently of mitochondrial transmembrane depolarization [J]. EMBO journal,2014,17(1):37 – 49.

[110]李永宁. 5 – ALA 介导的声动力疗法诱导鼠骨肉瘤细胞凋亡机制研究[D]. 哈尔滨:哈尔滨工业大学,2017.

[111]马成瑶,曾伟民,黄东,等. 黑木耳凝集素的分离、纯化及抗肿瘤活性研究[J]. 黑龙江大学自然科学学报,2019,36(4):465 – 472.

[112]宗灿华,于国萍. 黑木耳多糖抑制肿瘤作用的研究[J]. 中国医疗前沿,2007(12):37 – 38.

[113]李洋. 纳米硒化黑木耳多糖抗肿瘤活性研究[D]. 佳木斯:佳木斯大学,2016.

[114]庄伟,屈咪,赵迪,等. 黑木耳多糖的结构组成及其免疫活性研究[J]. 食品科技,2020,45(2):205 – 210.

[115]SILVA J M,ZUPANCIC E,VANDERMEULEN G,et al. In vivo delivery of

peptides and Toll - like receptor ligands by mannose - functionalized polymeric nanoparticles induces prophylactic and therapeutic anti - tumor immune responses in a melanoma model[J]. Journal of controlled release, 2015,198:91 - 103.

[116]马艳芳,王晓琴,唐湘华,等. 魔芋低聚甘露糖对小鼠肠绒毛形态和免疫器官指数的影响[J]. 云南师范大学学报:自然科学版,2018,38(1):40 - 45.

[117]郭林娜,高恒宇,何苗,等. 甘露糖受体介导的人参多糖注射液对肝癌细胞增殖抑制[J]. 系统医学,2016(1):26 - 29.

[118]杨汝晴,赵勇娟,张凌晶,等. 甘露糖 - 小清蛋白美拉德反应产物的免疫活性[J]. 水产学报,2017,41(6):870 - 876.

[119]张会新,刘洪雨,刘畅,等. 黑木耳多糖对小鼠免疫功能的影响[J]. 动物医学进展,2009,30(7):23 - 25.

[120]吕信,林春驿,朱冬花,等. 自制黄芪多糖对鸡免疫功能的影响[J]. 中国免疫学杂志,2008,24 (5):424,429.

[121]MIZUNO M,MORIMONO M,MINATO K,et al. Polysaccharides from Agaricus blazei stimulate lymphocyte T - cell subsets inmice[J]. Bioscience, biotechnology, and biochemistry,1998,62(3):434 - 437.

[122]沈赤,毛健,陈永泉,等. 黄酒多糖对 S180 荷瘤小鼠肿瘤抑制及免疫增强作用[J]. 食品工业科技,2014,35 (24):346 - 350.

[123]YU M Y,XU X Y,QING Y,et al. Isolation of an anti - tumor polysaccharide from Auricularia polytricha (Jew's ear) and its effects on macrophage activation[J]. European food research and technology,2009,228(3):477 - 485.

[124]WANG Y J, QI Q C, LI A, et al. Immuno - enhancement effects of Yifei Tongluo Granules on cyclophosphamide - induced immunosuppression in Balb/c mice[J]. Journal of ethnopharmacology,2016,194:72 - 82.

[125]ZHENG Y, ZONG Z M, CHEN S L, et al. Ameliorative effect of Trametes orientalis polysaccharide against immunosuppression and oxidative stress in cyclophosphamide - treated mice[J]. International journal of biological macromolecules,2016,95:1216 - 1222.

[126]甘霓,许海林,吴小勇,等. 黑木耳多糖 AAP - 10 对免疫抑制小鼠的免疫

调节作用[J]. 食品科学,2018,39(19):196 - 200.

[127]赵鑫. 黑木耳分级多糖抗氧化活性及其相关生理功能研究[D]. 哈尔滨:东北林业大学,2011.

[128]赵德明. 兽医病理学[M]. 2 版. 北京:中国农业大学出版社,2005.

[129]NAVARRO P, GINER R M, RECIO M C, et al. In viva anti - inflammatory activity of saponins from Bupleurum rotundifolium[J]. Life sciences,2001,68(10):1199 - 1206.

[130]SRISKANDAN S, ALTMANN D M. The immunology of sepsis[J]. The journal of pathology,2008,214(2):211 - 223.

[131]FINK M P. Nuclear factor - kappaB: is it a therapeutic target for the adjuvant treatment of sepsis? [J]. Critical care medicine,2003,31(9):2400 - 2402.

[132]马琪,马小娟,姚雪萍,等. 黑木耳提取物对脓毒血症大鼠全身炎症反应的影响[J]. 新疆医科大学学报,2013,36(9):1253 - 1257.

[133]张文婷. 黑木耳多糖药理活性研究[D]. 长春:吉林农业大学,2012.

[134]吴鹏,陈强谱,张兴元. 梗阻性黄疸对大鼠肠黏膜上皮结构及内毒素移位的实验研究[J]. 滨州医学院学报,2010,33(3):170 - 172.

[135]孟莹,李闻,杨云生. 一氧化氮和内毒素在梗阻性黄疸致病机制方面的作用[J]. 胃肠病学和肝病学杂志,2006,15(5):536 - 539.

[136]姚雪萍,马琪,张建龙,等. 黑木耳多糖对梗阻性黄疸大鼠肝内 SOD、NF - κB 的影响[J]. 现代中药研究与实践,2013,27(6):35 - 37.

[137]林敏,吴冬青,李彩霞. 黑木耳多糖提取条件的研究[J]. 河西学院学报,2004,20(5):87 - 89.

[138]包海花,高雪玲,祖国美. 一种改良的黑木耳多糖提取方法[J]. 中国林副特产,2005(4):29.

[139]姜红,孙宏鑫,李晶,等. 酶法提取黑木耳多糖[J]. 食品与发酵工业,2005(6):131 - 133.

[140]张立娟,于国萍. 黑木耳多糖酶法提取条件的优化及脱蛋白工艺的研究[J]. 食品工业科技,2005,26(5):109 - 111.

[141]王雪,王振宇. 响应面法优化超声波辅助提取黑木耳多糖的工艺研究[J]. 中国林副特产,2009(3):1 - 5.

[142]徐秀卉,杨波.超声波法提取黑木耳多糖的工艺[J].药学与临床研究,2011,19(2):189-190.

[143]张钟,高智谋.微波辅助野生黑木耳多糖的提取工艺条件优化[J].包装与食品机械,2006(2):7-10.

[144]杨春瑜,薛海晶.超微粉碎对黑木耳多糖提取率的影响[J].食品研究与开发,2007(7):34-38.

[145]刘大纹,李铁柱,孙永海.黑木耳多糖提取工艺的优化[J].农业机械学报,2007(5):100-103.

[146]娄在祥,张有林,王洪新.超声波协同酶法提取黑木耳多糖[J].食品工业,2007(1):29-32.

[147]许海林,吴小勇,聂少平,等.黑木耳多糖提取工艺优化及其对小鼠巨噬细胞功能的影响[J].食品科学,2016,37(10):100-104.

[148]李静,王桂桢,张晶晶,等.残次黑木耳多糖提取工艺优化及理化性质测定[J].食品科技,2016,41(7):184-188.

[149]刘荣,程萍,栾淑莹,等.黑木耳降血脂酸性多糖提取及初步纯化的研究[J].食品研究与开发,2016,37(21):37-42.

[150]刘海玲,杨春瑜,杨春莉,等.碱提黑木耳多糖的工艺优化[J].农产品加工,2015(11):34-36.

[151]赵玉红,林洋,张智,等.碱溶酸沉法提取黑木耳蛋白质研究[J].食品研究与开发,2016,37(16):32-36.

[152]刘静波,赵颂宁,林松毅,等.酶解法提取黑木耳中胶原蛋白的工艺优化[J].农业工程学报,2012,28(13):282-286.

[153]张莉,于国萍,齐微微,等.碱溶酸沉法提取黑木耳蛋白质的工艺优化[J].食品工业,2015,36(6):24-27.

[154]张莲姬.黑木耳黑色素抗氧化作用的研究[J].食品研究与开发,2013,34(5):111-114.

[155]郭孝武.超声提取分离[M].北京:化学工业出版社,2008.

[156]秦炜,原永辉,戴猷元.超声场对化工分离的强化[J].化工进展,1995(1):1-5.

[157]周斌.用超声波提取中药材[J].安徽科技,2005(4):23-24.

[158]李凡姝,张焕丽,马慧,等. 黑木耳多糖提取的工艺研究[J]. 农产品加工,2016(18):13-16,20.

[159]张焕丽,李凡姝,马慧,等. 超声波辅助热水浸提黑木耳多糖和黄酮的研究[J]. 农产品加工,2016(18):1-4,12.

[160]包鸿慧,于婷婷,盛倩,等. 超声波辅助热水浸提黑木耳多糖工艺的优化研究[J]. 黑龙江八一农垦大学学报,2013(3):45-49,62.

[161]李宁豫,韩秋菊. 黑木耳总黄酮的超声辅助提取[J]. 食品与发酵科技,2013(1):50-52.

[162]李琦,侯丽华,刘鑫,等. 黑木耳黑色素鉴定及提取工艺优化[J]. 食品科学,2010,31(16):87-92.

[163]刁小琴,关海宁. 超声辅助提取黑木耳多酚及其抑菌活性研究[J]. 食品工业,2013,34(3):69-72.

[164]张永芳,王润梅,刘文英,等. 超声波辅助提取黑木耳多糖及其果冻的制作[J]. 农业与技术,2018,38(15):30-33.

[165]王鹏,郭丽,姜喆,等. 黑木耳中多糖和类黄酮的隔氧提取及其协同抗氧化作用[J]. 食品工业科技,2018,39(7):54-58,63.

[166]赵梦瑶,张拥军,蔡振优,等. 超声波提取对黑木耳多糖溶出量的影响研究[J]. 食用菌,2011,33(1):57-58.

[167]徐秀卉,杨波. 超声波法提取黑木耳多糖的工艺[J]. 药学与临床研究,2011,19(2):189-190.

[168]韦汉昌,梁锦叶,韦群兰,等. 超声波协同超微粉技术辅助酸法提取黑木耳果胶[J]. 桂林理工大学学报,2010,30(2):289-291.

[169]娄在祥,张有林,王洪新. 超声波协同酶法提取黑木耳多糖[J]. 食品工业,2007,28(1):29-31.

[170]陈栋,周永传. 酶法在中药提取中的应用和进展[J]. 中国中药杂志,2007,32(2):99-102.

[171]李晶,王雪,岳丽红,等. 不同酶配方提取富硒木耳多糖工艺优化[J]. 佳木斯大学学报:自然科学版,2017,35(2):260-262.

[172]杨春瑜,刘海玲,杨春莉,等. 响应曲面法优化蜗牛酶辅助提取黑木耳多糖工艺[J]. 食品工业科技,2015,36(22):198-202,208.

[173]吴琼,于淑艳,邹险峰,等. 超声波协同果胶酶提取黑木耳粗多糖[J]. 食品研究与开发,2014,35(10):33-36.

[174]唐旋,唐王裔,何伟峰,等. 响应面法优化黑木耳多糖的制备工艺研究[J]. 广东农业科学,2014,41(3):103-107.

[175]付娆,徐曼旭,孙安敏,等. 纤维素酶提取黑木耳残渣中膳食纤维的条件优化[J]. 食品工业,2014,35(1):41-44.

[176]何伟峰,何杰民,陈萍,等. 黑木耳多糖的酶法提取工艺优化[J]. 食用菌,2013,35(6):67-69.

[177]刘静波,赵颂宁,林松毅,等. 酶解法提取黑木耳中胶原蛋白的工艺优化[J]. 农业工程学报,2012,28(13):282-286.

[178]姜红,孙宏鑫,李晶,等. 酶法提取黑木耳多糖[J]. 食品与发酵工业,2005(6):131-133.

[179]张立娟,于国萍,周国华. 黑木耳多糖酶法提取条件的研究[J]. 食品研究与开发,2005(3):89-91.

[180]林花,车成来,王霞,等. 长白山有机黑木耳多糖的提取工艺研究[J]. 黑龙江农业科学,2017(10):95-98.

[181]宋力,陈晓云,苑仁静,等. 黑木耳多糖的微波法提取工艺研究[J]. 上海化工,2013,38(11):8-11.

[182]何彩梅,唐政. 黑木耳多糖的提取工艺研究[J]. 北方园艺,2013(7):156-158.

[183]李超,王磊,任遥,等. 黑木耳多糖的微波提取及含量的测定[J]. 食品工业,2012,33(8):128-131.

[184]赵希艳,贾凌杉,马华. 微波辅助提取黑木耳多糖的工艺[J]. 河北科技师范学院学报,2012,26(1):65-67,71.

[185]曾维才,张曾,贾利蓉. 响应面法优化微波辅助提取黑木耳多糖工艺的研究[J]. 食品与发酵科技,2011,47(5):45-48,58.

[186]王晓军,李颖. 微波辅助提取黑木耳多糖的研究[J]. 纺织高校基础科学学报,2010,23(1):95-98.

[187]朱磊,王振宇,周芳. 响应面法优化微波辅助提取黑木耳多糖工艺研究[J]. 中国食品学报,2009,9(2):53-60.

[188]樊黎生,张声华,吴小刚.微波辅助提取黑木耳多糖的研究[J].食品与发酵工业,2005(10):142-144,148.

[189]闫有旺,于汝生.分子印迹技术及其应用[J].化学教学,2005(4):28-30.

[190]谭淑珍,李革新,李再全.分子印迹技术的研究与应用[J].应用化工,2004(4):4-6.

[191]吴文镶.分子印迹技术及应用[J].廊坊师范学院学报,2004(4):11-15,122.

[192]LEI Y,CORMACK P A G,MOSBACH K. Molecular imprinting on microgel spheres[J]. Analytica chimica acta,2001,435(1):187-196.

[193]MAYES A G,MOSBACH K. Molecularly imprinted polymer beads:suspension polymerization using a liquid perfluoroarbon as the dispersing phase[J]. Analytical chemistry,1996,68(2):3769-3774.

[194]李小燕,雷厚福,黄安宝,等.以改性松香为交联剂的盐酸川芎嗪分子印迹聚合物吸附性能研究[J].化学研究与应用,2009,21(10):1397-1403.

[195]卢彦兵,梁志武,项伟中,等.奎宁分子印迹聚合物的合成与性能研究[J].分析科学学报,2000(4):310-313.

[196]DONG X C,SUN H,LIU X Y,et al. Separation of ephedrine stereoisomers by molecularly imprinted polymers - influence of synthetic conditions and mobile phase composition on the chromatographic performance[J]. Analyst,2002,127(11):1427-1432.

[197]徐云,张慧婷,朱必学,等.以乙烯基吡啶和VDAT为功能单体制备环腺苷酸印迹材料[C]//"植物化学保护和全球法律一体化"国际研讨会.北京农药学会:中国农业大学, 2007.

[198]HATTORI K,YOSHIMI Y,SAKAI K. Gate effect of cellulosic dialysis membran grafted with molecularly imprinted polymer[J]. Journal of chemical engineering of Japan,2001,34(11):1466-1469.

[199]张圣祖,付建新,王宏,等.胆固醇分子印迹的聚合有机凝胶及其吸附性能研究[J].高分子学报,2009(3):244-248.

[200]KUGIMIYA A,MATSUI J,ABE H,et al. Synthesis of castasterone selective

polymers prepared by molecular imprinting[J]. Analytica chimica acta,1998,365(1):75－79.

[201]韩永萍,何绪文,林强. 豆甾醇分子印迹聚合物的合成及性能研究[J]. 离子交换与吸附,2008(5):451－459.

[202]WEI S,MOLINELLI A,MIZAIKOFF B. Molecularly inprinted micro and nanospheres for the selective recognition of 17beta－estradiol[J]. Biosensors & bioelectronics,2006,21(10):1943－1951.

[203]任科. 大肠杆菌细胞膜中关键脂质分子的分离纯化研究[D]. 无锡:江南大学,2012.

[204]张丕奇,孔祥辉,刘佳宁,等. 黑木耳中总黄酮提取及含量测定[J]. 食用菌,2010,32(4):71－72.

[205]郑细鸣,涂伟萍. 柚皮素分子印迹聚合物微球的制备[J]. 材料导报,2006(9):131－134.

[206]颜流水,井晶,黄智敏,等. 槲皮素分子印迹聚合物的制备及固相萃取性能研究[J]. 分析试验室,2006,25(5):97－101.

[207]TROTTA F,DRIOLI E,BAGGIANI C,et al. Molecular imprinted polymeric membrane for narigin recognition[J]. Journal of membrane science,2002,201(1－2):77－84.

[208]刁小琴,关海宁. 超声辅助提取黑木耳多酚及其抑菌活性研究[J]. 食品工业,2013,34(3):69－72.

[209]陈钢,籍保平,黄立山,等. 黑木耳中多酚化合物微波提取工艺[J]. 食品科学,2010,31(24):210－213.

[210]钟世安,贺国文,雷启福,等. 儿茶素活性成分分子印迹聚合物的固相萃取研究[J]. 分析试验室,2007,26(10):1－4.

[211]谷绒. 超声波和微波法对木耳多糖提取量的比较[J]. 食品研究与开发,2010,31(3):23－25.

[212]刘春延,赵博,张国财,等. 富硒黑木耳硒多糖超声－微波提取工艺优化及其抗氧化活性[J]. 湖南农业大学学报:自然科学版,2016,42(4):435－440.

[213]吴琼,于淑艳,邹险峰,等. 超声波协同果胶酶提取黑木耳粗多糖[J]. 食品

研究与开发,2014,35(10):33-36.

[214]范金波,侯宇,周素珍,等. 超声波辅助酶法提取黑木耳多糖工艺条件优化[J]. 食品与发酵科技,2014,50(6):31-35.

[215]娄在祥,张有林,王洪新. 超声波协同酶法提取黑木耳多糖[J]. 食品工业,2007,28(1):29-32.

[216]李福利,张莉,于国萍. 超声波辅助碱法提取黑木耳蛋白质及其性质研究[J]. 食品安全质量检测学报,2015(6):2092-2099.

[217]韦汉昌,梁锦叶,韦群兰,等. 超声波协同超微粉技术辅助酸法提取黑木耳果胶[J]. 桂林理工大学学报,2010,30(2):289-291.

[218]马凤鸣,王振宇,赵海田,等. 脉冲放电等离子体技术提取黑木耳多糖[J]. 农业工程学报,2010(1):363-368.

[219]赵玉红,林洋,张立钢,等. 黑木耳多糖高剪切分散乳化法与酶法提取的比较研究[J]. 食品与机械,2016(4):181-186.

[220]包怡红,邓启. 响应面法优化亚临界水萃取黑木耳多糖工艺[J]. 食品与生物技术学报,2016,35(10):1053-1060.

[221]孔祥辉,韩冰,张琪,等. 调味黑木耳饮品生产工艺研究[J]. 中国调味品,2015,40(11):84-88.

[222]孔祥辉,韩冰,杜娇,等. 双耳颗粒悬浮饮料的研制[J]. 食品研究与开发,2016,37(11):58-62.

[223]刘明华,陈其国. 黑木耳枸杞悬浮饮料的研制[J]. 食品研究与开发,2014,35(20):69-71.

[224]吴琼,陈丽娜,邹险峰,等. 黑木耳复合饮料的研制及物性分析[J]. 食品科技,2013,38(9):79-82.

[225]陈峰,张命龙,杨咏善,等. 黑木耳补血饮品的研制[J]. 中国食用菌,2014,33(3):52-53,55.

[226]范春艳. 黑木耳多糖口服液制备工艺研究[J]. 食品研究与开发,2014,35(22):53-56.

[227]李旺,李加兴,余兆硕,等. 黑木耳复合饮料的研制及质量指标分析[J]. 食品研究与开发,2017,38(19):56-60,80.

[228]范春梅,刘学文. 黑木耳核桃复合乳饮料的研制[J]. 食品工业,2012,33

(3):7-9.

[229]韩阿火.黑木耳红糖姜汁复合饮料的研制[J].淮海工学院学报:自然科学版,2015,24(2):52-55.

[230]贾艳萍,张春玲,鞠振国,等.黑木耳红枣复合饮料的生产工艺研究[J].中国酿造,2008(14):102-104.

[231]游湘淘,李加兴,李旺,等.黑木耳决明子复合饮料配方设计及理化分析[J].农产品加工,2017(8):26-29,36.

[232]刘晓艳,杨国力,孔祥辉,等.黑木耳藜麦复合发酵饮料加工工艺及稳定性研究[J].中国酿造,2018,37(6):193-198.

[233]李颖跃,王永宏.黑木耳茶菌保健饮料的研制[J].食用菌,2013,35(1):57-58.

[234]靳发彬,张晓,韦春玲,等.黑木耳醋酸饮料的研制[J].食品工业科技,2007(11):144-146.

[235]崔福顺,陈艳秋,李铉军.黑木耳保健酸奶的研制[J].食用菌,2008(2):52-53.

[236]杨飞芸,杨洋.黑木耳发酵豆奶的研制[J].中国酿造,2011(11):199-201.

[237]崔福顺,崔泰花.黑木耳红枣复合酸奶的研制[J].食用菌,2010,32(4):63-64.

[238]田宇,郭阳,袁俊芳,等.黑木耳凝固型酸奶的研制[J].中国乳品工业,2015,43(9):61-64.

[239]李达,牛春华,倪浩军,等.黑木耳乳酸发酵酸豆奶的研制[J].中国酿造,2014,33(2):149-152.

[240]隋雨婷,李凤林.蛹虫草——黑木耳酸奶工艺优化研究[J].现代园艺,2017(6):10-11.

[241]范秀芝,史德芳,陈丽冰,等.黑木耳红枣菌糕的研制[J].食品工业科技,2015(24):239-242.

[241]白宝兰,冯应斌,曹柏营,等.保健型黑木耳粉的研制[J].食品科学,2007,28(9):648-651.

[243]包怡红,高培栋.复合黑木耳粉的研制及其体外降脂功效分析[J].东北农

业大学学报,2017,48(7):41 -54.
[244]李次力,张月团,王润生. 黑木耳营养粉的研制[J]. 食品工业科技,2011(12):304 -306.
[245]崔福顺,南昌希,陈艳秋. 黑木耳红枣冰淇淋的研制[J]. 食品科技,2008(4):49 -51.
[246]高秀兰,刘静. 黑木耳冰淇淋生产工艺优化及其品质评价[J]. 食品研究与开发,2017,38(23):130 -133.
[247]孙立志,牟柏德,金鑫,等. 黑木耳饼干的研制[J]. 食用菌,2010,32(5):66 -67.
[248]陈红,蒋珍菊. 黑木耳饼干生产工艺的研究[J]. 粮食与油脂,2018,31(2):65 -68.
[249]余雄涛,李启华,张智,等. 黑木耳桃酥功能食品的研制[J]. 食品工程,2013(1):22 -24.
[250]李程程. 黑木耳燕麦饼干的研制[J]. 文山学院学报,2014,27(3):27 -30.
[251]毛迪锐,高晓旭,郝广明. 黑木耳低脂灌肠制品的研制[J]. 吉林林业科技,2012,41(6):37 -39.
[252]李健. 黑木耳灌肠的制作[J]. 肉类工业,2005(4):11 -12.
[253]贾娟,韩磊,浮吟梅. 胡萝卜黑木耳保健灌肠工艺的研究[J]. 肉类工业,2013(10):19 -22.
[254]王磊,陈宇飞,杨柳. 黑木耳红枣复合果醋酒精发酵工艺的研究[J]. 中国调味品,2017,42(6):101 -104,108.
[255]王磊,刘尧,刘长姣. 黑木耳红枣果醋的醋酸发酵工艺优化[J]. 保鲜与加工,2018,18(4):91 -95,100.
[256]朴美子,于翠芳,宁杰,等. 响应面法优化黑木耳糙米醋的发酵工艺[J]. 食品工业科技,2010(7):197 -199,202.
[257]黄贤刚,鲁曾,李娜娜,等. 响应面法优化黑木耳苹果醋醋酸发酵工艺参数[J]. 保鲜与加工,2014,14(5):43 -47.
[258]吴洪军,谢晨阳,冯磊,等. 黑木耳蓝莓果冻产品加工研究[J]. 中国林副特产,2012(1):19 -21.
[259]杜明华. 黑木耳沙果复合果冻加工工艺的研究[J]. 食用菌,2019,41(2):

73 -75,80.

[260]林爽,王志江,吴小勇,等.仙草黑木耳果冻粉的研制与降糖作用分析[J].中国食品添加剂,2016(8):73 -78.

[261]崔东波.香菇黑木耳保健牛肉酱的研制[J].中国调味品,2013,38(11):33 -35.

[262]谢雅真,徐丽婷,曾丽萍.黑木耳低糖果脯的研制[J].北京农业,2011(12):72.

[263]邓晓华.东北原生种猕猴桃、黑木耳果酱加工工艺[J].中国林副特产,2011(3):33 -34.

[264]孔祥辉,郭玮,王笑庸,等.黑木耳草莓果酱的研制[J].农产品加工,2015(9):20 -23.

[265]冯磊,么宏伟,谢晨阳,等.蓝莓、黑木耳果酱加工工艺研究[J].中国林副特产,2010(6):30 -31.

[266]张丕奇,马银鹏,赵阳,等.袋装即食调味黑木耳的研制[J].中国调味品,2015,40(7):108 -110,133.

[267]胡盼盼,高平,王莉,等.黑木耳发酵泡菜加工工艺研究[J].天津农业科学,2017,23(5):53 -57.

[268]张学义,申世斌,谢晨阳,等.黑木耳即食菜加工方法及产品配方[J].中国林副特产,2016(3):59,62.

[269]谢晨阳,付婷婷,朱立明,等.黑木耳泡菜优化工艺研究[J].农业机械,2013(32):65 -67.

[270]韦汉昌,黎海澜,韦善清.即食黑木耳食品加工工艺条件的研究[J].农业机械,2012(12):144 -146.

[271]崔东波.木耳海带保健风味制品的研制[J].中国调味品,2013,38(1):63 -65.

[272]曲勃,杨颖.长白山黑木耳咸菜加工工艺研究[J].现代农业科技,2013(21):283 -284.

[273]陈冉静,梁立,刘嵬,等."双耳羹"速溶食品干燥工艺研究[J].食品科技,2014,39(12):133 -136.

[274]吴洪军,么宏伟,谢晨阳,等.黑木耳超微粉强化营养粥配方及其降脂效果

的研究[J]. 农业机械,2013(32):51 -56.

[275]申世斌,佟立君,么宏伟,等. 黑木耳多糖速食羹加工工艺研究[J]. 中国林副特产,2017(4):1 -4.

[276]吴洪军,冯磊,么宏伟,等. 黑木耳蓝莓果果羹加工技术的研究[J]. 中国林副特产,2011(6):30 -31.

[277]陈峰,江瑞荣,曾霖霖,等. 银耳黑木耳复合保健羹的研究[J]. 食品工业科技,2012,33(14):263 -266.

[278]孔祥辉,王玉文,马银鹏,等. 黑木耳薄膜食品生产工艺研究[J]. 中国新技术新产品,2014(14):154 -155.

[279]杨春瑜. 响应曲面法优化黑木耳重组纸状风味休闲制品工艺研究[J]. 农产品加工:学刊,2013(16):25 -27,31.

[280]范春艳. 木耳可食性特种纸工艺研究[J]. 食品工业科技,2014(1):246 -248,253.

[281]刘长姣,毛北星,郭镧,等. 含木耳粉面包的研制[J]. 农业工程,2013,3(3):67 -69.

[282]付永明,韩冰,李娜,等. 黑木耳面包最佳生产工艺研究[J]. 农产品加工,2017(18):17 -20.

[283]陈珞珈,郑格琳. 我国中药产业的大势与前景[N]. 中国中医药报,2015 -01 -15(5).

[284]佟秋芳. 黑木耳变温变湿热风干燥工艺及干燥品质调控机制[D]. 天津:天津科技大学,2014.

[285]董周永,任辉,周亚军,等. 黑木耳干燥特性[J]. 吉林大学学报:工学版,2011,41(2):349 -353.

[286]吴宪瑞,孔令员,淦洪. 黑木耳多糖的医疗保健价值林业科技[J]. 1996,21(3):32 -33.

[287]沈珺. 南瓜黑木耳无糖新型冰淇淋工艺优化[J]. 农业工程,2014(4):91 -92.

[288]王磊,陈宇飞,杨柳. 黑木耳红枣复合果醋酒精发酵工艺的研究[J]. 中国调味品,2017,42(6):101 -104,108.

[289]王磊,刘尧,刘长姣. 黑木耳红枣果醋的醋酸发酵工艺优化[J]. 保鲜与加

工,2018,18(4):91-95,100.

[290]朴美子,于翠芳,宁杰,等.响应面法优化黑木耳糙米醋的发酵工艺[J].食品工业科技,2010(7):197-199,202.

[291]黄贤刚,鲁曾,李娜娜,等.响应面法优化黑木耳苹果醋醋酸发酵工艺参数[J].保鲜与加工,2014,14(5):43-47.

[292]吴洪军,谢晨阳,冯磊,等.黑木耳蓝莓果冻产品加工研究[J].中国林副特产,2012(1):19-21.

[293]杜明华.黑木耳沙果复合果冻加工工艺的研究[J].食用菌,2019,41(2):73-75,80.

[294]林爽,王志江,吴小勇,等.仙草黑木耳果冻粉的研制与降糖作用分析[J].中国食品添加剂,2016(8):73-78.

[295]崔东波.香菇黑木耳保健牛肉酱的研制[J].中国调味品,2013,38(11):33-35.

[296]谢雅真,徐丽婷,曾丽萍.黑木耳低糖果脯的研制[J].北京农业,2011(12):72.

[297]邓晓华.东北原生种猕猴桃、黑木耳果酱加工工艺[J].中国林副特产,2011(3):33-34.

[298]孔祥辉,郭玮,王笑庸,等.黑木耳草莓果酱的研制[J].农产品加工,2015(9):20-23.

[299]冯磊,么宏伟,谢晨阳,等.蓝莓、黑木耳果酱加工工艺研究[J].中国林副特产,2010(6):30-31.

[300]孔祥辉,张宇,杨国力,等.木耳酥性饼干配方、质构和保质期[J].食品工业科技,2018,39(12):164-170.